U0202011

注册建造师继续教育选修课教材

矿 业 工 程

（适用于一、二级）

中国煤炭建设协会　组织编写

中国建筑工业出版社

图书在版编目（CIP）数据

矿业工程/中国煤炭建设协会组织编写．—北京：中国建筑工业出版社，2013.2
注册建造师继续教育选修课教材．适用于一、二级
ISBN 978-7-112-14963-6

Ⅰ.①矿… Ⅱ.①中… Ⅲ.①矿业工程-建造师-继续教育-教材 Ⅳ.①TD

中国版本图书馆 CIP 数据核字（2013）第 022135 号

本书是矿业工程专业注册建造师参加继续教育选修课学习的参考教材。全书共分五章：概述；矿业工程项目管理系统与目标；矿业工程建设相关规范与管理规定；矿业工程施工新技术、新方法、新工艺；矿业工程施工案例分析。本书可供矿业工程专业一、二级注册建造师作为继续教育学习教材，也可供矿业工程技术人员和管理人员参考使用。

* * *

责任编辑：刘　江　岳建光　万　李
责任设计：董建平
责任校对：党　蕾　陈晶晶

注册建造师继续教育选修课教材
矿　业　工　程
（适用于一、二级）
中国煤炭建设协会　组织编写
*
中国建筑工业出版社出版、发行（北京西郊百万庄）
各地新华书店、建筑书店经销
北京红光制版公司制版
北京同文印刷有限责任公司印刷
*
开本：787×1092 毫米　1/16　印张：13　字数：310 千字
2013 年 2 月第一版　2013 年 5 月第二次印刷
定价：**42.00** 元
ISBN 978-7-112-14963-6
(23188)
如有印装质量问题，可寄本社退换
（邮政编码　100037）

注册建造师继续教育选修课教材

《矿 业 工 程》

编 写 委 员 会

组　　长：刘志强

副 组 长：李慧民　贺永年

编写人员：（按姓氏笔画排序）

王鹏越　刘　敏　刘志强　李理化

李慧民　杨维好　沈慰安　陈坤福

周华群　周建亮　贺永年　黄　莺

韩　涛　韩立军

前　言

根据住房和城乡建设部《注册建造师管理规定》和《注册建造师继续教育管理办法》的规定，由中国煤炭建设协会、中国冶金建设协会、中国有色金属建设协会、中国建材工程建设协会、中国核工业建设集团公司、中国化学工程集团公司、中国黄金协会七家行业协会（集团公司），组织相关专业技术和工程管理专家、学者编写完成了本注册建造师继续教育选修课教材。

按照国家关于开展注册建造师继续教育的方针和要求，本教材结合矿业工程注册建造师从业的特点、性质和实际需要，坚持矿业工程技术和管理相结合，并以建设法规为依据，按照《矿业工程注册建造师继续教育大纲》要求的内容，以工程实例为主体，全面介绍和分析我国矿业工程专业工程建设与项目管理的特点，注意突出培养注册建造师组织、协调和综合管理的能力。

本教材的主要内容包括四个部分，第一部分为矿业工程项目管理系统与目标，重点介绍矿业工程项目管理的基本理论；第二部分是矿业工程建设相关规范与管理规定，重点介绍矿业工程项目建设方面的新规范和新规定；第三部分是矿业工程施工新技术、新方法、新工艺，具体介绍了立井井筒、巷道的施工技术、矿用注浆堵水与加固新技术以及地面工程施工新技术；第四部分是矿业工程施工案例分析，通过具体工程实例，介绍矿业工程项目施工和管理技术。

教材在编写过程中，得到了矿业工程专业建造师所在行业各专业协会的大力支持，特别是中国煤炭建设协会、中国冶金建设协会等单位，为教材的编写提供了许多有价值的资料。特别感谢中煤第一建设公司、中煤第五建设公司、中煤矿山建设集团公司等单位，为教材编写提供的具体资料。同时也特别感谢中国矿业大学和西安建筑科技大学，在教材编写方面所做的大量具体撰写工作和对此工作所给予的大力支持。

本教材虽然经过反复论证、修改和征求意见，难免有不足之处，特别是部分案例的分析还不够充分和完整，诚请各位专家和读者提出宝贵意见，以待教材进一步修订和完善。

目　录

1 概 述

矿业工程建造师主要从事矿山建设事业的项目管理工作。由于矿山建设的特殊地位和条件无论是当时的矿山建设，或是现今的矿业工程的项目管理，一直以来都带有鲜明的特色和要求，特别是改革开放以来，国家为改变国家资源开发原有的体制和形式，使资源开发既能保证在国家控制的统一、有序的规划下，又能使矿业工程项目融入整个国家市场经济之中，颁发了大量方针、政策和专门措施，可以说，经过这二三十年的努力，矿山建设领域已经形成了一套比较完整的国家宏观控制、市场有序运作的管理体系，并取得了许多宝贵的经验和成就。

矿山建设是开采矿产的前期工作，是资源开发不可缺少的部分，它涉及包括当前国民经济的主要能源资源和几乎所有的原材料资源等，因此，它不仅是国民经济发展的基础，也是事关国家战略物资的布局、储备和管理等的重要大事。矿山开发的资源属于国家所有，所有资源的开发，都应根据国家的资源存储状况，以及当前国民经济的需要和长远的战略方针要求，纳入国家的统一规划之内。资源是国家的一项有限财富，资源开采不仅影响子孙后代的发展，还将造成当前环境的破坏和污染，出现损坏良田、地表塌陷、地下水位下降等严重后果，因此，国家资源开发还必须考虑其对当今社会和今后社会可持续发展等问题的严重影响。矿产资源开发的前期工作是资源勘探，勘探对资源开发和开采具有举足轻重的意义，勘探不仅可以提供资源开发的可行性及其开发价值的基本信息，保证资源开发的价值和意义，而且勘探也是决定资源开发方式方法的主要依据。正是这些特点，决定了矿业工程项目管理工作的特点，以及在国家经济发展和管理体制变革过程中所形成的自身历程和内容。

1. 矿山建设管理机制和投资模式的演变

从新中国成立以来，矿山建设的基本管理机制大致经历了四个阶段。

新中国成立初期，国家经济处于百业待兴的恢复阶段，新矿山的开发建设几乎还是空白，国家还无暇顾及需要更换或者重新建立新的矿山建设管理机构等问题，更没有设立新的管理办法和管理制度的做法。第一个五年计划初期，国民经济已得到恢复，国家建设工作也随之铺开，资源开发成为急需的工作，此时，包括中央部门和专门的地质局、设计局、基本建设局等专门的管理、领导机构纷纷成立，地区也相应建立了许多勘探、设计、施工建设队伍，矿山建设事业进入新的阶段，并开始走向正规，等经过这段时间后，国家在资源开发的管理方面已经积累了一批经验，管理工作也形成系统化。20 世纪 60 年代后，国家从当时的战略目标出发，为提高矿山的开发强度，通过调集和重新组建，形成了集团式的组织机构和集团式的建设队伍，一些部门和地方，组建了一批包含有设计和施工的直属性综合队伍，矿山建设工作也出现了一个新的高潮，经过十年左右的时间，这批集团式的队伍，为国家形成一批资源基地作出了贡献。20 世纪 80 年代，国家开始重点向经济建设转移后的一段时期里，曾经对少数资源实行允许个人开采的方针，出现了“自行出资、组织、生产、出售”的原始自然经济形式；但是到 20 世纪 80 年代后期开始实行改革开放政策后，矿山建设事业的管理体系也随国家经济体制出现更大、更有意义的改变而发生了转变，那就是国民经济的计划经济向市场经济的转制。这时，原先资源工业政府部门对企业的直管形式向行政监督功能转化，相应部委被撤销，并逐步形成了由若干大型国企公司，以及省辖工程公司、局辖自营公司的三个层次在市场中独立经营和管理的企业运营模式；这些企业也成为了当前市场运作的主体，推进着国家矿山资源开发的事业和相应的市场经济运作过程。目前，这一矿业工程项目的管理模式还在不断完善和巩固。

随着计划经济向市场经济模式的转化，改变矿山建设项目的投资方式和投资性质，成为管理体制转变的基础和重要内容。投资性质的改变，决定了企业在市场经济中的地位，关系到企业在市场中实现独立经营、自负盈亏的基本条件。

新中国成立后，矿山成为国营企业，新建矿山或者矿山的开发建设，一直以来都采用单一的国家投资模式，企业也属于国家所有，因此企业对国家投资的使用是无偿的。此时的主要运作方式是国家对中央确定的建设项目进行预算内拨款，并由国家包揽投资风险和责任。施工企业的任务就是完成国家计划，建设中的亏损、甚至失误，都与企业无关，不会倒闭。直到20世纪八九十年代，国家对基本建设投资实行由专业投资公司负责的“项目贷款制度”，并同时试行多渠道投资的工作，包括银行贷款、发行债券、世行贷款等，但因为市场机制不完善，这些投资方的出现并未解决矿山建设中的亏损等问题，企业的亏损仍需要由国家包揽。到1994年后，国家组建开发银行，企业与银行建立贷款关系，使矿业工程项目投资开始纳入市场机制，一方面，银行对项目决策具有选择权和参与权，通过“资金配置计划”、“分贷自还”、“按项目贴息”、“入股控股”等措施，控制企业责任；同时又采取“到期本息回收”、“担保贷偿”、“收贷挂钩”等方法赋予施工企业的责任，保证投资资金的效率。

21世纪以来，国家根据资源总体布局的规划要求，在严格实行产业准入制、规范开发秩序的基础上，采取了向企业转让二级探矿权和采矿权的办法，让企业直接参与投资，使企业成为资源开发的直接参与者；与此同时，对具有探矿权和采矿权的企业的开发项目，实行国家资源有偿使用和“谁投资、谁收益、谁风险”的原则，鼓励本行业的大型企业以资产为纽带，进行新矿井建设及旧矿井改造。目前，矿山的本行业企业及其他大型工业企业，已经成为矿业工程项目投资来源的主体，它们通常通过自筹资金（企业维简费、转产发展资金以及企业积累等）、社会集资（上市、筹资等）、银行贷款、合股开发等途径获得投资来源。这一投资来源不仅资本来源多样，实力雄厚，而且项目的经验丰富，从而形成了矿山资源资本市场的有力一方，既促使了国家资源开发的有序进行，同时也夯实了国家资源开发市场的基础，从而又促进了资源市场的有序发展。

2. 当前矿业工程项目管理的主要任务和发展趋势

当前，矿业工程开发的任务还相当繁重，国家还在努力探寻新的储存资源，许多资源的开发正在向更深、更难的地层和地区拓展，同时，还要发现和开发新的资源品种，特别是像可燃冰、岩层气等有广阔前景的新能源，因此，矿业工程的项目管理还面临着工程项目的规模更大、涉及的面更宽、遇到的新问题将更多等诸多新的挑战，国家对矿业工程项目的管理工作必将继续深化，对项目管理水平的要求必将更高。当前，国家在矿产资源开发管理方面，主要体现在以下几个方面：

（1）进一步全面深化矿产资源管理体制改革

矿产资源管理体制的进一步改革主要表现在统一管理机构、改革探矿权和采矿权管理制度以及健全资源有偿使用制度等方面。

1981年以前，各种不同矿产资源分属多个部委管理，1982年起国家将所有地质勘查工作及矿产资源开发监督管理工作划归地质矿产部；1998年后，各不同部委的矿产资源管理职能全部转移到国土资源部，实现了全国矿产资源的统一管理。

近年来，国家依据矿产资源属于国家所有的法律规定，在进一步培育和规范探矿权、采矿权市场的基础上，明确了探矿权、采矿权的财产权属性；规定了探矿权、采矿权的有偿取得和依法转让制度，以及探矿权、采矿权可以通过招标、拍卖、挂牌等竞争的方式有偿取得；在合理安排勘查开发项目的基础上，控制建设节奏，同时，通过探矿、采矿权的有偿取得和依法转让制度，进一步培育和规范探矿权、采矿权市场，加强对市场运行的监管。

从1998年起，国家还逐步形成了以国家出资勘查为基础的探矿权价款、采矿权价款和相应的探矿权和采矿权使用费的制度，结束了无偿开采矿产资源的历史，也起到了促进矿产资源保护和合理利用的经济激励机制。

(2) 坚持市场经济体制改革方向

矿产资源的市场体制要包括两方面的内容，既要充分发挥政府的宏观调控作用，使资源开发符合国家产业政策与整体规划，又要充分发挥市场在矿产资源配置中的基础性作用；通过切实维护国家所有权和探矿权、采矿权人的合法权益，建立起政府宏观调控与市场运作相结合的资源优化配置机制。

政府的调控、管理和引导作用，不仅是国家根据国民经济和社会发展要求和总体部署要求进行资源开发，而且还包括考虑矿产资源规划、行业发展规划、生产开发规划、安全生产规划、矿区总体规划，形成矿产资源开发利用和社会进步的合理有序发展。

(3) 拓宽和培育新的投资渠道，引导企业发展，建设大型矿产资源基地

国家在培育资源开发市场的基础上，还要努力扩大对外开放与合作，改善投资环境，鼓励和吸引国外投资者勘查开发矿产资源；要努力使大型矿业集团成为优化矿业结构的主体、基地开发建设的主体、平衡国内矿产市场的主体和参与国际市场竞争的主体；同时国家也支持下游产业参与矿产资源开发（特别是电力企业开发建设煤矿），形成一体化企业集团。使大型企业集团真正成为优化矿山工业结构的主体。

为适应国家经济的高水平运行，促进资源开发向现代化发展，国家将严格建设项目核准审批制度，坚持矿山建设准入制和逐级审批制度，严格设计规定，以限制小规模、低水平、高耗能的新矿井或改扩建矿山建设。

(4) 深化企业改革，提高企业竞争能力

企业是市场运作的主体，提高企业竞争能力，对提高市场运作水平和国家经济实力有重要的作用。当前，国家在资源开发领域积极采取培育、发展现代化企业，进一步完善企业法人制结构和股份制改造。采取以原有的大企业为基础，通过扩张、兼并等形式，带动中小企业的整合，形成以大为主、整体协调发展的产业结构；坚持一个矿区原则上由一个主体开发，一个主体可以开发多个矿区的集中开发模式；大型矿产基地建设要与培育骨干企业并举。同时鼓励发展矿山、电力、运输等一体化经营的具有国际竞争力的大型企业集团。大型企业集团公司内部的法人制可以形成多层级结构，各层级构成按市场经济规律办

事、相对独立的法人实体结构。

企业要坚持依靠科技进步的发展道路，鼓励发展应用现代勘探技术、施工技术、新材料技术，发展自动控制、集中控制的技术和装备。促进矿产资源勘查与开发由传统产业向现代产业、由劳动密集型向技术密集型、由粗放经营向集约经营的转变。推进技术创新体系建设，支持企业建立技术开发中心，增强自主创新能力。积极推进企业信息化建设，推进技术创新体系建设，增强自主创新能力。强调安全设施和环保设施建设，建立矿区开发环境承载能力评估制度和评价指标体系。

(5) 提高矿业工程企业管理水平

企业要努力推行工程项目现代化管理方法，通过树立市场观念、效益观念、竞争观念、质量观念、信誉观念、信息观念等思想，建立现代化管理理念，组织现代化管理机构，采用现代化管理方法，利用现代化管理手段。

企业要以建立现代化管理思想为基础，努力推行工程项目现代化管理方法。要组织现代化管理机构，建立科学的管理程序，利用现代化管理手段。这要求企业树立市场观念、效益观念、竞争观念、质量观念、信誉观念、信息观念等思想；要求企业建立和组织适合于高效、高质、责权利清晰的现代企业运作机制和机构；还要求企业按照科学规律运作项目过程，按照法律、法规和规程实施项目管理，在项目管理工作中充分运用先进的科技成果和管理理论，高质、高效进行项目建设活动，并采用计算机和其他现代技术手段实施工程项目的辅助管理、决策和运行。

提高矿业工程企业管理水平要求培养有高水平的职业管理人员，在相应的制度和政策条件下，通过执业资格制度，规范市场从业人员行为，逐步提高从业人员的从业素质和从业水平；同时采用走出去、请进来的方法，通过理论训练、实践教育等手段，培养高水平职业管理人员。

2 矿业工程项目管理系统与目标

2.1 矿业工程项目管理系统

2.1.1 矿业工程项目管理的类型

矿业工程项目管理的类型可归纳为建设单位或业主进行的项目管理、设计单位进行的项目管理、咨询公司代设计单位进行的项目管理、业主委托的监理单位进行的项目管理、施工单位进行的项目管理、咨询公司代施工单位进行的项目管理、有关政府部门进行的项目管理和政府的建设管理。

在工程项目建设的不同阶段，参与工程项目建设的各方的管理内容及重点各有不同。在设计阶段的工程项目管理分为建设单位的设计管理和设计单位的设计管理两种情况，在施工阶段的工程管理则主要分为业主的工程项目管理、承包商的工程项目管理、监理工程师的工程项目管理等。

一、建设单位的工程项目管理

建设单位或业主作为项目的发起人和投资者，与项目建设有着最为密切的利害关系，因此必须对工程项目建设的全过程加以科学、有效和必要的管理。建设单位或业主的项目管理由于委托了监理公司所以偏重于重大问题的决策，如项目立项、咨询公司的选定、承包方式的确定及承包商的确定。另外，建设单位或业主及其项目管理班子要做好必要的协调和组织工作，为咨询公司/承包商的项目管理做好必要的支持和配合工作。

1. 影响项目管理的因素

建设单位或业主在组建自己的项目管理班子、决定自己对工程项目管理的参与程度和参与的组织形式、对一些重大问题如咨询公司及设计的委托、招标的进行、发包方式及承包商的确定等决策时，应考虑多方面的因素，具体包括：工程的形式和性质，工程项目的费用和工期，能否筹集到资金，管理和技术人才，预期的工作量，工程项目必须由专业承包商完成的部分，从可能出资人处动员到财力的可能性及其变动的灵活性，工程的可能规模以及发生变更的可能性大小，招标时设计文件的情况，承包商介入情况（如CM方式），投标竞争的程度，公司同建筑业界的关系，可动员到的人力规模需要签订合同的数目、金额大小，合同和出资人之间的相互联系和配合，工程项目可行性对工期拖延和费用超支的敏感程度。

2. 建设单位项目管理组织机构

工程项目建设实施，建设单位或业主必须设立相应的项目管理机构（或称项目经理部）。机构的组建应视工程项目的性质、投资来源、项目规模及复杂程度而定。凡新建大中型项目，由于工程建设周期长，经主管部或董事会的批准，可组成单独的由各类专业人员组成的专职机构来负责项目的管理工作，并且由于在项目的各阶段其管理工作的内容及工作量变化较大，管理机构应适时作出必要的调整。

任命一位精明强干的项目经理是至关重要的，要明确其责任，并赋予其足够的权限和权力，使其能够真正行使项目管理的职责。对于项目经理部要选定一个合理的组织结构模式，建立畅通的信息联系渠道和指令传达系统；要任命有能力和有威望的部门主管，选择有才能和工作热情的办事人员；建设单位重大决策的作出，一定要与自己的项目管理班子（也要咨询机构参与）作充分而必要的调查研究，而不要越过项目管理班子。这样做除了使自己的决策尽可能是科学的、合理的（因为有专业人员的参与）之外，也可避免挫伤班子工作人员的积极性。

3. 建设单位或业主工程项目管理的任务与内容

建设单位或业主的项目管理班子，其工作任务的根本重心是通过自己的工作能够帮助建设单位对重大问题作出决策，并为参与工程项目的有关各方提供必要的支持，监督控制项目的顺利实施。其具体工程任务如下：

（1）项目的立项决策

①进行投资机会研究。首先是进行投资的地区研究、部门研究，然后根据对自然资源的了解和根据市场的预测，以及国家的经济政策和国际贸易联系等情况，分析是否有最有利的投资机会，为业主投资机会选择提供依据。

②编制项目建议书。项目建议书是业主向国家推荐项目并获得国家同意项目立项的第一步，主要包括项目的建设规模、布局、进度、投资、方案等。编制项目建议书，遵循的原则是首先根据国民经济及社会发展规划、地区规划、市场及业主自身情况来分析是否有项目投资的可能性和机遇。通常的评价标准是：国民经济及社会发展战略和规划从宏观角度决定了该项目是否有发展前途；地区规划决定了该项目的选址，而市场的需求从微观角度决定了该项目是否有市场及前景。项目建议书的估算精度为±30％。在我国，项目建议书一经批准，该项目就列入计划，这一过程也叫项目立项。这是我国项目建设程序中的重要环节之一。

③进行可行性研究。项目建议书获得通过、项目得以立项以后，进入项目的可行性研究阶段。初步可行性研究主要解决以下几方面的问题：一是投资机会是否恰当，值不值得进一步的详细可行性研究；二是确定的项目目标是否正确，有无必要通过详细可行性研究作详细分析；三是项目中有哪些关键问题，是否需要通过市场调查、实验室试验、工业性试验，进行深入的研究；四是是否需要进行工程、水文、地质勘察等代价高昂的下一步工作。初步可行性研究的估算精度为±20％。详细可行性研究，是进入深入的技术经济论证的关键环节。详细可行性研究必须对与项目有关的政治、经济、环保、社会等各方面进行详尽的分析；全面研究项目所涉及的各种关键因素和达到目标的各可行方案，并对各可行方案进行比较论证，最后确定最终方案：论述可能实现的程度和令人满意的程度等。详细可行性研究的估算精度为±10％。

④可行性研究报告的报批。将建设单位或业主同意的可行性研究报告上报政府主管部门及贷款银行，由其进行项目评估，即对可行性研究报告进行评价。评估主要从三方面进行：一是项目是否符合国家有关政策、法令和规定；二是项目是否符合国家宏观经济意图，符合国民经济长远规划，布局是否合理；三是项目的技术是否先进适用，是否经济合理。项目评估的估算精度为10％。将项目评估中所指出的可行性研究报告的不合理之处加以补充完善，一旦批准了可行性研究报告，便是作出了项目决策，标志着项目立项决策阶段的完成。项目立项决策阶段的各项任务，可由建设单位或业主自己的项目管理班子完

成，也可委托相应的咨询机构来完成，而建设单位或业主的人员做一些配合和辅助工作。

(2) 项目的实施阶段

工程项目的实施阶段，是整个项目建设周期中时间最长、工作任务最为繁重、项目投资支出最多的一个阶段，因此必须抓好本阶段的项目管理工作。

①选择确定承担工程项目建设监理任务的社会监理公司（或咨询公司）。业主能选定一个经验、信誉和能力良好，使双方合作顺利的监理者，是项目建设顺利实现的重要保证之一。在我国按照有关规定，业主经常以招标的方式来选择确定监理单位。在招标的过程中，业主的项目管理班子要负责编制监理任务大纲，确定被邀请参加投标的监理公司的名单，组织被邀请者投标，组建评标小组，进行评标、定标，进行合同谈判并最终签订监理委托合同等一系列工作。

②建设用地的报批。建设单位或业主可以通过征用、征拨、出让、转让等形式获得建设用地的使用权，按规定向土地管理部门报批，并进行拆迁、征用补偿及搬迁安置等工作。

③选定工程勘察单位。工程勘察是为了查明工程项目建设地点的地形、地貌、土质土层、地质构造、水文条件等各种地质现象而进行地质勘察和综合评价工作，它为项目的设计和工程施工提供必需的、科学的依据。建设单位或业主应在自己的项目管理班子和监理班子的协助下，选择一家报价合理、信誉良好的工程地质勘察单位来承担项目的地质勘察任务。

④编制项目设计任务书。建设单位或业主的项目管理班子应自行编制或协助所委托的监理公司编制项目设计任务书。设计任务书的编制依据是已批准的项目建议书、可行性研究报告及工程地质勘察报告。设计任务书由有关部门批准以后，作为进行设计方案竞选或设计招标的主要依据。

⑤进行设计方案竞选或设计招标。一般来说是由监理方配合，以建设单位或业主及其项目管理班子为主进行此项工作，来选择承担工程设计任务的单位并做好合同条款的拟定和合同的签定工作。

⑥对工程设计进行管理。进行设计管理，项目管理班子主要是做宏观方面的审核工作，如设计概算、设计进度、建筑风格及结构类型等，并为设计者提供必要的设计基础资料，如批准的可行性研究报告，规划部门的“规划设计条件通知书”等，而一些更为具体的管理工作，委托管理者来进行。对此，可在签订设计委托合同时以合同条款的形式予以明确。

⑦进行施工招标。在监理方的帮助下，确定工程发包合同方式，这一点对于业主而言，是非常重要的。然后，编制招标文件，确定标底，对投标者进行资格审核，开标、评标和决标，确定中标单位，谈判并与中标的承包商签订合同。

⑧做好施工准备工作。施工准备工作的内容包括：加紧征地拆迁工作，保证如期办理完毕建设用地有关事宜；保证设计方按进度计划供应图纸，及时组织有监理方、承包商、设计方和业主本人参加的图纸会审，做好设计的报批工作，保证能根据施工展开的要求供应图纸；落实施工现场的供水、排水、供电、道路修筑等工作，与市政、道路、供电、自来水、市政养护等部门签定有关协议，进行施工现场的场地平整工作；组织由业主负责供应的材料、设备的订货，必要时可进行设备招标；项目资金的筹措；帮助承包商办理施工

许可证；如果工程项目需要进口材料、设备且由业主负责，则要申请办理进口许可证，并办理报关手续，签定委托运输合同；当由承包商负责时，业主可提供一些必要的帮助。

⑨对施工过程进行管理。主要内容包括：确认承包商选择的分包单位；审查承包商提出的施工组织设计，对其中的施工技术方案和施工进度计划等提出修改意见；审核承包商提交的工程量清单及其要求付款的报表，按有关规定向承包商支付工程价款，监督工程进度计划的执行，对承包商提出的延长工期的要求予以审核答复，检查工程质量；针对承包商的索赔要求进行反索赔工作；参加主要的现场施工会议，进行工作协调和决策；履行业主应承担的其他义务。

⑩项目试生产或试运营。工程合格以后，可进入交工验收阶段。

⑪竣工验收。督促和配合监理方、承包商做好工程结算、工程质量等级评价、竣工图的绘制，以及各种资料、文件的准备和整理。必要时可进行工程项目的初步验收，然后向有关部门（上级主管部门、城建、规划、工程质量监督等）申请进行竣工验收。要注意技术文件中，竣工图非常重要，因为竣工图是真实记录各种地下、地上建筑物、构筑物等情况的技术文件，是对工程进行交工验收、维护、改建、扩建的依据，是国家重要技术档案。竣工图的绘制是根据谁施工谁绘制的原则，在建设项目签订承发包合同时应明确规定绘制、检验和交接问题。最后是与承包商进行工程结算。

(3) 项目评价阶段

项目进入生产或使用时期营运一段时间以后，要进行项目的评价，以利于总结工程项目管理的经验教训。项目评价主要包括以下内容：项目建成后的效益分析与原预测产生偏差的原因；建成项目所需的投资、工期与原计划产生偏差的原因；进行重大设计变更的原因；项目建成后的社会、政治、经济和环境影响等；对项目前景的展望。

二、施工单位的工程项目管理

1. 施工目标系统

从系统的角度看，施工项目管理是通过一个有效的管理系统进行管理。这个系统通常分为若干子系统：

(1) 方案及资源管理系统

基本任务是确定施工方案，做好施工准备。主要内容有：施工方案的技术经济比较，选定最佳的可行方案；选择适用的施工机械；编制施工组织设计和施工总平面图，确定各种临时设施的数量和位置；确定各种工人、机具和材料物资的需要量。

(2) 施工管理系统

基本任务是编制施工进度计划，在施工过程中检查其执行情况，并及时进行必要的调整，以确保工程按期竣工，其主要内容有：编制施工进度计划网络图；建立检查进度计划的报表制度和计算机数据处理程序；施工图纸供应情况的监督检查；物资供应情况的监督检查；劳动力调配的监督检查；工程质量管理。

(3) 造价管理系统

基本任务是投标报价，签订合同，结算工程款，控制成本，保证效益。主要内容有：制定投标报价方案；与建设单位（业主）、分包及设备材料供应厂商签订合同；检查合同执行情况，处理索赔事项；工程中间验收及竣工验收，结算工程款；控制工程成本；月度结算和竣工决算及损益计算。

2. 施工全过程的管理

施工项目管理的对象是施工项目寿命周期各阶段的工作。施工项目寿命周期可分为五个阶段，这五个阶段构成了施工项目管理有序的全过程。

(1) 投标、签约阶段

建设单位对建设项目进行设计和建设准备，具备了招标条件以后，便发出招标公告(或邀请函)，施工单位根据招标公告或收到邀请函后，作出投标决策，参与投标直至中标签约。这是施工项目寿命周期的第一阶段，可称为“立项阶段”。本阶段的最终管理目标是签订工程承包合同。这一阶段主要进行的工作包括：建筑施工企业从经营战略的高度作出是否投标争取承包该项目的决策；决定投标以后，从多方面（企业自身、相关单位、市场、现场等）掌握大量信息；编制既能使企业盈利、又有竞争力、可望中标的投标书；如果中标，则与招标方进行谈判，依法签订工程承包合同，使合同符合国家法律、法规和国家计划，符合平等互利、等价有偿的原则。

(2) 施工准备阶段

施工单位与招标单位签订了工程承包合同、交易关系正式确立以后，便应组建项目经理部，然后以项目经理部为主，与企业经营层和管理层、业主单位进行配合，进行施工准备，使工程具备开工和连续施工的基本条件。这一阶段主要进行以下工作：

①成立项目经理部，根据工程管理的需要建立机构，配备管理人员；

②编制施工组织设计，主要是施工方案、施工进度计划和施工平面图，用以指导施工准备和施工；

③制订施工项目管理规划，以指导施工项目管理活动；

④进行施工现场准备，使现场具备施工条件，利于进行文明施工；

⑤编写开工申请报告，待批开工。

(3) 施工阶段

这是一个自开工至竣工的实施过程。在这一过程中，项目经理部既是决策机构，又是责任机构。经营管理层、业主单位、监理单位的作用是支持、监督与协调。这一阶段的目标是完成合同规定的全部施工任务，达到交工验收、竣工验收条件。这一阶段主要进行以下工作：

①按施工组织设计的安排进行施工；

②在施工中努力做好动态控制工作，保证质量目标、进度目标、造价目标、安全目标、节约目标的实现；

③管好施工现场，实行文明施工；

④严格履行工程承包合同，处理好内外关系，管好合同变更及索赔；

⑤做好记录、协调、检查、分析工作。

(4) 交工验收、竣工验收与结算阶段

这一阶段可称作“结束阶段”。与建设项目的竣工验收阶段协调同步进行。其目标是对项目成果进行总结、评价，对外结清债权债务，结束交易关系。本阶段主要进行以下工作：

①工程收尾；

②进行试运转；

③在预验的基础上接受正式验收；

④整理、移交竣工文件，进行财务结算，编制竣工总结报告；

⑤办理工程交付手续；

⑥项目经理部解体。

(5) 用后服务阶段

这是施工项目管理的最后阶段，即在交工验收后，按合同规定的责任期进行用后服务、回访与保修，其目的是保证使用单位正常使用、发挥效益。

3. 施工项目管理的内容

为了实现施工项目各阶段目标和最终目标，必须加强施工项目管理工作。在投标、签订了工程承包合同以后，施工项目管理的主体便是以施工项目经理为首的项目经理部即项目管理层。管理的客体是具体的施工对象、施工活动及相关的生产要素。管理的内容包括：

(1) 建立施工项目管理组织

①由企业采用适当的方式选聘称职的施工项目经理；

②根据施工项目组织原则，选用适当的组织形式，组建施工项目管理机构，明确责任、权限和义务；

③在遵守企业规章制度的前提下，根据施工项目管理的需要，制订施工项目管理制度。

(2) 进行施工项目管理规划

施工项目管理规划是对施工项目管理组织、内容、方法、步骤、重点进行预测和决策，做具体安排的纲领性文件。施工项目管理规划的内容主要有：

①进行工程项目分解，形成施工对象分解体系，以便确定阶段控制目标，从局部到整体地进行施工活动和进行施工项目管理；

②建立施工项目管理工作体系，绘制施工项目管理工作体系图和施工项目管理工作信息流程图；

③编制施工管理规划，确定管理点，形成文件，以利执行。这个文件类似于施工组织设计。

(3) 进行施工项目的目标控制

施工项目的目标有阶段性目标和最终目标。实现各项目标是施工项目管理的目的。所以它应当坚持以控制论原理和理论为指导，进行全过程的科学控制。施工项目的控制目标包括进度目标、质量目标、成本目标和安全目标。

由于在施工项目目标的控制过程中会不断受到各种客观因素的干扰，各种风险因素都有发生的可能性，故应通过组织协调和风险管理对施工项目目标进行动态控制。

(4) 生产要素管理和施工现场管理

施工项目的生产要素是施工项目目标得以实现的保证，它主要包括：劳动力、材料、设计资金和技术（即 SM）。施工现场的管理对于节约材料、节省投资、保证施工进度、创建文明工地等方面都至关重要。

(5) 施工项目的组织协调

组织协调为目标控制服务，其内容包括：人际关系的协调（组织关系的协调，配合关系的协调）供求关系的协调，约束关系的协调。这些关系发生在施工项目管理组织内部、施工项目管理组织与其外部相关单位之间。

(6) 施工项目的合同管理

由于施工项目管理是在市场条件下进行的特殊交易活动的管理，这种交易活动从招标、投标工作开始，并持续于项目管理的全过程，因此必须依法签订合同，进行履约经营。合同管理的好坏直接涉及项目管理及工程施工的技术经济效果和目标实现。因此要从招标、投标开始，加强工程承包合同的签订、履行管理。合同管理是一项执法、守法活动，市场有国内市场和国际市场，因此合同管理势必涉及国内和国际上有关法规和合同文本、合同条件，在合同管理中应予高度重视。为了取得经济效益，还必须注意搞好索赔，讲究方法和技巧，提供充分的证据。

(7) 施工项目的信息管理

现代化管理要依靠信息。施工项目管理是一项复杂的现代化的管理活动。进行施工项目管理、施工项目目标控制、动态管理，必须依靠信息管理，而信息管理又要依靠电子计算机进行辅助。

(8) 施工项目管理总结

从管理的循环原理来说，管理的总结阶段既是对管理计划、执行、检查阶段经验和问题的提炼，又是进行新的管理所需信息的来源，其经验可作为新的管理标准和制度，其问题有待于下一循环管理予以解决。施工项目管理由于其一次性，更应注意总结，依靠总结不断提高管理水平，丰富和发展工程项目管理学科。

三、第三方的工程项目管理

第三方进行工程项目管理主要是指工程咨询方，目前以监理方为主。

工程咨询是工程项目管理发展到一定阶段分化出的一分支学科和管理方式。随着工程建设规模的增加，工程技术日趋复杂化，工程项目管理更加专业化。通常情况下，业主缺乏这类专业管理人员，因而，专门从事工程咨询活动的专业公司应运而生。

工程监理是工程咨询的一种最典型的咨询活动。工程监理是对工程建设有关活动的“监理”，这是一项目标性很明确的具体行为，它包括视察、检查、评价、控制等从旁纠偏，督促目标实现等一系列活动；它不同于一般性的监督管理，而是一个以严密的制度构成为显著特征的综合管理行为。工程监理通过对工程建设参与者的行为进行监控、督导和评价，并采取相应的管理措施，保证工程建设行为符合国家法律、法规和有关政策；制止建设行为的随意性和盲目性，促使工程建设费用、进度、质量按计划实现，确保工程建设行为的合法性、科学性、合理性和经济性。

工程项目管理咨询公司，如监理公司，其工程项目管理咨询与一般的技术情报咨询有较大的区别．后者着重提供信息，是询问解答性的。而工程项目管理咨询则承担项目管理的具体任务，如代表业主、代表设计总负责单位或代表施工总包单位进行项目的具体管理。应该说明，工程项目管理咨询公司的服务对象是政府有关部门、业主、设计单位和施工单位等，但是对于同一个工程项目，一个咨询公司不允许，也不可能同时为该项目的业主、设计和施工单位进行项目管理的咨询。因为这三方所处的地位不相同，考虑问题的出发点也不同。

四、政府的建设管理

政府建设管理是指国家对建设行为、活动和建设行业进行管理、监督。管理方式一是通过“立法”，即国家的权力机关制定一系列直接针对建设行为的或与建设行为有关的法律，如我国的《建筑法》、《招标投标法》、《土地管理法》、《经济法》、《合同法》等一系列法律作为管理和监督的依据，且地方人大也针对本地区的建设行为制定颁布相应的法规；二是“执法”，中央政府及地方各级政府设立建设行政主管部门，并会同其他相应政府管理部门，根据国家的有关法律、法规，制定有关建设活动管理用的规定、规范及规程并对建设活动以及从业单位的设立和升级，从业人员的资格审定等进行管理，即政府管理。我国设立住房和城乡建设部作为全国范围内的建设行政主管部门，在各级地方政府以及国务院的工业、交通等部门设立或指定地方或部门内的建设行政主管部门，而对建设活动的管理还涉及发改委、工商、土地等政府管理部门。

1. 政府项目管理的职能

政府工程项目管理的第一职能就是建设管理。所谓“第一职能”，也就是政府建设主管部门对建设行为进行的监督、管理等行为，这是政府社会职能的一个重要方面。自从出现阶级社会，政府作为国家机器，它对建设活动就有一个管理过程。因为建设对于一个社会来说，是一项很重要的活动。政府这一管理职能的出现，甚至可以追溯到人类定居史的产生。在社会生活中，任何人的建设行为都不是孤立的，其涉及面相当广，除非“鲁宾逊”（英国小说中的主人公）的建设行为：他可以随意设计，选用任何能够使用的材料，按照他认为合适的办法营建自己所喜欢的房屋。由于不会影响到别人，无须任何限制，也不必别人监管。但是，社会生活中的建设活动，绝不可随意进行，必须是有秩序地、安全地进行，这正是政府建设监理产生的根本点。

我国经历了 50 多年的社会主义建设，政府有关部门对建设活动进行管理的格局已经形成，这个管理职能分布在不同的行政主管部门。

在我国，政府对建设行为的管理，包括对全社会所有建设工程项目决策阶段的监督、管理和工程建设实施阶段的管理。按照我国政府机关行政分工的格局，大体上建设前期是由发改委、规划、土地管理、环保、公安（消防）等部门负责；建设实施主要由建设行政主管部门负责。它们代表国家行使或委托专门机构行使政府职能，充分运用审查、许可、监督、检查、强制执行等手段，实现监理目标。如计划部门审查批准（或不批准）项目的计划任务书和项目开工报告；土地管理和城镇规划部门审查批准（或不批准）建设用地、规划许可；环保、消防等部门则从各自的角度审查建设方案是否符合有关标准；建设行政主管部门审查批准（或不批准）施工开工报告，并对建设过程进行有效管理；如其派出机构——工程质量监督站在施工过程对工程质量进行检查、认证等。

政府建设监理的职能是一个有机整体，政府的这一职能分布在不同部门，亦即我国已形成的政府对建设活动的管理格局，不应成为理解政府建设管理职能的完整系统性的障碍。

政府建设管理的第二职能，是政府建设行政主管部门对从事建筑活动的单位和个人实行的监督管理。政府管理的这一职能，主要是通过制定法规、政策，审批社会监理单位、施工单位、设计单位等的成立、资质升级、变更、停业等，办理监理工程师、建造师、结构工程师等的注册，并监督管理他们的工作情况等来实现的。对于这一系列的纯管理行为，从其内涵看，它与社会制度无直接关系。

2. 政府工程项目管理机构及其任务

国外的政府建设管理职能基本上是集中在一两个部门，所以其政府管理的职能基本上也就是政府建设行政管理机构的任务，即这一机构代表其政府行使政府建设管理的第一、第二职能。我国建设管理有关文件很明确地规定：建设管理工作的归口管理部门在中央为住房和城乡建设部，在地方为县以上各级人民政府的建设主管部门，国务院工业、交通等部门根据需要设置或指定相应的机构，指导本部门建设管理工作。由此可以看出，我国建设行政管理的管理部门，实际上是指各级建设主管部门和国务院相关部门的建设管理部门。

由于我国政府建设管理的第一职能是分布在不同的行政部门分别实施，所以，我国政府建设行政管理机构的任务主要是政府管理的第二职能，此外，还包括政府管理第一职能的一部分。根据建设管理的有关文件，我国各级政府建设行政管理机构的任务具体是：

（1）国家一级的政府建设行政管理部门——住房和城乡建设部的主要任务

①根据国家政策、法律、法规，制定并组织实施建设管理法规；

②制定从事建筑业的单位和个人的资格标准、审批和管理办法并监督实施；

③审批全国性、多专业、跨省（自治区、直辖市）承担建筑业务的建筑从业单位资质；参与大型建设项目的竣工验收；

④检查督促工程建设重大事故的处理；

⑤指导和管理全国建设管理工作。

（2）各省、自治区、直辖市政府建设管理机构（为同级的建设主管部门）的任务

①贯彻执行国家建设管理法规，根据需要制定管理办法或实施细则，并组织实施；

②参与审批本地区大中型建设项目施工的开工报告；

③检查、督促本地区工程建设重大事故的处理；

④参与大中型建设项目的竣工验收；

⑤组织监理工程师、结构工程师、建造师等的资格考核，颁发证书，审批全省（自治区、直辖市）性的单位资质；

⑥指导和管理本地区的建设管理工作。

（3）国务院工业、交通部门政府管理机构（为这些部门的建设主管部门）的任务

①贯彻执行国家建设管理法规，根据需要制定实施办法并组织实施；

②组织或参与审查本部门大中型建设项目的设计文件、开工条件和开工报告；

③组织或参与检查、处理本部门工程建设重大事故；

④组织或参与本部门大中型建设项目的竣工验收；

⑤组织本专业监理工程师、结构工程师和建造师等的资格考核，颁发证书，审批本部门管理的本专业全国性的建筑从业单位资质；

⑥指导和管理本部门的建设管理工作。

国务院各部门建设管理的任务还应包括对所投资项目建设实施的直接管理或委托监理。这时，我们可以把这些部门理解为是一个“业主”。它的这种管理是“业主”对自己的投资工程的管理。如交通部派出一位司长任京津塘高速公路工程的总监理工程师。这种形式在国外也有。

我国建设管理文件规定，市（地、州、盟）、县（旗）一级建设主管部门的建设管理的任务应由各省、自治区、直辖市人民政府规定。

各地、各部门工程质量监督站是各级建设主管部门的派出机构，行使政府职能，它实际上是代表政府对工程质量实施管理，它们的工作是政府管理工作的一个重要组成部分。

3. 政府在工程项目建中的管理工作

（1）审批项目建议书

审批基本建设项目建议书，审批技术改造项目建议书，审批涉外项目的项目建议书。

（2）审批可行性研究报告

（3）管理建设用地和拆迁补偿

（4）管理项目建设程序

（5）工程质量监督

（6）对参与项目建设各方进行资质管理

2.1.2 矿业工程项目管理的组织

一、工程项目管理组织职能与原则

工程项目管理组织机构同参与项目建设各方的企业管理组织机构是局部与整体的关系。组织机构设置的目的是为了进一步充分发挥工程项目管理功能，提高项目整体管理效率，以达到项目管理的最终目标。工程项目管理组织体系和组织机构的建立是项目管理成功的组织保证。

1. 组织的概念

一般地，“组织”有两种含义。第一种含义是作为名词出现的，指组织机构。组织机构是按一定领导体制、部门设置、层次划分、职责分工、规章制度和信息系统等构成的有机整体，是社会人的结合体，可以完成一定的任务，并为此而处理人和人、人和事、人和物的关系。第二种含义是作为动词出现的，指组织行为（活动），即通过一定权力和影响力，为达到一定目标，对所需资源进行合理配置，处理人和人、人和事、人和物关系的行为（活动）。管理的组织职能是通过两种含义的有机结合而产生和起作用的。工程项目管理的组织，是指为进行施工项目管理、实现组织职能而进行的组织系统的设计与建立、组织运行和组织调整三个方面。组织系统的设计与建立是指经过筹划、设计，建成一个可以完成工程项目管理任务的组织机构，建立必要的规章制度，划分并明确岗位、层次、部门的责任和权力，建立和形成管理信息系统及责任分担系统，并通过一定岗位和部门内人员的规范化的活动和信息流通实现组织目标。

2. 组织的职能

组织职能是工程项目管理基本职能之一，其目的是通过合理设计和职权关系结构来使各方面的工作协同一致。工程项目管理的组织职能包括五个方面：

（1）组织设计

包括选定一个合理的组织系统，划分各部门的权限和职责，确立各种基本的规章制度。包括生产指挥系统组织设计、职能部门组织设计等。

（2）组织联系

就是规定组织机构中各部门的相互关系，明确信息流通和信息反馈的渠道，以及它们之间的协调原则和方法。

(3) 组织运行

就是按分担的责任完成各自的工作，规定各组织体的工作顺序和业务管理活动的运行过程。组织运行要抓好三个关键性问题：一是人员配置，二是工作接口关系，三是信息反馈。

(4) 组织行为

就是指应用行为科学、社会学及社会心理学原理来研究、理解和影响组织中人们的行为、言语、组织过程、管理风格以及组织变更等。

(5) 组织调整

组织调整是指根据工作的需要，环境的变化，分析原有的工程项目组织系统的缺陷、适应性和效率性，对原组织系统进行调整和重新组合，包括组织形式的变化、人员的变动、规章制度的修订或废止、责任系统的调整以及信息流通系统的调整等。

3. 工程项目管理组织机构的作用

(1) 组织机构是工程项目管理的组织保证

项目经理在启动项目管理之前，首先要进行组织准备，建立一个能完成管理任务、使项目经理指挥灵便、运转自如、效率高的项目组织机构——项目经理部，其目的就是为了提供进行工程项目管理的组织保证。一个好的组织机构可以有效地完成工程项目管理目标，有效地应付环境的变化，有效地供给组织成员生理、心理和社会需要，形成组织力，使组织系统正常运转，产生集体思想和集体意识，完成项目管理任务。

(2) 形成一定的权力系统，以便进行集中统一指挥

权力由法定和拥戴产生。“法定”来自于控权，“拥戴”来自于信赖。法定或拥戴都会产生权力和组织力。组织机构的建立首先是以法定的形式产生权力。权力是工作的需要，是管理地位形成的前提，是组织活动的反映。没有组织机构，便没有权力，也没有权力的运用。权力取决于组织机构内部是否团结一致，越团结，组织就越有权力，越有组织力。所以工程项目组织机构的建立要伴随着授权，以便使用权力实现工程项目管理的目标。要合理分层，层次多，权力分散；层次少，权力集中。所以要在规章制度中把工程项目管理组织的权力阐述明白，固定下来。

(3) 形成责任制和信息沟通体系

责任制是工程项目组织中的核心问题。没有责任也就不称其为项目管理机构，也就不存在项目管理。一个项目组织能否有效地运转，取决于是否有健全的岗位责任制。施工项目组织的每个成员都应肩负一定责任，责任是项目组织对每个成员规定的一部分管理活动和生产活动的具体内容。

信息沟通是组织力形成的重要因素。信息产生的根源在组织活动之中，下级（下层）以报告的形式或其他形式向上级（上层）传递信息；同级不同部门之间为了相互协作而横向传递信息。越是高层领导，越需要信息，越要深入下层获得信息。原因就是领导离不开信息，有了充分的信息才能进行有效决策。

综上所述可以看出组织机构非常重要，在项目管理中是一个焦点。一个项目经理建立了理想有效的组织系统，他的项目管理就成功了一半。项目组织一直是世界管理专家普遍重视的问题。根据国际项目管理协会统计，世界各国项目管理专家的论文，有 1/3 是有关项目组织的。

二、工程项目管理的组织形式

工程项目管理的组织形式取决于工程项目的组成和结构。

1. 工程项目的组织结构

工程项目的组织结构，也就是指在整个工程项目建设活动中，参与项目实施的各方相互联系、相互作用的方式或框架，它反映了各方（业主、监理方及承包商）在项目管理中的地位和作用。影响项目组织结构的因素有：

（1）项目组成和结构

如果项目比较简单、规模较小时，业主只需委托一家咨询公司或监理公司来代自己实施项目管理，选定一家承包商来负责施工；如果项目复杂程度高，规模大，则可能需要委托几家监理单位，选定一个大的承包商，或施工联合体，或合作体，或多个承包商来承担施工任务，并且还可能需要选定一家施工管理服务公司来提供服务。

（2）监理委托方式

业主可结合工程项目的特点和所有的项目管理力量，委托监理单位作为自己的项目管理顾问，或代为进行工程项目管理。其中以第二种形式最为常见。我国目前还采用混合型的管理方式，即业主、监理工程师都可以向承包商下达指令。这种形式，容易出现多头管理，也易造成矛盾。但鉴于我国监理制度尚在完善之中，监理单位素质尚待提高，业主在一定程度上对监理单位的授权还显得较为谨慎。

（3）工程承发包方式

项目的组织结构形式，还与发包方式有关，常见的工程承发包方式有：

①按承包范围分，可分为设计施工总承包（亦称交钥匙工程，一揽子工程）、阶段承包和专业承包。阶段承包有包工包料承包、包工部分包料承包和包工不包料承包。

②按承包商所处地位分，可分为总承包、平行发包（直接发包）、分包、转包、联合承包及合作体承包合作。

③按计价方式分，可分为总价合同承包、工程量清单合同承包和单价表合同承包。总价合同承包还可分为固定总价合同、调价总价合同和固定工程量总价合同。

④成本加酬金合同方式，分为成本加固定百分数酬金、成本加固定数酬金、成本加浮动酬金及目标成本加奖惩。

⑤按投资总额或承包工作量计取酬金。

⑥其他承包方式，CM 模式和系列招标承包模式。

2. 工程项目管理的组织形式

（1）自管方式

即建设单位自己设置工程项目管理组织机构，负责支配建设资金、办理规划手续及准备场地、委托设计、采购器材、招标施工、施工管理验收工程等全部工作；有的还自己组织设计、施工队伍，直接进行设计和施工。这是我国多年来常用的方式。近年来，在社会主义市场经济条件下，有较大改变，特别在工程建设中推行招标投标制、工程监理制以来，采用这种方式进行工程项目管理的工程逐步在减少。采用这种方式，建设单位与设计、施工及设备物资供应等单位的关系如图 2-1 所示。

（2）工程指挥部管理方式

在计划经济体制下，过去我国一些大型工程项目和重点工程项目的管理多采用这种方

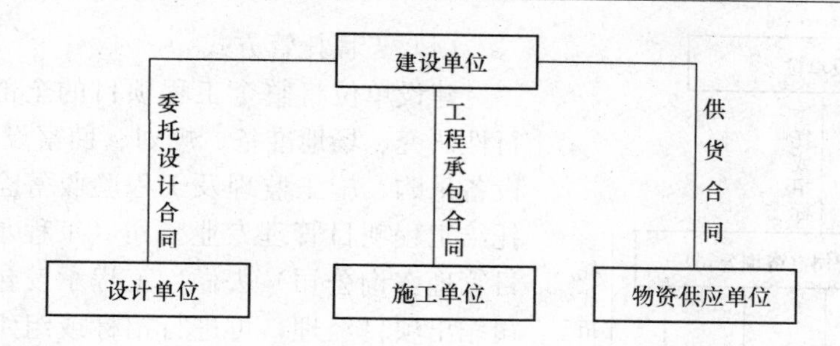

图 2-1 建设单位自管方式

式。指挥部通常由政府主管部门指令各有关方面派代表组成。在进入社会主义市场经济后，这种方式已不多用。这种方式的组织形式如图 2-2 所示。

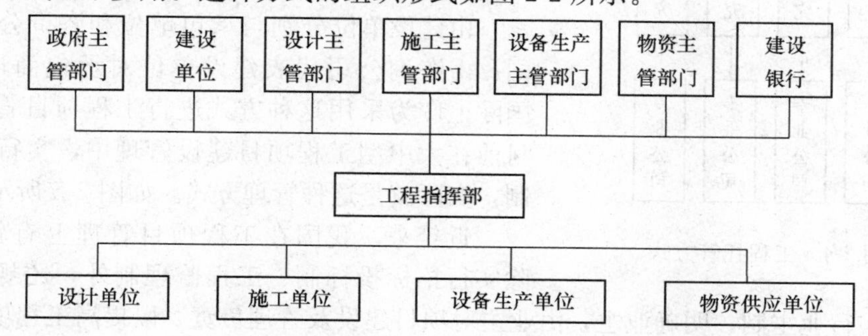

图 2-2 工程指挥部管理方式

(3) 总承包管理方式

建设单位仅提出工程项目的使用要求，而将勘察设计、设备选购、工程施工、材料供应、试车验收等全部工作都委托一家承包公司（承包商）去做，竣工以后接过钥匙即可启用。

承担这种任务的承包企业有的是科研—设计—施工一体化的公司，有的是设计、施工、物资供应和设备制造厂家以及咨询公司等组成的联合集团。我国把这种管理组织形式叫做“全过程承包”或工程项目总承包。这种管理组织形式如图 2-3 所示。

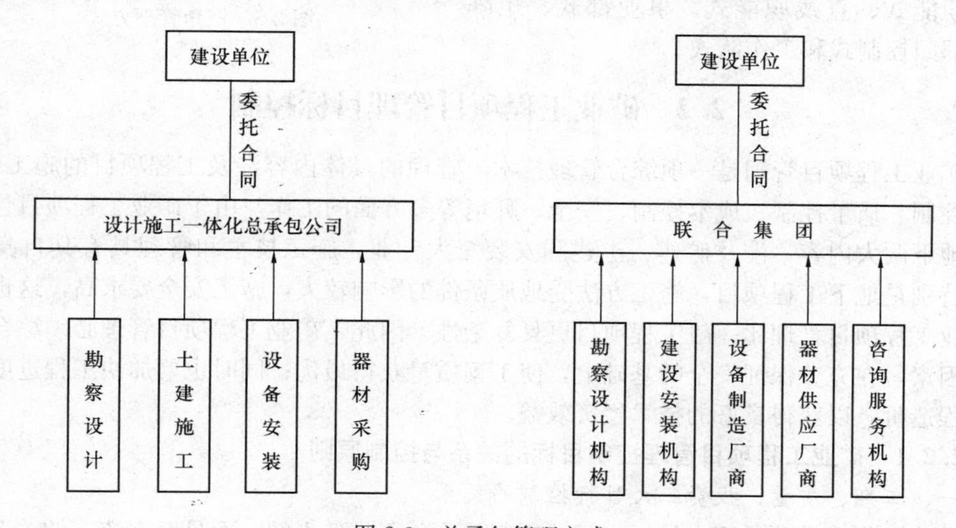

图 2-3 总承包管理方式

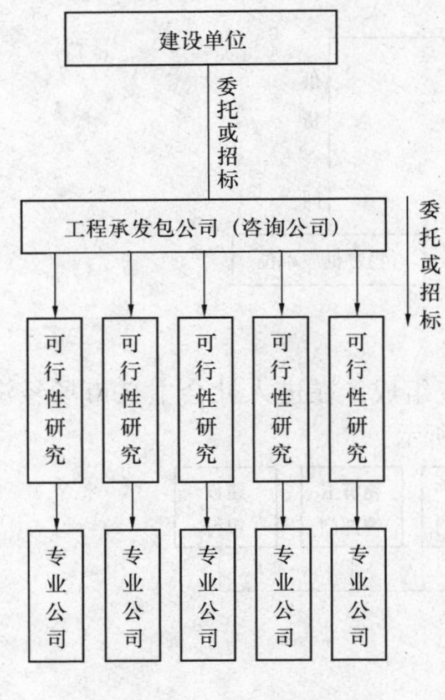

图 2-4　工程托管方式

（4）工程托管方式

建设单位将整个工程项目的全部工作，包括可行性研究、场地准备、规划、勘察设计、材料供应、设备采购、施工监理及工程验收等全部任务，都委托给工程项目管理专业公司（工程承发包公司或项目管理咨询公司）去做。工程承发包公司或咨询公司派出项目经理，再进行招标或组织有关专业公司共同完成整个建设项目。这种管理组织形式如图 2-4 所示。

（5）三角管理方式

由建设单位分别与承包单位和咨询公司签订合同，由咨询公司代表建设单位对承包商进行管理。国际上广为采用这种方式进行工程项目管理。我国目前在大中型工程项目建设管理中，实行工程监理制，实际就是这种管理方式。如图 2-5 所示。

近年来，我国在工程项目管理上有较大进步，除实行招标投标制、工程监理制外，还规定在工程项目建设实行业主制，明确业主，由业主对项目建设及管理负责，以提高工程项目建设的效率。项目业主在工程管理中，通常通过建立业主项目部一类的专门机构，代表业主对工程项目进行管理。

三、工程项目管理的组织机构形式

工程项目管理的组织机构形式根据在工程建设中参与工程项目建设各方的管理目的和要求，具有不同的管理组织机构形式。常见的工程项目管理组织机构形式主要有直线式、职能式、直线职能式、事业部式、矩阵式、部门控制式和工作队式。

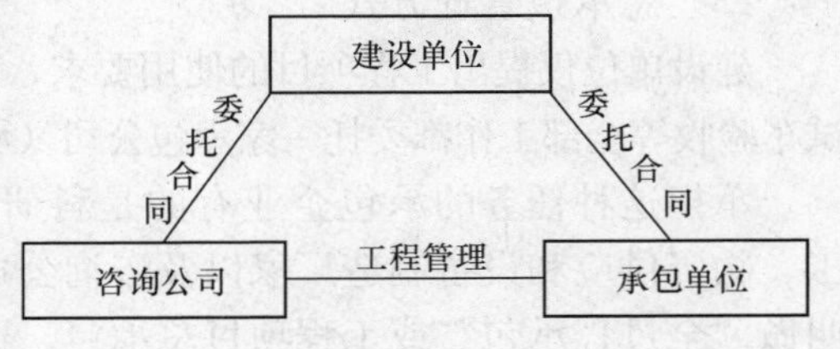

图 2-5　三角管理方式

2.2　矿业工程项目管理目标控制

矿业工程项目管理是一项综合管理技术，管理的具体内容涉及工程项目的施工组织、进度控制、质量控制、成本控制、安全、环境等多方面的工作。由于矿业工程项目包括地面、地下两大内容，涉及矿建、土建和安装三大专业，施工技术和管理具有其自身的特点，特别是地下工程项目，施工方法受地质条件的影响较大，施工安全要求高，这也造就了矿业工程项目管理比一般工程项目更具复杂性。因此，矿业工程项目管理必须综合考虑各种因素，在充分保证安全的基础上，使工程质量获得最优；同时也要加快工程进度、降低工程造价，以获得良好的技术经济效益。

2.2.1　矿业工程项目管理控制目标的关系与控制原则

一、工期、质量、投资三大目标控制的关系

矿业工程建设项目三大目标之间的控制关系并不是孤立的，而是对立统一的关系。具体表现为：

1. 三大目标控制的关系是对立的

在目标控制过程中，如果对质量要求较高，就要投入较多的资金和花费较长的建设时间；如果要抢时间、赶工期、增速度地完成项目的建设任务，把工期目标定得很高，那么，相应地投资就要增加，或者质量要求就要适当降低；如果要降低投资、节约费用，则必然要考虑降低项目的功能要求和质量标准。

2. 三大目标控制的关系是统一的

在项目建设过程中，适当增加投资，为采取加快施工进度提供经济条件，缩短工期，施工项目提前投入使用，就可尽早地收回建设投资，项目全寿命的经济效益就能得到提高；如果适当提高项目的功能要求和质量标准，虽然会造成项目一次性投资的增加和工期的延长，但却能够节约项目动用后的经费和维修费，降低生产成本，从而获得长远的投资效益；如果项目的进度计划制定得既可行又优化，使工程进展具有连续性和均衡性，则不但可以有效地缩短建设工期，而且可能获得较好的质量，并降低建设的投资。

因此，矿井建设的过程中，要正确认识三大目标之间的关系，不能顾此失彼、孤立地看问题，无论是编制矿井建设施工组织设计，还是进行施工方案的优化，或是进行施工部署，都要运用对立统一的思想，综合考虑，科学管理，实现项目的总体目标。

二、工期、质量、投资三大目标控制的原则

矿井建设项目涉及的内容多，周期长，影响项目目标的各种内部、外部因素多且复杂，同时，每一个矿井建设项目又有其自身的特点，包括地质环境、区域环境和建设规模等，所以在项目建设过程中，要运用科学的发展观指导项目建设的各项工作，同时要坚持以下原则：

1. 在对工程项目进行目标规划时，要注意统筹兼顾，合理确定工期、质量、投资三大目标的标准。

2. 要针对整个目标系统实施控制，防止发生盲目追求单一目标而冲击或干扰其他目标的现象。

3. 以实现项目目标系统作为衡量目标控制效果的标准，追求目标系统的整体效果，做到各目标互补，综合目标最优。

4. 项目建设与环境保护协调发展的原则。

5. 安全第一，预防为主的方针。

6. 坚持主动控制与被动控制相结合，事前、事中控制为主，事后控制为辅的原则。

2.2.2 矿业工程建设项目工期控制

矿业工程建设项目的工期包括：设计阶段的设计进度，项目实施阶段的工程进度和材料设备供应对工程进度的影响。工期控制是指对工程建设项目在各建设阶段的工作必须按一定的程度和持续时间进行规划、实施、检查、调整等一系列活动的总称。工期控制的目的是确保项目“时间目标”的实现。本节所述的工期控制主要是项目实施阶段的工期控制。

矿业工程建设项目施工阶段的工期控制包括事前、事中和事后工期控制。

一、工期控制的内容

1. 矿井建设实施前的工期控制

在矿井建设实施之前，要做好事前控制，争取主动，为达到工期目标创造有利条件，尤其是施工准备阶段，需要科学筹划，严格控制，具体的控制内容包括：

(1) 征购土地及处理好工农关系；

(2) 施工井筒检查孔；

(3) 平整场地、障碍物拆除，建临时防洪设施；

(4) 施测工业场地测量基点、导线、高程及标定各井筒、建筑物位置；

(5) 解决供电、供水、通信、公路交通；

(6) 解决井筒开凿期间所需的提升、排水、通风、压风、排矸、供热等综合生产系统；

(7) 解决施工人员生活福利系统的建筑与设施；

(8) 落实施工队伍和施工设备；

(9) 解决井筒开凿所必备的准备工作，包括编制矿井施工组织设计，确定施工方案、施工总进度计划、施工总平面图及材料设备的采购计划；

(10) 及时向施工单位提供施工图纸等设计文件。

2. 矿井建设实施过程中的工期控制

矿井建设实施过程中的工期控制即事中控制，是保证工期目标实现的日常工作，所要进行的控制工作就是根据项目总进度计划，跟踪检查工程进度的实施情况，并采取相应措施如组织进度协调会等对工程进度进行动态管理，保证工程进度向总计划确定的目标前进。

井筒施工阶段进度控制的主要内容有：

(1) 安装好“三盘”(井口盘、固定盘和吊盘)，凿井设备联合试运行；

(2) 特殊凿井阶段的协调工作；

(3) 普通凿井阶段的协调工作；

(4) 马头门段及装载峒室段施工；

(5) 主、副井筒到底后的贯通施工；

(6) 井筒施工期间遇到异常条件的处理，如大涌水、煤及瓦斯突出等。

井下巷道与地面建筑安装工程施工阶段进度控制的主要内容有：

(1) 组织井巷工程矛盾线上的井巷工程施工；

(2) 主、副井交替装备的施工；

(3) 井巷、峒室与设备安装交叉作业的施工；

(4) 采区巷道与采区设备安装交叉作业的施工；

(5) 按照立体交叉和平行流水作业原则组织井下及地面的施工与安装。

3. 矿井建设竣工验收与移交阶段的工期控制

矿井建设竣工验收与移交阶段的工期控制即事后控制，是保证矿井建设项目实现工期目标的补救措施，是被动控制。其主要内容是研究制定总工期目标或阶段工期目标突破后的补救措施，调整施工总进度计划、材料设备及资金供应计划，确定新的工期目标及相应的控制措施。

竣工验收与移交阶段作为矿井建成投产的最后一个环节，是工期控制的事后阶段，其控制内容包括：

(1) 矿、土、安三类工程收尾工程的施工；

(2) 组织验收及相应的准备工作；

(3) 单机试运转及矿井联合试运转；

(4) 矿井正式移交生产；

(5) 建立技术档案，做好技术文件及竣工图纸的交接。

二、影响工期的因素与控制措施

影响矿井建设工期的因素可分为以下几个方面：

1. 人为因素

(1) 来自建设单位的影响。建设单位所筹措的资金不能按时到位，材料、设备供应进度失控或不配套，为施工创造各项必要条件的准备工作进展迟缓，以及建设单位管理的有效性，建设单位的要求或设计不当而进行设计变更等都是影响工期的因素。例如，“五通一平”的准备工作进度失控，往往使矿井或其他建设项目推迟，而投资不能及时到位常常是影响工期的主要原因。

(2) 来自勘察设计单位的影响。主要有计划设计目标确定的合理性、为项目投入的力量和工作效率、单位工程设计的难度以及各专业相互配合的状况、设计主体方案的审批速度、建设单位与设计单位相互配合的协作情况等，矿井建设在不同时期、不同阶段都有上述干扰。

(3) 施工企业素质差，管理水平低，投入的装备、劳动力不足等，也成为工期拖延的主要原因。

2. 技术因素

设计、施工方案不当，施工组织设计编制粗糙或不尽合理，施工方法不符合实际等，如在井筒施工阶段，井筒检查钻的施工质量和准确程度固然是影响井筒工期的重要因素，而在施工组织设计中提出的施工方案是否合理，则往往是井筒工程能否连续施工和保证进度目标的主导原因。

3. 材料及设备因素

材料、设备不能按时运抵施工现场或者其质量不符合标准要求。

4. 资金因素

投资不能及时到位。

5. 地质与气象因素

矿井建设因为勘察资料不准确引起未能预料的技术障碍或困难，如自然条件的变化、地质与水文条件的变化、有害气体涌出情况的变化、围岩和地压异常变化等，往往是井巷工程进度失控和工期拖延的主要原因。

6. 社会环境因素和风险因素

包括项目建设审批手续延误、不确定社会因素的干扰、突发事件的影响以及外界配合条件存在干扰等，如上级主管部门的意见、建筑市场的情况以及恶劣的气候、工程质量与安全事故、交通运输、供水供电等环境因素，都会给工程进度和工期造成影响。

针对上述问题，通常采取的进度控制措施主要有以下几种：

1. 组织措施

即通过对影响进度的干扰因素的分析，确定建设工期总目标，落实进度控制人员，明确控制任务，进行项目分解，确定各单位工程及各阶段目标，制定进度控制协调制度等一系列组织方法进行进度控制。

2. 技术措施

落实施工方案的部署，尽可能选用新技术、新工艺、新材料，调整工作之间的逻辑关系，缩短持续时间，加快施工进度。

3. 合同措施

以合同形式保证工期目标的实现，如签订勘察设计合同、施工承包合同、材料供应合同等，按照合同约定，对提前或拖延工期实施奖罚，从而保证各项工作按计划进行。

4. 经济措施

从建设资金的供应上，保证满足工程进度需要的资金供应量；并且为了保证进度计划顺利实施，采取层层签订经济承包责任制的方法和奖惩手段等。

5. 信息管理措施

建立监测、分析、整理和反馈系统，系统、科学地收集、整理和分析工程建设形象进度数据，通过计划进度与实际进度的动态比较，提供进度比较信息，实现连续、动态的全过程进度目标控制。

三、施工阶段的进度控制

施工阶段单位工程的进度和工期控制是项目管理中的一个重要环节。其基本思想是：计划不变是相对的，变化是绝对的；平衡是相对的，不平衡是绝对的。因此要针对变化采取对策，定期、经常调控进度计划。

工期控制的方法主要是规划、控制和协调。规划就是依据测算的合理工期确定项目的总进度目标和分阶段工期目标以及单位工程工期目标。控制就是在项目实施过程中，进行计划进度与实际进度的比较，发现偏离及时纠正。协调就是使参与单位在工程衔接和进度上互相配合。

为了有效地控制工期，先要制定进度计划的分类目标，包括单项工程、单位工程和分部分项工程的工期目标。

矿井建设项目一般由矿井、选煤厂、变电站、坑口电站、专用铁路等几个单项工程组成。单位工程是单项工程的组成部分，如立井井筒、独立的车间或建（构）筑物、工业管道工程、给水排水工程等。它们的进度目标一般是按工期定额单个测算或采用单进指标来测算，或以劳动定额来测算。分部工程是单位工程的组成部分，通常是按单位工程的各个部位划分的。例如房屋建筑单位工程可以划分为基础工程、主体工程、屋面工程等。也可以按照工种划分，如土石方工程、钢筋混凝土工程、砖石工程、装饰工程等。它的工期计划目标通常是以劳动定额、定员、机械台班效率定额等来测算制定。分项工程是分部工程的组成部分。如钢筋混凝土工程，或划分为模板工程、钢筋工程、混凝土工程等分项工程。基础工程又可分为开挖槽基、垫层、基础、防潮等分项工程。它的分项工期目标，多是以劳动定员和定额标准来分工种计算，再加上工序转换的过渡工期，以及准备和收尾最终确定的。

有了上述的总目标和分目标、工序目标，就可以做到心中有数。然后依靠实际进展情况与计划作出对比，根据对比的情况提出相应的进度调控措施。实践中，通常采用线性图表（包括横道图和进度曲线图表两类）、网络图以及流水作业等方法进行工期控制。

2.2.3 矿业工程建设项目质量控制

矿井建设工程项目的质量控制，包括建设单位的质量控制、施工单位的质量控制和政府部门的质量控制。实行监理的项目中，项目法人单位（业主）委托监理工程师实施质量控制，并与政府质量监察部门共同控制工程质量。

由于建设项目总体质量目标的内容具有广泛性，建设项目总体质量的形成具有明显的过程性，影响项目质量的因素又很多，而且项目质量一旦形成，如果达不到要求，那么返工就很困难，有的工程内容甚至无法重来。因此，除设计阶段严把设计质量关外，在施工阶段，必须从投入原材料的质量控制开始，直至竣工验收为止，使工程质量一直处于严格控制之中。

一、质量控制的原则和依据

1. 质量控制的原则

矿井建设工程质量的控制要坚持质量第一，坚持以人为核心，坚持预防为主和质量标准的原则，保证工程质量合格。

2. 质量控制的依据

矿井建设质量控制的主要依据有：

(1) 工程施工合同文件；

(2) 矿井施工组织设计；

(3) 施工图纸；

(4) 工程质量检验评定标准；

(5) 井巷工程施工规范和质量验收规范；

(6) 有关材料及制品质量技术文件；

(7) 各种国家及行业标准；

(8) 工程项目检验与质量评定标准；

(9) 控制施工工序质量等方面的技术法规等。

二、质量控制的内容

矿井建设质量控制的内容，随着工程实施阶段的不同，其内容也不一样。矿井建设项目的质量控制包括质量的事前控制、事中控制和事后控制。通常所指的矿井建设质量控制，主要是指项目施工阶段的质量控制。

1. 矿井建设施工准备阶段的质量控制

矿井建设施工准备阶段的质量控制即事前控制，是质量控制的一个重要环节，做好施工准备阶段质量控制的各项工作，对于实现矿井建设的质量目标具有十分重要的作用。施工前期的很多工作内容如施工准备的质量控制、施工队伍的招标遴选、材料设备供货合同的签订、施工图纸会审及技术交底、开工手续的完善等对后期施工质量有着重要的影响，应当严格控制。施工准备阶段质量控制工作的主要内容包括：

(1) 工程建设相关手续的完善；

(2) 建立质量控制管理系统（组织）；

(3) 确定质量标准，明确质量要求；

(4) 建立项目的质量控制体系；

(5) 施工现场拆迁，现场管理环境的检查；

(6) 通过招标方式选择承包商，确认承包商的资质，并督促承包商建立和完善质量保证体系；

(7) 材料设备供货合同的签订，检查工程使用的原材料和半成品的质量；

(8) 施工机械的质量控制；

(9) 组织图纸会审，进行技术交底；

(10) 审查施工组织设计、施工方案、施工方法及检验方法；

(11) 新技术、新工艺、新材料的审查把关；

(12) 测量标桩的检查。

2. 矿井建设施工阶段的质量控制

矿井建设施工阶段的质量控制即事中控制，是矿井建设工程质量控制的重要和关键环节，根据工程质量的构成要素，施工质量的控制要从两个方面进行，一是原材料、构配件、半成品的质量控制，不合格的材料不能用于工程；二是分部分项工程质量的控制，每一道工序必须经检查验收合格以后，才能进行下一道工序的施工。在项目的施工过程中，应按照有关规定，严格控制施工原材料、半成品的质量以及工序的工程质量，这两个方面的质量控制好了，整个建设项目的质量才有可能达到预定的质量目标。

矿井建设施工阶段的质量控制主要内容包括：

(1) 原材料、构配件及半成品的质量控制，包括检测、试验和实物外观检查；

(2) 施工工艺过程的质量控制，一般采用检查、量测、旁站和试验等手段进行；

(3) 设计变更的处理；

(4) 工程质量事故的处理，包括分析质量事故原因，提出处理方案，监督方案的执行和落实，检查处理效果，确定事故责任等；

(5) 分部、分项工程质量的检验评定；

(6) 单位工程质量的检验评定。

3. 矿井建设竣工验收阶段的质量控制

矿井建设竣工验收阶段的质量控制即事后控制，是矿井建设质量控制的最后一个环节，通过该阶段的工作，可以进一步检查发现前期施工中存在的质量问题，并进行补救，或采取其他的措施。

矿井建设竣工验收阶段质量控制的主要内容包括：竣工质量检验，包括工程的试车运转，单位、单项工程竣工验收，工程质量的评定以及工程质量文件的审核与建档。

三、影响质量的因素与控制措施

影响工程质量的因素很多，如设计、材料、环境、施工工艺、施工设备、操作方法、技术措施、管理制度、施工人员的素质等均对施工质量构成直接的或者间接的影响。这些影响因素可以归纳为以下几个方面。

1. 对人的质量控制

在工程质量形成的过程中，人是决定性的因素，诸如管理者的资质、施工单位的资质、操作者的素质等，都会对工程质量造成影响。

对项目实施者"人"的控制，主要是对所有参加工程施工的组织者、技术人员与操作人员实行控制，目的在于避免人为失误。人是控制的动力，对人的生理、心理、行为、素质应联系到工作质量进行研究，调动人的积极性，提高人的技术水平、管理水平与操作水平，才能对工程质量做好控制。

2. 对材料的质量控制

原材料及构件半成品的质量是工程质量的基础，如果原材料本身就不符合质量标准，工程质量也就不可能达到质量标准。

材料质量控制的要点是：订货前的样品检验，材料的出厂合格证检验，材料的质量抽查，材料鉴定的抽样，半成品的检验，材料的配合比及试验等。

3. 对机械的质量控制

包括施工机械和安装于工程项目的生产用机械设备。施工机械是工程建设中必不可少的装备，且对施工的质量产生直接影响。生产机械设备是煤炭建设项目各子系统中的组成核心，其本身质量高低、安装工程的优劣，将直接影响到子系统的运行质量，特别是直接影响生产的提升系统、通风系统、排水系统、运输系统等更应要求十分严格。其中有相当一部分在建设初期和中期就要投入使用，并直接为工程建设服务。

根据多年的实践，从确保施工质量出发，监理工程师应从机械设备选型、参数和操作要求几个方面对机械设备进行有效控制。

4. 对施工方法的质量控制

施工方法是否正确，将直接影响工程质量、进度和造价，关系着项目控制目标能否顺利实现。监理工程师在参与制定和审核施工组织设计、施工方案设计时，要结合实际，以施工单位的装备和人员素质为基本出发点，结合施工环境等客观因素，从技术、组织、管理、经济等各方面角度作出全面分析和综合考虑，最终确定的施工方案，应是技术上先进、工程上可行、经济上合理，并有益于提高工程质量，保证施工安全和有利于环境保护。

5. 对环境的质量控制

影响工程质量的环境因素较多，施工中通常应重点考虑：

(1) 工程技术环境，如工程地质、水文地质情况、气象环境、施工环境等，对于煤炭矿井还包括煤田地质环境；

(2) 工程管理环境，主要是施工单位的企业素质、人员素质、质量保证体系和各项管理制度、企业运行的机制以及各种监督制度等；

(3) 工程劳动环境，如在矿井施工时的劳动场所、交通运输条件、水电供应、光照条件、环境温度、湿度、风量、风速、涌水情况、瓦斯及其他有害气体含量等。

施工阶段，监理工程师可采用技术、组织、管理等各类方法进行质量控制。

四、矿井建设质量控制

质量控制贯穿于矿井质量形成的全过程、各环节。具体表现在：

1. 决策阶段的质量控制

矿井建设项目决策阶段主要是确定项目应达到的质量目标和水平。项目决策阶段的质量控制，就是通过可行性研究和多方案论证，使项目的质量要求和标准符合投资人的要求，并与投资相协调；使建设项目与所在地区环境相协调，为项目今后投产使用创造良好的运行条件和环境，使项目的经济效益、社会效益和环境效益得到充分发挥。

决策阶段的质量控制是决定整个项目投资效益的关键，必须慎重。矿山建设项目的投资决策，要在全面掌握国家矿产资源规划与战略的基础上，全面分析所开发资源的情况，最后作出科学的决策。

2. 设计阶段的质量控制

设计阶段的质量控制主要通过设计招标，组织设计方案竞赛，从中选择优秀的方案和设计单位；保证矿建、土建、安装各部分设计符合有关设计法规和技术标准的规定，并符合决策阶段确定的质量要求；保证设计文件、图纸符合现场和施工的实际条件，并满足施工要求以及环境保护的要求。

矿业工程项目建设应从节约投资、提高资源的回收率、生产高品质的产品以及保证安全生产和保护环境的角度出发，做好建设项目的规划与设计工作。

3. 施工阶段的质量控制

施工阶段的质量控制主要包括：通过施工招标择优选择承包商；严格监督施工单位按设计组织施工；严格工序质量和隐蔽工程验收等。

为确保工程质量，在施工之前，应建立矿井建设工程施工质量控制点，并在过程中对其质量进行严格控制。

矿井建设涉及矿建、土建、安装三类工程，各类工程之间交替频繁，工序衔接组织复杂，从而给工程质量的控制增加了难度，尤其是随着开采水平的不断加深，高地压、高地温、高瓦斯、大涌水的问题愈加严重，在这种情况下，通过各种措施和手段，严格管理和控制施工质量就显得尤为重要。所以，要针对现代矿井的特点，制定科学、完善的质量控制措施，确保施工质量达到设计要求。

4. 质量控制点的设置与管理

质量控制点就是根据矿井建设项目的施工内容及其特点，所确定的质量控制的重点对象、关键部位和薄弱环节。

（1）质量控制点的设置

设置质量控制点就是选择那些保证质量难度大、对质量影响大的或是发生质量问题时危害大的对象作为质量控制点。质量控制点设置的对象主要有以下几个方面：

①关键的分部、分项及隐蔽工程，如井筒表土、基岩掘砌工程，井壁混凝土浇筑工程等。

②关键的工程部位，如地面办公、生活建筑的卫生间，关键工程设备的设备基础等。

③施工中的薄弱环节，即经常发生或容易发生质量问题的施工环节，或在施工质量控制过程中无把握的环节，如一些常见的质量通病（井壁渗、漏水问题）。

④关键的作业，如混凝土浇筑中的振捣作业、锚喷作业中的钻孔和喷射混凝土作业、提升机安装工作的主轴找正等。

⑤关键作业中的关键质量特性，如混凝土的强度、巷道的方向、坡度、井筒涌水量等。

⑥采用新技术、新工艺、新材料的部位或环节。

凡是影响质量控制点的因素都可以作为质量控制点的对象，因此，人、材料、机械设备、施工环境、施工方法等均可以作为质量控制点的对象，但对特定的质量控制点，它们的影响作用是不同的，应区别加以对待，重要因素，重点控制。

在设置质量控制点后，要针对每个控制点进行控制措施的设计，然后实施。

（2）质量控制点的实施

①把质量控制点的设置及控制措施向有关人员进行交底，使其真正了解控制意图和控制关键要点，树立预防为主的思想。

②质量检查及监控人员要在施工现场进行重点检查、指导和验收，对关键的质量控制点要进行旁站监督。

③严格要求操作人员按作业指导书进行认真操作，保证各环节的施工质量。

④按规定做好质量检查和验收，认真记录检查结果，取得准确、完整的第一手资料。

⑤运用数理统计方法对检查结果进行分析，不断地进行质量改进，直至质量控制点验收合格。

5. 施工现场质量管理的基本环节

现场施工质量管理的基本环节包括图纸会审、技术复核、技术交底、设计变更、隐蔽工程验收、三检制（自检、互检和专检）、级配管理、材料检验、施工日志、质保材料、质量检验、成品保护等。

对矿建、土建、安装三类工程的施工管理，都应通过这些基本环节的质量控制来达到控制整个项目工程质量的目的。

6. 质量管理的统计分析方法

质量管理中常用的方法有七种，即排列图法、因果分析图法、频数分布直方图法、控制图法、相关图法、分层法和统计调查法。这七种方法通常又称为质量管理的七种工具。

2.2.4 矿业工程建设项目投资控制

矿业工程建设项目的投资控制，就是在投资决策阶段、设计阶段、项目发包阶段和施工阶段，把矿井建设项目投资控制在批准的投资限额以内，并随时纠正发生的偏差，以保证项目投资管理目标的实现。

一、矿业工程项目的成本构成

矿井建设总投资包括固定资产投资和流动资产投资两部分。煤炭矿山项目的工程造价由设备及工、器具购置费、建筑安装工程费用、工程建设其他费用、预备费、建设期贷款利息、固定资产投资方向调节税等构成。

施工成本是施工过程中发生的全部生产费用（包括矿建、土建、安装三类工程的直接工程费、间接费、利润和税金）的总和。施工成本是项目总成本的重要组成部分。

对建设单位来说，所关心的是投资控制，主要是通过合同价和减少设计变更来控制成本支出，并认真履行合同，以减少或避免施工单位索赔。对施工单位来说，为获得最大利润，所关心的是施工成本控制，即在保证工程质量、工期等合同要求的前提下，对建设项目实际发生的费用支出采取一系列监控措施，及时纠正发生的偏差，把各项费用支出控制在成本规定的范围内。

二、项目投资影响因素与控制措施

矿井建设的投资控制是从项目前期阶段开始并一直延续到竣工投产。矿井建设项目周期长、影响因素多、资金投入大，项目管理者不可能在项目开始时就确定一个具体明确、一成不变的投资控制目标，而只能设置一个大致的投资控制目标，即投资估算。然后随着项目的进展，投资控制目标一步步清晰、明确，从而形成设计概算、施工图预算、承包合同价等。

因此，矿井建设的投资控制应分阶段进行，不同阶段，影响投资控制的因素不同，所采取的控制措施也相应变化。

1. 矿井建设各阶段影响投资的因素

(1) 项目决策阶段

决策阶段是指项目建议书阶段、可行性研究阶段、设计任务书阶段，这个阶段投资控制的主要目标是要估算出比较准确的投资控制数额，作为矿井建设期投资控制的最高限额。

但是由于调查研究不足、规划深度不够、投资估算方法不当所造成的缺项、漏项，不配套、估算偏低等原因，造成估算投资控制不了初步设计的概算的被动局面。

(2) 设计阶段

由于初步设计的深度不够，概算采用指标有误、设计中有缺项、漏项、施工图设计有较大修改，或者由于地质水文情况或煤层情况与勘查报告相差较大，从而被迫修改设计、增加工程量、装备，以致突破概算。从设计自身因素分析，往往由于没有认真推行"限额设计"，以致施工图预算超概算也是造成投资失控的原因之一。政策性的新增费用或定额变化也会造成投资概算突破计划目标。

(3) 施工阶段

施工阶段由于项目从设计开始至投产的几年时间内，原材料与设备价格上涨和设计变更与工程更改造成费用超预算；施工中不可预见因素频频发生超过概算的预备费用；施工中众多问题的影响相干扰使施工不能正常进行，造成各种形式的索赔或标外价的大幅度增加，导致结算价大大超出合同价。

2. 投资控制的基本方法和措施

项目投资的控制，先要确定总目标与分目标值，实施过程中及时收集、汇总各项分类费用的实际值，然后与计划值相比较，并分析造成失控的原因，最后采取有针对性的调控措施。

(1) 编制好投资规划

投资规划就是在项目总投资确定的基础上，对总投资进行分解和综合，把项目总投资按子项目切块划分，然后再按子项目的不同类型划分。如按项目进展阶段划分，再按各阶段的费用类别划分，最后按投资需用的时间划分，就构成了各种类型的投资计划，并得到控制投资闭环回路中的投资计划值。

(2) 及时收集信息并与计划值作比较

在实际过程中要及时收集各类信息，如投资耗用情况、任务完成情况、投资环境、建筑市场价格、国家对市场宏观调控等并将其分类、编码、存储、整理。然后对各子项、各单位工程、各类费用的计划投资额与实际支出值进行比较。这种比较是动态的比较，一般要求每月进行一次。通过数值比较作出定性和定量的分析。

(3) 采取针对性的调控措施

根据调查分析，找出投资失控（影响投资）的主要、次要原因，并按 ABC 法进行分类，然后根据不同情况，灵活运用组织、技术、经济和合同等各类调控措施和方法进行纠偏，其调控效果，要待下一个循环加以检查和验证。只有不断循环、定期及时调控，才有可能使实际值接近计划值，实现投资控制目标。

此外在投资控制中，还要有预见性地对近期和远期的投资控制作出预测，估计在哪些方面还可能出现问题，并事先考虑相应的对策和调控措施，做到预控制，摆脱被动，走向并达到主动控制的良性循环。

三、矿井建设各方对投资的控制

市场经济条件下，矿井建设在管理体制上实行了建设单位、监理单位、施工单位“三位一体”的管理模式。参建各方对投资、造价的使用和控制应各负其责。

1. 项目决策阶段的投资控制

矿井建设决策阶段项目建议书、项目可行性研究以及设计任务书是由建设单位负责和呈报的，设计任务书阶段提出的投资估算是整个建设项目的投资估算总额，包括从筹建、施工直至建成投产的全部建设费用。投资估算一经有关部门批准，即为建设项目投资控制的最高限额。

因此，建设单位、监理单位和可行性研究编制的设计单位或咨询单位，都必须保证投资估算的准确性。

建设单位及其委托的监理单位，应对投资估算认真预审：审查投资估算方法的科学性和可靠性、分析投资估算所选用的时效性和适用性、审查投资估算项目中的主体工程、辅助工程等各项内容的全面性及准确性。在审查投资估算的基础上，作出对建设项目的经济评价，包括项目财务评价和国民经济评价。

2. 设计阶段的投资控制

在投资和质量之间，投资的大小和质量要求的高低直接相关。设计阶段的投资控制主要是通过限额设计来实现的。期间的主要控制工作包括：

(1) 概算审查。建设单位是项目设计的委托者，要对项目概算进行全面审查，也可委托监理咨询单位代为审查。审查设计概算是为了便于合理分配投资，加强投资的计划管理。既要尽量准确、完整，防止出现漏项、减少投资缺口，缩小概预算之间的差距；又要避免故意压低概算投资，以致实际造价突破概算，造成投资失控。

概算审查通常采用会审方式，分头审查、集中研究、讨论定案。

(2) 设计招标投标。在建设市场中，工程设计的方案竞赛和招标投标是设计阶段对投资的有效控制方法。欲使投标在竞争中取胜，就必须使选用的设计方案有独创和新的构思，切合实际、技术先进、经济合理并符合国家方针、政策。中标项目所做的投资估算必须控制在批准的投资估算范围内或接近招标文件所规定的投资范围。中标单位在与建设单位签订勘察设计合同时，应明确总概算要受投资估算的制约。

(3) 限额设计。是按已批准的可行性研究及投资估算控制初步设计，按批准的初步设计和总概算控制施工图设计。同时，在设计部门内部，各专业在保证达到使用功能的前提下，按分配的投资限额控制设计和不合理的设计变更，以保证总投资得到有效的控制。通过层层限额设计使概预算的差距缩小，最终体现对投资限额的控制和管理，也同时实现了对项目规模、设计标准、工程量、概预算指标等各方面的有效控制。

对煤矿建设来讲，由于地下作业环境的多变性和复杂性，对于可能发生的设计变更要充分估计并提前进行。若在设计阶段变更，只需修改图纸；若在设备采购阶段变更，除修改图纸还要重新进行材料、设备采购和订货；若在施工阶段变更，则要使已施工的工程推倒重来，势必造成重大的投资失控。

3. 施工阶段的投资控制

在施工阶段，建设监理单位和施工单位要共同对工程项目投资控制负责。施工阶段的投资控制，实际上是三大控制的综合表现。

对于工期长的矿井所签订的承包总价合同，一般均有调价因素的考虑，工程的结算价是由合同价和变更价（可调价项目价格）组成。变更价款的额度取决于施工阶段材料的上涨幅度、施工准备工作的完善程度、设计修改、工程变更、材料代用、隐蔽工程、地质水文条件的变化、工程索赔数额等多种因素。

为此，监理工程师在施工阶段所进行的投资控制，不单纯属经济工作，还涉及各方面的管理工作，不是单纯靠行使付款否决权所能做到，而应是积极主动地采用科学的方法对项目进行管理。例如，采用技术经济的方法通过及时调控，加强施工方案的优选审查、严格施工工序、优选施工工艺、加强质量监督，减少返工损失，保证和加快进度工期等综合措施，达到控制投资的目的。

4. 建设项目的监督与审计

为了使投资合理并取得预期的投资效益，确保贷款的按期偿还，投资部门、建设项目主管部门、施工单位的领导部门，必须对建设项目的投资使用进行监督与审计。

监督审计的重点是：分析项目招标标底的合理性，影响造价因素的监督，索赔的监督与审计，项目决算的审计等几个方面。

2.2.5　矿山建设安全管理与环境保护

近年来，我国煤矿建设以及生产重大伤亡事故时有发生，安全形势十分严峻，安全状况令人担忧。长期以来形成的先污染、后治理的经济发展模式在煤矿建设过程中也深为人们接受，并把它作为一种公理，但事实证明如果不放弃这种公理，人类将失去生存的基本条件。因此，我们要树立以人为本，全面协调可持续的科学发展观和构建和谐社会的理念，把安全生产与环境保护工作放在矿井建设各项工作的首位，走安全、文明、和谐、节能、环保的发展之路。

一、安全与质量、工期、投资的关系

1. 安全与质量的关系

安全与质量的关系表现在：

（1）质量是指“实物”而言，是建设工程的主体，安全是指建造“实物”的人在建造过程中的生命安全与身体健康状态。

（2）安全与质量是任何建设工程项目施工中永恒的主题，也就是说质量是管物的，而安全是管人的。安全工作做好了，施工人员能在安全舒适的环境中作业，就会生产出优质产品；如果不能保证施工人员的安全，也就难以保证工程的质量，更谈不上生产出优质的产品了。

所以，安全是质量的前提条件，要把施工安全与工程质量结合起来，以质量保安全，以安全促建设。

2. 安全与工期的关系

安全生产是保证施工工期的基本条件。施工组织设计确定的工期是一个合理而科学的工期，但无论是施工单位还是建设单位，都希望能够尽可能地缩短建设工期，提高双方的经济效益。只有在安全的条件下施工，缩短建设工期才有可能。

如果在施工中发生伤亡事故，毫无疑问就会给施工带来多方面的影响。如果是重大或特别重大的安全事故，对工期的影响就更大。因此，施工过程中必须保证安全生产，以安全生产保证施工工期。

3. 安全与投资的关系

工程投资中，有保证安全生产所必须的费用。工程投资中的安全生产费用主要有两个部分：一是安全技术措施费，它包含在工程预算定额中；二是安全管理费，还列有劳动保护措施费。

发生了安全事故，如造成人员伤亡，势必会给施工企业、建设单位造成很大的经济损失。

因此，建设安全的劳动作业环境，同样有利于节约资金。

二、矿井建设施工中安全管理的特点、任务和要求

1. 煤矿建设施工安全管理的特点

与地面工程施工的安全管理相比，煤矿建设施工安全管理尤其有自己的特点，具体表现在：

(1) 矿井建设的主要施工场所在地下，作业场所狭窄、黑暗、潮湿。随着掘进工作面的不断延伸和增加，巷道岩石及水文地质条件也经常发生变化；

(2) 新井建设属首次揭开地层，对各种自然规律处于初探阶段，加之建井的深度不断增加，地热和地压也随之增加，各种自然灾害对施工安全的威胁更大；

(3) 井巷工程施工过程中，要同时进行掘进、支护、提升、运输、排水、供电等多项工作，增加了安全管理的复杂程度和难度；

(4) 井下施工的各个工序中，会产生大量粉尘，从而危及生产人员的健康。

2. 安全管理的任务

在矿井建设过程中，对项目实施中的人的不安全行为、物的不安全状态的控制和作业环境的防护，是安全管理的重点，具体任务有：

(1) 对施工的管理和操作人员的安全思想和行为进行有效控制；

(2) 对施工设备、施工器具等生产手段进行有效控制；

(3) 对施工中的瓦斯涌出量、粉尘浓度、风速、空气湿度和温度、地下水及围岩状况等作业环境进行有效控制，减少其对人体的危害；

(4) 对事故的涉及范围、危害程度进行有效控制，将其危害降低到最低程度。

3. 安全管理的原则和要求

(1) 认真贯彻《煤矿安全规程》及上级有关安全生产的指令文件，坚持安全第一、预防为主的方针；

(2) 施工单位应建立安全施工岗位责任制，做到层层落实，职责明确，奖惩严明；

(3) 实行安全监察、行政管理、群众监督相结合的全方位管理制度；

(4) 坚持“四全”动态管理，实行定期安全检查和安全活动日制度；

(5) 实行科学管理，一是施工单位要配备比较先进的安全监控仪器，提高装备水平；二是采用先进的管理方法，提高预见性，尽量做到防患于未然；

(6) 不断完善提高，安全管理是一种动态管理，就是要不断适应变化的条件，消除新的危险因素，不断摸索新的规律，总结管理、控制的办法和经验，指导新的变化后的管理，从而使安全工作不断上升到新的高度。

三、矿井建设的安全系统

1. 煤矿井下施工发生的主要事故

矿井建设期间，主要受到以下安全事故的威胁：

(1) 由瓦斯聚集引起的煤尘与瓦斯爆炸事故；

(2) 有害气体造成的窒息事故；

(3) 煤与瓦斯突出事故；

(4) 井巷围岩冒落与塌方事故；

(5) 高空坠落事故；

(6) 井下火灾和突水事故、失爆事故；

(7) 井下机电、运输事故。

2. 矿井建设安全管理系统

上述安全问题的管理，涉及建设活动的方方面面，涉及全部时间、一切变化因素，涉及从开工建设到竣工验收交付使用的全部建设过程，涉及参与建设的全体人员；安全管理不是处理事故，参与建设的各方主体都应积极采取措施，把可能发生的安全隐患消灭在萌芽状态。

由此可见，矿井建设的安全管理不是一个人、一个单位能办好的事情，它是一个系统工程，需要用系统的思想，建立安全管理系统，对矿井建设的安全进行控制和管理。安全管理系统由以下组成：

(1) 安全目标系统

安全管理目标是目标管理理论在矿井建设安全管理上的应用，是将企业安全工作的目的和任务，转化为目标，各级管理人员根据分目标进行考核，以保证企业安全生产总目标的实现。

(2) 安全管理的组织系统

根据安全管理的目标体系，建立相应的管理体系，有组织、有领导地开展安全管理活动。

(3) 安全控制责任系统

《建设工程安全生产管理条例》规定，建设工程实行施工总承包的，由总承包单位对施工安全负总责。施工单位主要负责人依法对本单位的安全生产工作全面负责。

根据这一法规的规定，需要明确管理组织系统内各部门、各级人员的安全责任，形成安全控制责任系统。

(4) 安全控制要素系统

为安全施工和生产，需要配备必要的安全设施以及安全监控设备，如安全帽、安全带、瓦斯报警仪、瓦斯遥控遥测断电仪、矿井监控系统等。形成安全控制的要素。

(5) 安全教育体系

建立安全教育体系，包括岗前培训、业余普及教育及现场操作技术的实地训练等多种形式的安全教育培训，也可以选送有培养前途的技师和初、中级技术人员进入中高等学校学习，以提高职工的安全意识及安全生产的科学技术知识和技能。

(6) 安全管理信息系统

安全管理信息系统是应用电子计算机处理安全信息，包括矿井通风分析、事故危险辨识分析、安全状况综合分析等，是煤矿安全管理辅助决策的有力工具。

四、安全管理制度

《建设工程安全生产管理条例》规定建设工程安全生产管理的基本制度是：

1. 安全生产责任制度

在矿井建设过程中，项目经理是施工安全的第一责任者，主管工程师对安全技术工作负责，工区主任及队长对所管辖范围内的安全工作负责，每个工种岗位的作业工人对所在岗位的安全负责。

2. 群防群治制度

这一制度要求施工企业职工在施工中应当遵守有关生产的法律、法规和建筑行业安全规章、规程，不得违章作业；对于危及生命安全和身体健康的行为有权提出批评、检举和控告。

3. 安全生产教育培训制度

安全生产，人人有责。只有通过对广大职工进行安全教育、培训，才能使广大职工真正认识到安全生产的重要性、必要性，才能使广大职工掌握更多更有效的安全生产的科学技术知识，牢固树立安全第一的思想，自觉遵守各项安全生产和规章制度。分析许多建筑安全事故，一个重要的原因就是有关人员安全意识不强，安全技能不够，这些都是没有搞好安全教育培训工作的后果。

4. 安全生产检查制度

安全生产检查制度是上级管理部门或企业自身对安全生产状况进行定期或不定期检查的制度。通过检查可以发现问题，查出隐患，从而采取有效措施，堵塞漏洞，把事故消灭在发生之前，做到防患于未然，是“预防为主”的具体体现。通过检查，还可总结出好的经验加以推广，为进一步搞好安全工作打下基础。安全检查制度是安全生产的保障。

5. 伤亡事故处理报告制度

施工中发生事故时，建筑施工企业应当采取紧急措施减少人员伤亡和事故损失，并按照国家有关规定及时向有关部门报告。事故处理必须遵循一定的程序，做到三不放过（事故原因不清不放过、事故责任者和群众没有受到教育不放过、没有防范措施不放过）。同时指定改进措施，防止事故再度发生。

6. 安全责任追究制度

法律责任中，规定建设单位、设计单位、施工单位、监理单位，由于没有履行职责造成人员伤亡和事故损失的，视情节给予相应处理；情节严重的，责令停业整顿，降低资质等级或吊销资质证书；构成犯罪的，依法追究刑事责任。

五、环境保护

随着我国工业化、城市化建设的快速推进，国民经济建设对矿产资源，尤其是煤炭资源的需求正在迅速增长，资源开发与环境保护的矛盾日显突出，“掠夺式”的乱采、滥挖使宝贵的煤炭资源遭到严重浪费，并且造成了当地的生态破坏和环境污染，采空塌陷加剧了生态恶化，水位下降造成供水紧张，废气排放危害大气环境，植被破坏加剧水土流失，从而严重威胁着人类的生存环境，并制约着我国经济社会的可持续发展。

因此，必须提高对煤矿建设项目环境管理的认识，防止煤矿建设造成新的环境污染和生态破坏。煤矿建设环境保护应做到：

1. 坚持开发建设与环境保护协调发展的原则

煤矿建设项目的环境保护设施必须与主体工程同时设计、同时施工、同时验收、同时投入使用，确保经济效益、环境效益和社会效益三统一。

2. 坚持预防为主，防治结合的原则

长期以来我们的做法是在造成环境破坏后才去治理，而不是预防环境侵害的发生。我们不能延续过去“环境无价，矿产品低价，制成品高价”的传统思路，否则将给我国的生态环境和经济发展带来不可估量的损失。

3. 坚持污染者付费的原则

污染者付费的原则，通常也称为“谁污染，谁治理”、“谁开发，谁维护”的原则。矿井建设活动以及资源开采活动无疑会对环境造成破坏，因此，矿井建设、矿产资源开采应当节约用地。耕地、草原、林地因建设、采矿遭到破坏的，企业应当因地制宜的采取复垦利用、植树种草或其他补救措施，切实保护土地和自然生态。

4. 树立循环经济理念，积极推行清洁生产，建设绿色矿山，促进资源的循环利用和永久利用。

3 矿业工程建设相关规范与管理规定

3.1 煤矿建设安全规程

3.1.1 编制必要性及原则

一、编制《煤矿建设安全规范》的必要性

新中国成立后很长一段时间，煤矿基建矿井施工基本上是执行《煤矿安全规程》。《煤矿安全规程》是以煤炭生产为主要对象，其中虽然也有对基建矿井的要求，但由于基建矿井的特殊性、复杂性、不可预见性和多专业交叉等特点，《煤矿安全规程》中的一些具体条文不能涵盖基建矿井施工安全管理的所有内容。而且煤矿建设期间，各大辅助系统是逐步建设形成的，煤矿建设活动很难完全符合《煤矿安全规程》要求，给煤矿建设安全生产和监督管理带来诸多困难。

原煤炭工业部于1997年制订的《煤矿建设安全规定（试行）》，直接引用了《煤矿安全规程》中的大量规定和要求，一直沿用到现在。自煤炭工业部1998年撤销以来，国家安全监管总局于2001、2004、2006年曾先后3次对《煤矿安全规程》进行修订（目前已修订5次）。随着煤矿建设行业的迅猛发展，无论是矿井的建设条件、建设速度，还是建设规模和建井技术，都发生了很大变化。如立井施工已由浅井向千米以上的深井发展，而且要穿过深厚冲击层，基本建设过程中安全技术方面的争议和困惑不断增多，《煤矿建设安全规定（试行）》已远远不能适应煤矿建设发展的要求。

为认真贯彻落实“安全第一，预防为主，综合治理”的方针，适应煤矿建设事业的发展要求，迫切需要制订符合煤矿基本建设实际的安全管理法规，为煤矿建设安全施工提供明确依据，规范煤矿建设期间的安全生产行为，促进煤矿建设企业加强安全生产管理，提高安全生产管理水平，有效预防各类事故的发生，实现煤炭工业的持续健康发展。

二、编制遵循的基本原则

1. 针对煤矿建设期间的特殊性和复杂性，延伸了《煤矿安全规程》内容，并与其总体要求保持一致，不降低安全标准。

2. 体现国家有关法律法规和近年来颁布的有关文件精神，针对煤矿建设特点，及时将相关条款纳入《煤矿建设安全规范》（以下简称《规范》）。

3. 严格限制老工艺、旧设备，鼓励采用先进施工技术、工艺和装备，引导煤矿基建行业安全发展。

4. 注重适用性和可操作性，统一规范煤矿建设技术标准和基本流程，提高安全技术管理水平。

3.1.2 主要组成及特点

一、主要组成

《规范》主要包括：基础管理；地质测量；井工部分（包括矿建工程，通风和瓦斯、粉尘防治，安全监控，煤（岩）与瓦斯（二氧化碳）突出防治，防灭火，防治水，爆破材料和井下爆破，运输和提升，凿井主要设备，电气工程，安装工程11项内容)；露天部分(包括一般规定，采剥，运输，排土，滑坡防治，防治水，防灭火，电气、设备检修8项内容)；职业危害共五大部分。总计条款573条，其中从《煤矿安全规程》引用100条，从《煤矿建设安全规定（试行)》中引用30条；修改条款189条，其中从《煤矿安全规程》引用并修订166条，从《煤矿建设安全规定（试行)》中引用并修订23条；针对建设施工特点新编条款254条。

《规范》吸收了近年来国家关于安全生产的法律、法规、标准和要求，全面规范了煤矿建设期间安全生产活动，强调了安全基础管理和技术措施审批，增加了煤矿建设、施工、监理等单位安全职责和基本要求，规范了主要安全保障系统的形成期限和安全技术要求，突出了瓦斯源头防治和地测防治水基础管理，细化了通风技术管理，立足于生产安全事故的防范。

二、主要特点

（一）规定了部分煤矿建设术语和定义

《规范》所列煤矿建设术语和定义是首次出现的，凡国家已颁布的术语和定义，本《规范》不再定义。比如《规范》第一次定义了基建矿井的“一期工程”、“二期工程”、“三期工程”。

（二）结合煤矿建设的特点增加了相应的内容

1. 增加了基础管理部分

由于煤矿建设施工周期长，期间水文、地质、顶板、瓦斯、煤尘等影响因素多，涉及设计、建设、施工、监理等多家单位，安全生产责任不清、证照不齐盲目开工、随意更改施工设计、压减工程造价、安全投入不足、盲目压工期抢进度等问题屡见不鲜，以致近年来煤矿建设事故频发，甚至发生多起重特大安全事故。为了规范煤矿建设安全技术管理，依据国家近年来颁发的法律法规和有关安全生产文件精神，《规范》增加了基础管理部分，并突出了以下特点：

（1）突出了建设单位安全主体责任

近年来一些煤矿建设单位违背基本建设程序，盲目扩张，随意干涉设计、施工单位的正常施工程序或挤占其合法利益，为安全施工埋下了诸多事故隐患。为扭转事故多发的严峻形势，打好安全基础，必须对建设方作出原则性的限制和要求。比如：①煤矿建设项目开工前必须取得国家有关部门或地方政府规定的所有证照和批准文件，才能组织项目建设施工。②煤矿建设项目招标时应合理划分工程标段，一个建设项目单项工程（或同类专业工程)，原则上发包给1家有相应资质的施工单位，大型及以上项目单项工程（或同类专业工程）施工单位不得超过2家。③煤矿建设单位必须对建设项目实行全面安全管理，为施工单位提供必要的安全施工条件，不得随意压减工程造价影响施工安全投入，不得强令施工单位改变正常施工工艺，不得强令施工单位抢进度、冒险施工。④煤矿建设项目由2家施工单位共同施工的，由建设单位负责组织制定和督促落实有关安全技术措施，并签订安全生产管理协议，指定专职安全生产管理人员进行安全检查与协调。⑤煤矿建设单位在编制工程概算时，应保证工程建设期间的安全投入。⑥煤矿建设项目发生生产安全事故后，由项目建设单位按国家规定向有关部门报告。

（2）对施工单位安全责任提出了明确要求

①煤矿施工单位必须取得国家颁发的建筑业企业资质和安全生产许可证，并严格按资质等级许可的范围承建相应规模的煤矿建设项目，严禁超资质等级施工。

②高瓦斯及煤（岩）与瓦斯（二氧化碳）突出矿井、水文地质条件复杂及以上的矿井、立井井深大于600m、斜井长度大于1000m或垂深大于200m的项目，施工单位必须具有相应的煤矿施工业绩，同时具有国家一级及以上施工资质。

③对单项工程施工组织设计及单位工程施工组织设计、作业规程、安全技术措施的编制、审批，作了明确规定。

④煤矿施工项目部必须配备满足需要的矿建、机电、通风、地测等工程技术人员和特种作业人员，并经过专门培训，考核合格，取得安全资格证后持证上岗。

⑤煤矿施工单位必须建立干部值班和下井带班制度，保证井下24h有领导干部轮流带班，并建立下井带班登记档案。

⑥矿井施工二、三期工程时，每班同时进行掘进作业人员不得超过100人。

⑦煤矿建设项目发生生产安全事故后，施工单位必须立即报告上级主管单位和项目建设单位。

（3）规范了设计、监理单位行为

①煤矿设计单位必须取得国家颁发的、与工程项目规模相适应的设计资质，不得越权设计。

②煤矿建设项目监理单位必须取得国家颁发的、与工程项目规模相适应的监理资质。现场监理人员必须取得监理资格证书，人员配备能够满足工程监理需要。

③施工组织设计需经设计、监理、施工等相关单位会审后组织实施。

2. 增加了地质、测量部分

近年来由于井田勘探精度不够、资料不全造成了一些决策失误、盲目施工，导致事故时有发生，造成人员伤亡、经济损失、工期延误。建井过程中，所有地层都是第一次揭露，预防地质灾害的关键就是靠地质预测预报和精确的测量工作。同时国家推动关闭非法和不具备安全生产条件的小煤矿，进行资源整合，无疑是一次长治久安，实现安全生产长期稳定好转的重大举措，但由于整合矿井大都地质资料不清，采空区不明，技改过程中误穿、误揭老空区造成事故时有发生。造成矿建队伍即是施工队，又是探险队，面临的安全风险极大。因此，地质、测量在煤矿基本建设中是一项非常重要的基础工作。比如：

（1）矿井开工前，建设单位必须根据工程项目发包范围向施工单位提供符合国家有关规定的地质测量成果、成图资料。当地质、水文地质、工程地质、瓦斯地质、勘探资料与实际情况出入较大时，建设单位必须及时安排相应的补充地质勘探工作。

（2）在施工期间，施工单位应根据工程进度情况，适时编制单位工程地质预报，必须做到一工程一预报。当井巷工程施工至接近有预报的地质灾害区域时，施工单位的地测部门必须提前发出地质、水文地质通知单，并制定预防地质灾害因素的专项措施。建设单位应根据施工单位提供的地质变化情况，及时组织、制定和实施相应的安全技术措施。

（3）测量工作必须坚持独立复测、复算的双复制度，严禁仅1人兼作观测、记录、计算作业；两个施工单位的井巷贯通测量工作，由建设单位组织实施。

3. 增加的其他主要内容

一是增加了凿井主要设备部分。这是矿井凿井期间的重要组成部分，环节多，安全管理难度大，易发生事故。二是增加了安装工程部分，涉及井架安装、井筒安装、井巷安装。三是增加了瓦斯等级预测、鉴定、矿井瓦斯涌出量测定及瓦斯抽放设计等内容。四是增加了临时水仓、排水能力的要求。五是增加了近年来在矿井建设施工中正在逐步发展的平巷机械化作业线。此外还针对矿井建设特点增加了相关条款。这些内容都是煤矿施工过程中的重要环节，必须进行规范要求。

（三）针对建井期间的突出问题，重点规范了以下内容

1. 要求主要安全保障系统必须根据施工的不同阶段特点建成投入使用

生产煤矿通风、运输、排水、供电、安全监测监控等各大系统都是建立在已完成的井巷工程基础之上的，而煤矿建设期间，井巷工程是逐步建设形成的，所以基建矿井安全保障系统是无法一次建成完善的，只能随着井巷工程的不断推进分阶段、逐步建立临时系统。为提高煤矿建设期间的防灾、抗灾能力，《规范》就安全保障系统建设方面作了明确规定。

（1）关于双回路供电问题

建井期间，很难一开始就形成双回路供电，为此《规范》要求：高瓦斯矿井、煤与瓦斯突出矿井、水患严重的矿井进入二期工程时，其他矿井进入三期工程时，必须按设计建成双回路供电；暂不能实现双回路供电，采用单回路供电时，必须有备用电源，备用电源的容量必须满足通风和撤出人员的需要。

（2）关于通风系统问题

与生产矿井永久的通风系统不同，建井期间的通风系统基本上都是临时的，变化调整快。为此《规范》分阶段作出具体要求：立井施工必须有专用回风出口，确保风流畅通；主、副井掘至井底水平时，应首先短路贯通行成简易通风系统；随着矿井二、三期工程推进必须调整建立合理可靠的通风系统，调整通风系统时，必须编制通风设计及安全措施；两个及以上施工单位共用一个系统时，应由建设单位统一通风管理；高瓦斯、煤（岩）与瓦斯（二氧化碳）突出矿井进入二期工程、低瓦斯矿井进入三期工程，应形成由地面主要通风机供风的全风压通风系统。

（3）关于安全监控系统问题

井筒施工进入基岩段后，必须装备甲烷风电闭锁装置。所有矿井进入二期工程后必须安装矿井安全监控系统。矿井安全监控系统的安装、使用和维护必须符合《规范》和相关规定的要求。

（4）关于瓦斯抽放系统问题

考虑到建井期间的特点，《规范》强调了瓦斯抽放系统形成的时间：煤与瓦斯突出矿井必须在揭露突出煤层前形成瓦斯抽放系统，高瓦斯矿井设计有瓦斯抽放系统的必须在进入三期工程前形成瓦斯抽放系统。参照《煤矿瓦斯抽放规范》，要求不具备建立地面永久瓦斯抽放系统条件的，对高瓦斯区应建立井下移动泵站瓦斯抽放系统；井下移动瓦斯抽放泵站必须实行“三专”供电，即专用变压器、专用开关、专用线路。

（5）关于主要通风机的安装问题

《煤矿安全规程》要求主要通风机必须安装在地面，但考虑到基建矿井实际，《规范》调整为：主、副（风）井贯通后，应尽快改装通风设备，安装建井风机或地面主要通风机，实现全风压通风；低瓦斯矿井施工二期工程，建井风机可根据实际情况安装在井下，

但必须制定安全措施，实现全风压通风，确保通风安全；高瓦斯、煤（岩）与瓦斯（二氧化碳）突出矿井不得将建井风机安装在井下；矿井进入三期工程前，地面主要通风机必须保持正常运行，实现全风压通风。

（6）关于永久排水系统问题

排水系统是抗御矿井水灾的第一道防线，因此《规范》规定："矿井必须优先建立永久排水系统，在永久排水系统形成前，不得施工三期工程。"

2. 要求对建井期间瓦斯等级进行鉴定

由于建井期间的特殊性，对瓦斯等级的鉴定与生产矿井不同，《规范》要求：

（1）矿井在设计前，设计单位应根据地质勘探部门提供的煤层瓦斯含量等资料预测瓦斯涌出量和邻近生产矿井的瓦斯涌出量资料，预测矿井瓦斯等级，作为计算风量和设计的依据。

（2）建设单位应提供各煤层的瓦斯含量资料，第一次揭露煤层前必须组织测定煤层原始瓦斯含量和压力，并根据揭穿各煤层的实际情况，重新验证煤层的突出危险性。

（3）建设项目每年必须根据实际测定的瓦斯涌出量和瓦斯涌出形式鉴定矿井瓦斯等级，同时进行矿井二氧化碳涌出量的测定工作，作为核定和调整风量的依据。当单条掘进巷道的绝对瓦斯涌出量大于 $3m^3/min$ 时，矿井应定为高瓦斯矿井；在掘进过程中发生过煤（岩）与瓦斯（二氧化碳）突出的矿井应定为煤（岩）与瓦斯（二氧化碳）突出矿井。如果鉴定结果与矿井设计不符时，应提出修改矿井瓦斯等级的专门报告，报有关部门审定。建设单位应根据新的矿井瓦斯等级批复意见委托原设计单位修改矿井设计和安全专篇设计，并报原审查机构批准。

3. 规范井筒施工期间各阶段瓦斯检查问题

井筒施工期间各阶段瓦斯检查问题是安全监管部门争论不休的问题，考虑到立井冲积层多采用冻结法施工、斜井平洞冲积层多采用明槽开挖法施工，基本不存在瓦斯问题，即使有瓦斯也不会存在危险，所以《规范》规定了进入基岩段开始检查瓦斯，同时要求井筒施工进入基岩段后，建井风机的停、送风必须执行有关瓦斯检查的规定。

4. 要求严格按批准的设计组织施工

当施工过程中发现设计存在重大缺陷，或者地质条件变化较大时，应立即停止施工。建设单位应及时组织相关各方制定应急安全防范措施，组织修改设计并按规定重新报批。

5. 关于矿山救护问题

由于现在已有专门的《矿山救护规程》，《规范》对矿山救护就不再作过多的说明，同时结合矿建施工单位项目点多面广、过于分散的特点，要求建设和施工单位都必须分年度制定灾害预防计划和应急救援预案，每年必须组织演练，评价和修订。考虑到煤矿建设期间建设、施工单位都不可能建立矿山救护队，鉴于各级政府、矿区都成立了专业救援机构，《规范》只要求煤矿建设项目必须有矿山救护队为其服务，而不要求其设立矿山救护队。

（四）规范和解决煤矿施工期间比较突出的技术问题

从施工阶段特殊性出发，根据各企业多年建井实践经验，通过课题论证，着重规范和解决煤矿施工期间比较突出的技术问题。

1. 立井施工阶段的配风问题

《煤矿安全规程》对风量配备只是泛泛要求，没有针对煤矿建设期间的特点，有针对性地提出各阶段的风量配备，同时缺少立井施工阶段的风量计算。立井各施工阶段所需风量计算，多年来，一直沿用《建井工程手册》给出的立井风量计算公式。但因立井施工各阶段工艺不同，表土段人工开挖时所需风量、机械开挖时所需风量、爆破作业所需风量以及基岩段爆破所需风量也不尽相同，尤其在冻结施工中风量偏大最为突出。如果沿用统一的配风标准，既对施工安全造成不利的影响（经常停风），也会带来不必要的资源浪费。为此《规范》考虑在不同工艺情况下，分阶段进行配风，通过对中煤集团近年来施工的59个立井工程进行统计、调研、分析、论证，作出立井各阶段风量配备规定：（1）立井人工开挖时所需风量可按每人每分钟不少于4m^3的标准计算；（2）立井爆破作业所需风量必须保证井筒的平均风速不小于0.15m/s，确保有效排除炮烟。同时立井爆破作业所需风量必须使该地点风流中瓦斯、二氧化碳和其他有害气体的浓度及温度，符合《规范》的有关规定，同时确定了立井爆破作业所需风量的计算公式。

2. 立井凿井施工吊盘悬吊绳兼作罐道绳问题

2004版《煤矿安全规程》第80条规定：井筒深度超过100m时，悬挂吊盘的钢丝绳不得兼作罐道绳使用。在施工实践中多数施工单位对此规定反应强烈，认为既不符合工程实际，又对安全没有多大帮助，还占用有限的断面，浪费资源，要求修订。为此编写组成立了专项调研组进行专题研究，研究结果如下：

（1）1992版《煤矿安全规程》和《煤矿建设安全规定（试行）》中规定在采取技术措施后吊盘悬吊绳可以兼作罐道绳使用。

（2）中煤第一建设公司、第五建设公司和中煤矿山建设集团公司近年施工的107个立井井筒均采用了吊盘悬吊绳兼作罐道绳使用，无一发生任何安全问题；制定适当安全措施后，采用“吊盘绳兼作稳绳”，简化了井筒管理环节，减少了多绳缠绕摩擦概率和隐患，同时也减少了设备的投入，节省了生产成本。

（3）中国矿业大学史天生教授（已故）曾撰写论文专题论述此问题，认为吊盘悬吊绳兼作罐道绳既不影响安全，又可让出凿井空间，为布置大提升容器创造条件，还可节约设备及材料，利于节能减排。

（4）吊盘悬吊绳兼作罐道绳尤其适合深井，理由是凿井吊盘就是管道绳的张紧力来源，其重量按井筒大小设计，一般为20～50t，《规范》要求罐道绳每米张紧力不小于500N，吊盘绳、罐道绳根数越多，张力越少，就会造成吊桶的不稳定运行，发生事故的几率增加。

《规范》综合上述研究结果，规定在采取减少钢丝绳磨损措施后，吊盘悬吊绳可以兼作罐道绳使用。

3. 关于煤矿平巷掘进使用液压凿岩台车和侧卸式装岩机操作问题

近年平巷施工机械化作业线发展较快，国家还缺少法定的相关安全操作规程和统一的规范标准。中煤集团抽调具有现场施工经验的技术人员和相关专家组成《规范》课题小组，制定了工作方案，先后到生产厂家和开滦钱家营煤矿、邢台东庞煤矿等使用单位进行调研，召开课题研讨会，综合近几年中煤集团和各使用单位在岩石平巷机械化施工作业线应用中的管理经验，在《规范》中规定了液压凿岩台车和侧卸式装岩机的操作安全规程的基本要求。

近年来中煤、神华等大型煤炭企业引进了连续采煤机、掘锚一体机用于煤巷机械化施工，因设备价格昂贵，多数施工企业无力配备、普及程度不高，《规范》尚未作出规定。

（五）针对露天煤矿施工特点，重点突出以下部分

1. 突出主流工艺

当前，露天开采工艺已发展到以单斗—卡车工艺为主、轮斗—胶带—排土机连续工艺为辅。20世纪50年代发展的单斗—铁道工艺逐步退出露天开采领域。因此《规范》仅对单斗—铁道工艺简单提及，重点突出卡车等工艺特点要求，更能符合当前露天开采发展的趋势。

2. 强调新技术在露天安全方面的作用

边坡和交通运输是露天矿安全监管的重要内容，是《规范》的重点。随着科技发展，各种保障措施逐步应用到现场。因各矿条件不一致，所以《规范》在这一方面没有明确，但在《执行说明》中给予了建议。如边坡监测方面，建议有条件的单位使用边坡监测雷达实施不间断监测及分析、预报。如卡车运输方面，建议对大型卡车安装防碰撞预警系统、盲区监控系统等。

3. 突出安全技术措施的制定和落实

《规范》在延续安全规程要求的基础上，重点突出安全技术措施的制定和落实，要求建设与施工单位按照“一工程一措施”制度，针对可能出现安全问题的施工如高段排土、边坡稳定、老空区作业等做到措施到位，有备无患。

3.2 矿井施工防治水相关技术规定

3.2.1 《煤矿安全规程》防治水部分条款

一、背景

《国家安全监管总局关于修改〈煤矿安全规程〉第二编第六章防治水部分条款的决定》已经2011年1月17日国家安全生产监督管理总局局长办公会议审议通过，自2011年3月1日起施行。

《煤矿安全规程》是煤矿安全生产的一部重要技术规章。近年来，煤矿重特大水害事故多发，特别是2010年发生了6起重特大水害事故，损失严重，社会影响恶劣，主要是对煤矿防治水工作不重视、防治水措施不完善、井下探放水工作不落实。针对重特大典型水害事故的教训，非常有必要对《煤矿安全规程》防治水部分条款作出修改，从而更加严密规范煤矿防治水工作，提升防治水技术和工作水平，有效遏制重特大水害事故，促进煤炭工业的健康发展。

《煤矿安全规程》防治水部分共有44条，修改了39条，只有5条（第二百五十三、二百七十四、二百七十六、二百七十九、二百八十一条）没有修改。修改的主要内容：一是进一步明确了煤矿企业、矿井应当配备防治水技术人员、探放水设备和应急救援装备的职责。二是要求煤矿企业、矿井应当建立水害预防和预警机制，发现矿井有透水征兆时，应当立即撤出井下受水威胁地区的所有人员。三是明确了采掘工作面的探放水方法，井下探放水必须采用专用钻机、由专业人员和专职队伍进行施工。四是增加了新建矿井有关防治水规定。五是对水淹区下采掘作出了明确规定，严禁在水体下、采空区水淹区域下开采急倾斜煤层。

修改后的《煤矿安全规程》防治水部分强调煤矿井下探放水必须由专业人员、专职队伍使用专用探放水钻机进行探放水。据统计，近几年发生的水害事故大部分都是由于探放水措施不落实或不到位造成的，如：未按有关规定和设计要求进行探放水、违规使用煤电钻探放等，事故教训十分深刻。因此，修改后的第二百五十一条要求煤矿企业、矿井必须配备满足工作需要的防治水专业技术人员，配齐专用探放水设备，建立专门的探放水作业队伍，建立健全防治水制度，装备必要的防治水抢险救灾设备。第二百六十七条、第二百八十二条、第二百八十五条、第二百八十六条、第二百八十八条规定井下探放水必须采用专用钻机，由专业人员和专职队伍进行探放水。修改后的规程明确要求：严禁使用煤电钻等非专用钻机进行探放水，探放水工应当经培训合格后方可上岗。

修改后的《煤矿安全规程》对新建矿井和基建队伍的防治水工作有明确的要求。近年来，新建矿井在基本建设过程中发生了多起淹井事故。为此，这次修改专门增加了新建矿井有关防治水规定。规定井筒开凿到底后，必须优先施工永久排水系统，在进入采区施工前应当建好永久排水系统。基本建设矿井的施工队伍也要配备防治水专业技术人员，配置专用探放水钻机，加强井下探放水工作。当矿井水文地质条件比地质报告复杂时，必须针对揭露的水文地质情况，开展水文地质补充勘探，查明水害隐患，采取可靠的安全防范措施。

修改后的《煤矿安全规程》防治水部分条款注意落到实处。一是加大宣传力度，充分发挥网站、报刊等媒体作用，大力宣传修改后《煤矿安全规程》防治水部分条款的主要内容，同时要将其纳入煤矿安全培训的主要内容。二是各煤矿企业要组织从事防治水专业技术人员、相关管理人员逐条进行学习和讨论，按照《煤矿安全规程》防治水部分的要求，认真开展水害防治工作。凡存在水害隐患的，要结合实际制定切实可行的整改措施，限期达到要求；凡存在重大水害隐患的，必须停产整顿，落实整改责任，彻底消除隐患，确保矿井安全。三是地方各级煤矿安全监管部门、煤炭行业管理部门和驻地煤矿安全监察机构要督促煤矿企业按照《煤矿安全规程》防治水部分的要求，进行整改达标；煤矿安全监管部门、监察机构要严格执法，对水害严重、经整改仍不具备安全生产条件的煤矿要提请地方政府依法关闭，从源头上消除事故隐患。对于发生水害事故的煤矿，要按照“四不放过”和“依法依规、实事求是、注重实效”的原则，严肃调查处理，及时公布事故原因和处理结果；对于重大未遂水害事故，也要认真查明原因，深刻吸取教训，防范类似事故再次发生。

二、主要内容

国家安全生产监督管理总局决定对《煤矿安全规程》第二编第六章防治水部分条款作如下修改：

1. 第二百五十一条修改为：“煤矿企业、矿井应当配备满足工作需要的防治水专业技术人员，配齐专用探放水设备，建立专门的探放水作业队伍，建立健全防治水各项制度，装备必要的防治水抢险救灾设备。”

2. 第二百五十二条修改为：“煤矿企业、矿井应当编制本单位的防治水中长期规划（5～10年）和年度计划，并认真组织实施”。

“煤矿企业、矿井应当对矿井水文地质类型进行划分，定期收集、调查和核对相邻煤矿和废弃的老窑情况，并在井上、下工程对照图和矿井充水性图上标出其井田位置、开采范围、开采年限、积水情况。矿井应当建立水文地质观测系统，加强水文地质动态观测和水害预测分析工作。”

增加一款，作为本条第三款：“水文地质条件复杂、极复杂矿井应当每月至少开展1次水害隐患排查及治理活动，其他矿井应当每季度至少开展1次水害隐患排查及治理活动。”

3. 第二百五十四条修改为：“煤矿企业、矿井应当查清矿区及其附近地面河流水系的汇水、渗漏、疏水能力和有关水利工程等情况；了解当地水库、水电站大坝、江河大堤、河道、河道中障碍物等情况；掌握当地历年降水量和最高洪水位资料，建立疏水、防水和排水系统。”

增加一款，作为本条第二款：“煤矿企业、矿井应当建立灾害性天气预警和预防机制，加强与周边相邻矿井的信息沟通，发现矿井水害可能影响相邻矿井时，立即向周边相邻矿井进行预警。”

4. 第二百五十五条修改为：“矿井井口和工业场地内建筑物的地面标高必须高于当地历年最高洪水位；在山区还必须避开可能发生泥石流、滑坡等地质灾害危险的地段。”

“矿井井口及工业场地内主要建筑物的地面标高低于当地历年最高洪水位的，应当修筑堤坝、沟渠或者采取其他可靠防御洪水的措施。不能采取可靠安全措施的，应当封闭填实该井口。”

5. 第二百五十六条修改为：“当矿井井口附近或者开采塌陷波及区域的地表有水体时，必须采取安全防范措施，并遵守下列规定：

（1）严禁开采和破坏煤层露头的防隔水煤（岩）柱。

（2）在地表容易积水的地点，修筑泄水沟渠，或者建排洪站专门排水，杜绝积水渗入井下。

（3）当矿井受到河流、山洪威胁时，修筑堤坝和泄洪渠，有效防止洪水侵入。

（4）对于排到地面的矿井水，妥善疏导，避免渗入井下。

（5）对于漏水的沟渠（包括农田水利的灌溉沟渠）和河床，及时堵漏或者改道。地面裂缝和塌陷地点及时填塞。进行填塞工作时，采取相应的安全措施，防止人员陷入塌陷坑内。

（6）当有滑坡、泥石流等地质灾害威胁煤矿安全时，及时撤出受威胁区域的人员，并采取防止滑坡、泥石流的措施。”

6. 第二百五十七条修改为：“严禁将矸石、炉灰、垃圾等杂物堆放在山洪、河流可能冲刷到的地段，防止淤塞河道、沟渠。”

增加一款，作为本条第二款：“煤矿发现与矿井防治水有关系的河道中存在障碍物或者堤坝破损时，应当及时清理障碍物或者修复堤坝，并报告当地人民政府相关部门。”

7. 第二百五十八条修改为：“使用中的钻孔，应当安装孔口盖。报废的钻孔应当及时封孔，并将封孔资料和实施负责人的情况记录在案、存档备查。”

8. 第二百五十九条修改为：“相邻矿井的分界处，应当留防隔水煤（岩）柱。矿井以断层分界的，应当在断层两侧留有防隔水煤（岩）柱。”

防隔水煤（岩）柱的尺寸，应当根据相邻矿井的地质构造、水文地质条件、煤层赋存条件、围岩性质、开采方法以及岩层移动规律等因素，在矿井设计中确定。

矿井防隔水煤（岩）柱一经确定，不得随意变动，并通报相邻矿井。严禁在各类防隔水煤（岩）柱中进行采掘活动。

9. 第二百六十条修改为："在采掘工程平面图和矿井充水性图上必须标绘出井巷出水点的位置及其涌水量、积水的井巷及采空区的积水范围、底板标高和积水量等。在水淹区域应当标出探水线的位置。"

10. 第二百六十一条修改为："每次降大到暴雨时和降雨后，应当有专业人员分工观测井上积水情况、洪水情况、井下涌水量等有关水文变化情况以及矿区附近地面有无裂缝、老窑陷落和岩溶塌陷等现象，并及时向矿调度室及有关负责人报告，并将上述情况记录在案、存档备查。"

增加一款，作为本条第二款："情况危急时，矿调度室及有关负责人应当立即组织井下撤人，确保人员安全。"

11. 第二百六十二条修改为："受水淹区积水威胁的区域，必须在排除积水、消除威胁后方可进行采掘作业；如果无法排除积水，开采倾斜、缓倾斜煤层的，必须按照《建筑物、水体、铁路及主要井巷煤柱留设与压煤开采规程》中有关水体下开采的规定，编制专项开采设计，由煤矿企业主要负责人审批后，方可进行。"

增加一款，作为本条第二款："严禁在水体下、采空区水淹区域下开采急倾斜煤层。"

12. 第二百六十三条修改为："在未固结的灌浆区、有淤泥的废弃井巷、岩石洞穴附近采掘时，应当按照受水淹积水威胁进行管理，并执行本规程第二百五十九条、第二百六十条、第二百六十二条的规定。"

13. 第二百六十四条修改为："开采水淹区域下的废弃防隔水煤柱时，应当彻底疏干上部积水，进行可行性技术评价，确保无溃浆（沙）威胁。严禁顶水作业。"

14. 第二百六十五条修改为："井田内有与河流、湖泊、溶洞、含水层等存在水力联系的导水断层、裂隙（带）、陷落柱等构造时，应当查明其确切位置，按规定留设防隔水煤（岩）柱，并采取有效的防治水措施。"

15. 第二百六十六条修改为："采掘工作面或其他地点发现有煤层变湿、挂红、挂汗、空气变冷、出现雾气、水叫、顶板来压、片帮、淋水加大、底板鼓起或产生裂隙、出现渗水、钻孔喷水、底板涌水、煤壁溃水、水色发浑、有臭味等透水征兆时，应当立即停止作业，报告矿调度室，并发出警报，撤出所有受水威胁地点的人员。在原因未查清、隐患未排除之前，不得进行任何采掘活动。"

16. 第二百六十七条修改为："矿井采掘工作面探放水应当采用钻探方法，由专业人员和专职探放水队伍使用专用探放水钻机进行施工。同时应当配合其他方法（如物探、化探和水文地质试验等）查清采掘工作面及周边老空水、含水层富水性以及地质构造等情况，确保探放水的可靠性。"

17. 第二百六十八条修改为："煤层顶板有含水层和水体存在时，应当观测垮落带、导水裂缝带、弯曲带发育高度，进行专项设计，确定安全合理的防隔水煤（岩）柱厚度。当导水裂缝带范围内的含水层或老空积水影响安全掘进和采煤时，应当超前进行钻探，待彻底疏放水后，方可进行掘进回采。"

18. 第二百六十九条修改为："开采底板有承压含水层的煤层，应当保证隔水层能够承受的水头值大于实际水头值，制定专项安全技术措施。"

“专项安全技术措施由煤矿企业技术负责人审查，报煤矿企业主要负责人审批。”

19. 第二百七十条修改为：“当承压含水层与开采煤层之间的隔水层能够承受的水头值小于实际水头值时，应当采用疏水降压、注浆加固底板和改造含水层或充填开采等措施，并进行效果检测，保证隔水层能够承受的水头值大于实际水头值，有效防止底板突水。”

“上述措施由煤矿企业技术负责人审查，报煤矿企业主要负责人审批。”

20. 第二百七十一条修改为：“矿井建设和延深中，当开拓到设计水平时，只有在建成防、排水系统后，方可开始向有突水危险地区开拓掘进。”

21. 第二百七十二条修改为：“煤系顶、底部有强岩溶承压含水层时，主要运输巷和主要回风巷应当布置在不受水威胁的层位中，并以石门分区隔离开采。”

22. 第二百七十三条第二款修改为：“在其他有突水危险的采掘区域，应当在其附近设置防水闸门；不具备设置防水闸门条件的，应当制定防突水措施，由煤矿企业主要负责人审批。”

删除本条第四款。

23. 第二百七十五条修改为：“井筒穿过含水层段的井壁结构应当采用有效防水混凝土或设置隔水层。”

增加一款，作为本条第二款：“井筒淋水超过每小时 $6m^3$ 时，应当进行壁后注浆处理。”

24. 第二百七十七条修改为：“立井基岩段施工时，对含水层数多、含水层段又较集中的地段，应当采用地面预注浆。含水层数少或含水层数分散的地段，应当在工作面进行预注浆，并短探、短注、短掘。”

25. 第二百七十八条修改为：“矿井应当配备与矿井涌水量相匹配的水泵、排水管路、配电设备和水仓等，确保矿井排水能力充足。

矿井井下排水设备应当满足矿井排水的要求。除正在检修的水泵外，应当有工作水泵和备用水泵。工作水泵的能力，应当能在20h内排出矿井24h的正常涌水量（包括充填水及其他用水）。备用水泵的能力应当不小于工作水泵能力的70%。检修水泵的能力，应当不小于工作水泵能力的25%。工作和备用水泵的总能力，应当能在20h内排出矿井24h的最大涌水量。

排水管路应当有工作和备用水管。工作排水管路的能力，应当能配合工作水泵在20h内排出矿井24h的正常涌水量。工作和备用排水管路的总能力，应当能配合工作和备用水泵在20h内排出矿井24h的最大涌水量。

配电设备的能力应当与工作、备用和检修水泵的能力相匹配，能够保证全部水泵同时运转。”

26. 第二百八十条修改为：“矿井主要水仓应当有主仓和副仓，当一个水仓清理时，另一个水仓能够正常使用。

新建、改扩建矿井或者生产矿井的新水平，正常涌水量在 $1000m^3/h$ 以下时，主要水仓的有效容量应当能容纳8h的正常涌水量。

正常涌水量大于 $1000m^3/h$ 的矿井，主要水仓有效容量可以按照下式计算：

$$V = 2(Q + 3000) \tag{3-1}$$

式中　V——主要水仓的有效容量，m^3；

Q——矿井每小时的正常涌水量，m^3。

采区水仓的有效容量应当能容纳4h的采区正常涌水量。

水仓进口处应当设置箅子。对水砂充填和其他涌水中带有大量杂质的矿井，还应当设置沉淀池。水仓的空仓容量应当经常保持在总容量的50%以上。”

27. 第二百八十二条修改为：“新建矿井揭露的水文地质条件比地质报告复杂的，应当进行水文地质补充勘探，及时查明水害隐患，采取可靠的安全防范措施。井下探放水应当采用专用钻机、由专业人员和专职探放水队伍进行施工。”

28. 第二百八十三条修改为：“井筒开凿到底后，应当先施工永久排水系统。永久排水系统应当在进入采区施工前完成。在永久排水系统完成前，井底附近应当先设置具有足够能力的临时排水设施，保证永久排水系统形成之前的施工安全。”

29. 第二百八十四条修改为：“井下采区、巷道有突水或者可能积水的，应当优先施工安装防、排水系统，并保证有足够的排水能力。”

30. 第二百八十五条修改为：“矿井应当做好充水条件分析预报和水害评价预报工作，加强探放水工作。

探放水应当使用专用钻机、由专业人员和专职队伍进行设计、施工，并采取防止瓦斯和其他有害气体危害等安全措施。探放水结束后，应当提交探放水总结报告存档备查。

探水孔的布置和超前距离，应当根据水压大小、煤（岩）层厚度和硬度以及安全措施等，在探放水设计中作出具体规定。探放老空积水最小超前水平钻距不得小于30m，止水套管长度不得小于10m。”

增加一款，作为本条第四款：“在地面无法查明矿井全部水文地质条件和充水因素时，应当采用井下钻探方法，按照有掘必探的原则开展探放水工作，并确保探放水的效果。”

31. 第二百八十六条修改为：“采掘工作面遇有下列情况之一时，应当立即停止施工，确定探水线，由专业人员和专职队伍使用专用钻机进行探放水，经确认无水害威胁后，方可施工：

（1）接近水淹或可能积水的井巷、老空或相邻煤矿时。

（2）接近含水层、导水断层、溶洞和导水陷落柱时。

（3）打开隔离煤柱放水时。

（4）接近可能与河流、湖泊、水库、蓄水池、水井等相通的断层破碎带时。

（5）接近有出水可能的钻孔时。

（6）接近水文地质条件不清的区域时。

（7）接近有积水的灌浆区时。

（8）接近其他可能突水的地区时。”

32. 第二百八十七条修改为：“对于煤层顶、底板带压的采掘工作面，应当提前编制防治水设计，制定并落实开采期间各项安全防范措施。”

33. 第二百八十八条修改为：“井下探放水应当使用专用钻机、由专业人员和专职队伍进行施工。严禁使用煤电钻等非专用探放水设备进行探放水。探放水工应当按照有关规定经培训合格后持证上岗。

安装钻机进行探水前，应当符合下列规定：

(1) 加强钻孔附近的巷道支护，并在工作面迎头打好坚固的立柱和拦板。

(2) 清理巷道，挖好排水沟。探水钻孔位于巷道低洼处时，配备与探放水量相适应的排水设备。

(3) 在打钻地点或其附近安设专用电话，人员撤离通道畅通。

(4) 依据设计，确定主要探水孔位置时，由测量人员进行标定。负责探放水工作的人员必须亲临现场，共同确定钻孔的方位、倾角、深度和钻孔数量。”

34. 第二百八十九条修改为：“在预计水压大于 0.1MPa 的地点探水时，应当预先固结套管，在套管口安装闸阀，进行耐压试验。套管长度应当在探放水设计中规定。预先开掘安全躲避硐，制定包括撤人的避灾路线等安全措施，并使每个作业人员了解和掌握。”

35. 第二百九十条修改为：“钻孔内水压大于 1.5MPa 时，应当采用反压和有防喷装置的方法钻进，并制定防止孔口管和煤（岩）壁突然鼓出的措施。”

36. 第二百九十一条修改为：“在探放水钻进时，发现煤岩松软、片帮、来压或者钻眼中水压、水量突然增大和顶钻等透水征兆时，应当立即停止钻进，但不得拔出钻杆；现场负责人员应当立即向矿井调度室汇报，立即撤出所有受水威胁区域的人员到安全地点。然后采取安全措施，派专业技术人员监测水情并进行分析，妥善处理。”

37. 第二百九十二条修改为：“探放老空水前，应当首先分析查明老空水体的空间位置、积水量和水压等。探放水应当使用专用钻机，由专业人员和专职队伍进行施工，钻孔应当钻入老空水体最底部，并监视放水全过程，核对放水量和水压等，直到老空水放完为止。

探放水时，应当撤出探放水点以下部位受水害威胁区域内的所有人员。

钻探接近老空水时，应当安排专职瓦斯检查员或者矿山救护队员在现场值班，随时检查空气成分。如果瓦斯或者其他有害气体浓度超过有关规定，应当立即停止钻进，切断电源，撤出人员，并报告矿井调度室，及时采取措施进行处理。”

38. 第二百九十三条修改为：“钻孔放水前，应当估计积水量，并根据矿井排水能力和水仓容量，控制放水流量，防止淹井；放水时，应当设有专人监测钻孔出水情况，测定水量和水压，做好记录。如果水量突然变化，应当立即报告矿调度室，分析原因，及时处理。”

39. 第二百九十四条修改为：“排除井筒和下山的积水及恢复被淹井巷前，应当制定可靠的安全措施，防止被水封住的有毒、有害气体突然涌出。

排水过程中，应当定时观测排水量、水位和观测孔水位，并由矿山救护队随时检查水面上的空气成分，发现有害气体，及时采取措施进行处理。”

3.2.2 《煤矿防治水规定》相关内容

一、背景

随着煤炭工业的迅速发展，不少煤矿已经在湖底下、水库下、河流下进行开采作业，而新的水害探测仪器与技术、矿井防治水理念与预测方法的出现，以及采煤方法和工艺的发展与进步，使得旧有的规范法规与监管监察体制不能适应新形势下煤炭工业发展的需要。为此，国家安全生产监督管理总局组织编制了《煤矿防治水规定》，《煤矿防治水规定》经 2009 年 8 月 17 日国家安全生产监督管理总局局长办公会议审议通过，自 2009 年

12月1日起施行。同时废止1984年5月15日原煤炭工业部颁发的《矿井水文地质规程》（试行）和1986年9月9日原煤炭工业部颁发的《煤矿防治水工作条例》（试行）。

二、主要内容

1. 关于水文地质情况

根据矿井受采掘破坏或者影响的含水层及水体、矿井及周边老空水分布状况、矿井涌水量或者突水量分布规律、矿井开采受水害影响程度以及防治水工作难易程度，矿井水文地质类型划分为简单、中等、复杂、极复杂4种，矿井应当对本单位的水文地质情况进行研究，编制矿井水文地质类型划分报告，并确定本单位的矿井水文地质类型。矿井水文地质类型划分报告，由煤矿企业总工程师负责组织审定。矿井水文地质类型应当每3年进行重新确定。当发生重大突水事故后，矿井应当在1年内重新确定本单位的水文地质类型。

矿井应当编制有防治水内容的井田地质报告、建井设计和建井地质报告。并建立基础台账，在废弃关闭之前，应当编写闭坑报告。

当矿区或者矿井现有水文地质资料不能满足生产建设的需要时，应当针对存在的问题进行专项水文地质补充调查。矿区或者矿井未进行过水文地质调查或者水文地质工作程度较低的，应当进行补充水文地质调查，包括下列主要内容：

（1）资料收集。收集降水量、蒸发量、气温、气压、相对湿度、风向、风速及其历年月平均值和两极值等气象资料。收集调查区内以往勘查研究成果，动态观测资料，勘探钻孔、供水井钻探及抽水试验资料。

（2）地貌地质的情况。调查收集由开采或地下水活动诱发的崩塌、滑坡、人工湖等地貌变化、岩溶发育矿区的各种岩溶地貌形态。对第四系松散覆盖层和基岩露头，查明其时代、岩性、厚度、富水性及地下水的补排方式等情况，并划分含水层或相对隔水层。查明地质构造的形态、产状、性质、规模、破碎带（范围、充填物、胶结程度、导水性）及有无泉水出露等情况，初步分析研究其对矿井开采的影响。

（3）地表水体的情况。调查与收集矿区河流、水渠、湖泊、积水区、山塘和水库等地表水体的历年水位、流量、积水量、最大洪水淹没范围、含泥砂量、水质和地表水体与下伏含水层的水力关系等。对可能渗漏补给地下水的地段应当进行详细调查，并进行渗漏量监测。

（4）井泉的情况。调查井泉的位置、标高、深度、出水层位、涌水量、水位、水质、水温、有无气体溢出、溢出类型、流量（浓度）及其补给水源，并素描泉水出露的地形地质平面图和剖面图。

（5）古井老窑的情况。调查古井老窑的位置及开采、充水、排水的资料及老窑停采原因等情况，察看地形，圈出采空区，并估算积水量。

（6）生产矿井的情况。调查研究矿区内生产矿井的充水因素、充水方式、突水层位、突水点的位置与突水量，矿井涌水量的动态变化与开采水平、开采面积的关系，以往发生水害的观测研究资料和防治水措施及效果。

（7）周边矿井的情况。调查周边矿井的位置、范围、开采层位、充水情况、地质构造、采煤方法、采出煤量、隔离煤柱以及与相邻矿井的空间关系，以往发生水害的观测研究资料，并收集系统完整的采掘工程平面图及有关资料。

（8）地面岩溶的情况。调查岩溶发育的形态、分布范围。详细调查对地下水运动有明显影响的补给和排泄通道，必要时可进行连通试验和暗河测绘工作。分析岩溶发育规律和地下水径流方向，圈定补给区，测定补给区内的渗漏情况，估算地下水径流量。对有岩溶塌陷的区域，进行岩溶塌陷的测绘工作。

2. 关于矿井防治水

(1) 地面防治水

矿井应当查清矿区及其附近地面水流系统的汇水、渗漏情况，疏水能力和有关水利工程等情况；了解当地水库、水电站大坝、江河大堤、河道、河道中障碍物等情况；掌握当地历年降水量和最高洪水位资料，建立疏水、防水和排水系统。矿井井口和工业场地内建筑物的标高，应当高于当地历年最高洪水位。当矿井井口附近或者塌陷区内外的地表水体可能溃入井下时，应当采取安全防范措施。

(2) 防隔水煤（岩）柱的留设

相邻矿井的分界处，应当留防隔水煤（岩）柱，矿井以断层分界的，应当在断层两侧留有防隔水煤（岩）柱，矿井应当根据矿井的地质构造、水文地质条件、煤层赋存条件、围岩物理力学性质、开采方法及岩层移动规律等因素确定相应的防隔水煤（岩）柱的尺寸。

矿井防隔水煤（岩）柱一经确定，不得随意变动。严禁在各类防隔水煤（岩）柱中进行采掘活动。开采水淹区下的废弃防隔水煤（岩）柱时，应当彻底疏放上部积水，严禁顶水作业。有突水历史或带压开采的矿井，应当分水平或分采区实行隔离开采。

(3) 排水系统

矿井应当配备与矿井涌水量相匹配的水泵、排水管路、配电设备和水仓等，确保矿井能够正常排水。工作水泵的能力，应当能在20h内排出矿井24h的正常涌水量（包括充填水及其他用水）。备用水泵的能力应当不小于工作水泵能力的70%。工作和备用水泵的总能力，应当能在20h内排出矿井24h的最大涌水量。检修水泵的能力，应当不小于工作水泵能力的25%。主要泵房应当至少有2个安全出口，一个出口用斜巷通到井筒，并高出泵房底板7m以上；另一个出口通到井底车场。在通到井底车场的出口通路内，应当设置易于关闭的既能防水又能防火的密闭门。泵房和水仓的连接通道，应当设置可靠的控制闸门。

(4) 井下探放水

在矿井受水害威胁的区域，进行巷道掘进前，应当采用钻探、物探和化探等方法查清水文地质条件。地测机构应当提出水文地质情况分析报告，并提出水害防范措施，经矿井总工程师组织生产、安监和地测等有关单位审查批准后，方可进行施工。矿井工作面采煤前，应当采用物探、钻探、巷探和化探等方法查清工作面内断层、陷落柱和含水层（体）富水性等情况。地测机构应当提出专门水文地质情况报告，经矿井总工程师组织生产、安监和地测等有关单位审查批准后，方可进行回采。发现断层、裂隙和陷落柱等构造充水的，应当采取注浆加固或者留设防隔水煤（岩）柱等安全措施。否则，不得回采。

(5) 水体下采煤

水体下防隔水煤（岩）柱，应当按照裂缝角与水体采动等级所要求的防隔水煤（岩）柱相结合的原则设计。进行水体下开采的防隔水煤（岩）柱留设尺寸预计时，覆岩垮落带、导水裂缝带高度、保护层尺寸可以按照《建筑物、水体、铁路及主要井巷煤柱留设与压煤开采规程》中的公式计算，或者根据类似地质条件下的经验数据结合基于工程地质模型的力学分析、数值模拟等多种方法综合确定，同时还应当结合覆岩原始导水情况和开采引起的导水裂缝带进行叠加分析综合确定。涉及水体下开采的矿区，应当开展覆岩垮落带、导水裂缝带高度和范围的实测工作，逐步积累经验，指导本矿区水体下开采工作。

采用放顶煤开采的保护层厚度，应当根据对上覆岩土层结构和岩性、顶板垮落带、导水裂缝带高度以及开采经验等分析确定。留设防砂和防塌煤（岩）柱开采的，应当结合上覆土层、风化带的临界水力坡度，进行抗渗透破坏评价，确保不发生溃水和溃砂事故。并应当遵守下列规定：

①采用有效控制采高和开采范围的采煤方法，防止急倾斜煤层抽冒。在工作面范围内存在高角度断层时，采取有效措施，防止断层导水或者沿断层带抽冒破坏。

②在水体下开采缓倾斜及倾斜煤层时，宜采用倾斜分层长壁开采方法，并尽量减少第一、第二分层的采厚；上下分层同一位置的采煤间歇时间不小于4～6个月，岩性坚硬顶板间歇时间适当延长。留设防砂和防塌煤（岩）柱，采用放顶煤开采方法时，先试验后推广。

③严禁在水体下开采急倾斜煤层。

④开采煤层组时，采用间隔式采煤方法。如果仍不能满足安全开采的，修改煤柱设计，加大煤柱尺寸，保障矿井安全。

⑤当地表水体或松散层富水性强的含水层下无隔水层时，开采浅部煤层及在采厚大、含水层富水性中等以上、预计导水裂缝带大于水体与煤层间距时，采用充填法、条带开采和限制开采厚度等控制导水裂缝带发展高度的开采方法。对于易于疏降的中等富水性以上松散层底部含水层，可以采用疏降含水层水位或者疏干等方法，以保证安全开采。

（6）水害应急救援

煤矿企业、矿井应当根据本单位的主要水害类型和可能发生的水害事故，制定水害应急预案和现场处置方案。应急预案内容应当具有针对性、科学性和可操作性。处置方案应当包括发生不可预见性水害事故时，人员安全撤离的具体措施，每年都应当对应急预案修订完善并进行1次救灾演练。矿井管理人员和调度室人员应当熟悉水害应急预案和现场处置方案。矿井应当设置安全出口，规定避水灾路线，设置贴有反光膜的清晰路标，并让全体职工熟知，以便一旦突水，能够安全撤离，避免意外伤亡事故。矿井应当加强与各级抢险救灾机构的联系，掌握抢救技术装备情况，一旦发生水害事故，立即启动相应的应急预案，争取社会救援，实施事故抢救。水害事故发生后，应当依照有关规定报告政府有关部门，不得迟报、漏报、谎报或者瞒报。

三、新规定特点与执行要点

《煤矿防治水规定》共十章、一百四十二条、计数29000余字，出台的目的就是为了适应当前煤矿水害防治工作的新情况、新变化，进一步规范煤矿防治水工作，有效防治矿井水害，与《矿井水文地质规程》和《煤矿防治水工作条例》相比，从修改的内容上我们可以看出新规定具有以下几个特点：

1. 对防范重特大水害事故规定更加严格，针对近几年发生的重特大水害事故（骆驼山、王家岭）所反映出来的新情况，相对于旧有规定在内容上作了相应的补充和完善。

2. 对防治老空水害在探放水设计及其设备、工程施工等方面都作出了明确规定。

3. 强化了防治水基础工作的规定，要求在防治水工作中坚持预测预报、有疑必探、先探后掘、先治后采的原则和采取防、堵、疏、排、截的综合治理措施。

4. 明确了煤矿企业主要负责人和总工程师在防治水方面的责任，规定了煤矿专业技术人员和机构设置，并要求对职工进行防治水知识定期培训。

在执行上新规定与原有规范规程相比要做到：

（1）增加了矿井水文地质类型的划分指标，《煤矿防治水规定》在原有类型划分指标（受采掘破坏或影响的含水层及水体、矿井涌水量、开采受水害影响程度、防治水工作难易度）的基础上，根据有关调研情况，增加了矿井及周边老空水分布状况和矿井突水量两项新指标。

（2）调整了增加水闸墙和防水闸门的规定，对井下需要构筑的水闸墙应由具备相应资质的单位进行设计并按照设计进行施工和组织竣工验收，对水文地质条件复杂不具备设置防水闸门条件的矿井，可由潜水电泵排水系统代替。

（3）增加了有关物理勘探的规定，要求采用物探、钻探等综合手段查明矿井水文地质条件。

（4）增加了水体下采煤、矿井水害应急救援、废弃矿井关闭、露天煤矿防治水及法律责任等规定。

3.2.3 井下探放水安全技术措施

一、概述

1. 探水的目的

探水系指采矿过程中用超前勘探方法，查明采掘工作面顶底板、侧帮和前方的含水构造（包括陷落柱）、含水层、积水老窑等水体的具体位置、产状等，其目的是为有效地防治矿井水害做好必要的准备。

2. 探水的原则

采掘工作必须执行“有疑必探，先探后掘”的原则，因而遇到下列情况之一时，必须探水。

（1）接近水淹的井巷、老空、老窑或小窑时。

（2）接近含水层、导水断层、含水裂隙密集带、溶洞和陷落柱时，或通过它们之前。

（3）打开隔离煤柱放水前。

（4）接近可能与河流、湖泊、水库、蓄水池、水井等相通的断层破碎带或裂隙发育带时。

（5）接近可能涌（突）水的钻孔时。

（6）接近有水或稀泥的灌浆区时。

（7）采动影响范围内有承压含水层或含水构造，或煤层与含水层间的隔水岩柱厚度不清，可能突水时。

（8）接近矿井水文地质条件复杂的地段，采掘工作有涌（突）水预兆或情况不明时。

（9）采掘工程接近其他可能涌（突）水地段时。

二、探放老空水

小煤窑或矿井采掘的废巷老空积水，其几何形状极不规则，积水量大者可达数百万立方米，一旦采掘工作面接近或揭露它们时，常常造成突水淹井及人身伤亡事故，故必须预先进行探放老空水。

1. 探放水工程设计内容

（1）探放水巷道推进的工作面和周围的水文地质条件，如老空积水范围、积水量、确切的水头高度（水压）、正常涌水量，老空与上、下采空区、相邻积水区、地表河流、建筑物及断层构造的关系等，以及积水区与其他含水层的水力联系程度。

（2）探放水巷道的开拓方向、施工次序、规格和支护形式。

（3）探放水钻孔组数、个数、方向、角度、深度和施工技术要求及采用的超前距与帮距。

（4）探放水施工与掘进工作的安全规定。

（5）受水威胁地区信号联系和避灾路线的确定。

（6）通风措施和瓦斯检查制度。

（7）防排水设施，如水闸门、水闸墙等的设计以及水仓、水泵、管路和水沟等排水系统及能力的具体安排。

（8）水情及避灾联系汇报制度和灾害处理措施。

（9）附老空位置及积水区与现采区的关系图、探放水孔布置的平面图和剖面图等。

2. 探放老空水的原则

探放老空水除了要遵循上述的探放水原则外，还应遵循下述探放老空水的具体原则。

（1）积极探放。当老空区不在河沟或重要建筑物下面、排放老空区内积水不会过分加重矿井排水负担、且积水区之下又有大量的煤炭资源急待开采时，这部分积水应千方百计地放出来，以彻底解除水患。

（2）先隔离后探放。与地表水有密切水力联系且雨季可能接受大量补充的老空水；老空的积水量较大，水质不好（酸性大），为避免负担长期排水费用，对这种积水区应先设法隔断或减少其补给水量，然后再进行探水，若隔断水源有困难无法进行有效的探放，则应留设煤岩柱与生产区隔开，待到矿井生产后期再进行处理。

（3）先降压后探放。对水量大、水压高的积水区，应先从顶、底板岩层打穿层放水孔，把水压降下来，然后再沿煤层打探水钻孔。

（4）先堵后探放。当老空区为强含水层水或其他大小水源水所淹没，出水点有很大的补给量时，一般应先封堵出水点，而后再探放水。

三、探放断层水

1. 探放断层水的原则

凡遇下列情况必须探水：

（1）采掘工作面前方或附近有含（导）水断层存在，但具体位置不清或控制不够严密时。

（2）采掘工作面前方或附近预测有断层存在，但其位置和含（导）水性不清，可能突水时。

（3）采掘工作面底板隔水层厚度与实际承受的水压都处于临界状态（即等于安全隔水层厚度和安全水压的临界值），在掘进工作面前方和采面影响范围内，是否有断层情况不清，一旦遭遇很可能发生突水时。

（4）断层已为巷道揭露或穿过，暂时没有出水迹象，但由于隔水层厚度和实际水压已接近临界状态，在采动影响下，有可能引起突水，需要探明其深部是否已和强含水层连通，或有底板水的导升高度时。

(5) 井巷工程接近或计划穿过的断层浅部不含（导）水，但在深部有可能突水时。

(6) 根据井巷工程和自设断层防水煤柱等的特殊要求，必须探明断层时。

(7) 采掘工作面距已知含水断层 60m 时。

(8) 采掘工作面接近推断含水断层 100m 时。

(9) 采区内小断层使煤层与强含水层的距离缩短时。

(10) 采区内构造不明，含水层水压又大于 2～3MPa 时。

四、探放陷落柱水

煤层底板为厚层石灰岩的华北型煤田，由于导水陷落柱的存在，使某些处于上覆地层本来没有贯穿煤系基底强含水层的中、小型断层或一些张裂隙，成为水源充沛、强富水的突水薄弱带，一旦被揭穿，将引起突水。若导水陷落柱直接突水，其后果就更严重。例如 1984 年开滦范各庄矿 2171 工作面陷落柱突水的最大涌水量达 $2053m^3/min$，使该大型矿井在 21h 内被全部淹没，成为世界采煤史上最大的一次突水。有的陷落柱不导水，有的导水。

五、导水钻孔的探查与处理

矿区在勘探阶段施工的各类钻孔，往往能贯穿若干含水层，有的还可能穿透多层老空积水区甚至含水断层等。若封孔或止水效果不好，人为沟通了本来没有水力联系的含水层或水体，使煤层开采的充水条件复杂化。山东肥城矿区的原“中一井”，因地质勘探阶段的钻孔封孔质量不好，将中奥灰水导入煤系薄层灰岩，致使开采上组煤时矿井涌水量很大，且长期达不到疏水降压的目的，矿井一直无法投产，被迫改为“水文地质试验井”，补做了 10 余年的水文地质补充勘探工作，将有怀疑的钻孔一一作了启封，最终才解决了这一人为造成的水文地质问题。淄博夏庄煤矿附近的一个矿，穿越煤系地层打奥灰供水孔时，因套管止水质量不好，岩溶承压水沿钻孔上升后，使该矿七层煤残留煤柱遭到破坏，矿井突然增加 $12m^3/min$ 的涌水量，该矿几乎被淹。有的矿的施工地质孔将上层煤的老空积水大量导入正在生产的下层煤采区，也曾造成严重的水害。因此，必须采取有效的措施防止产生导水钻孔，封闭确已存在或有怀疑的导水钻孔。

六、探放含水层水

由于基岩裂隙水的埋藏、分布和水动力条件等都具有明显的不均匀性，煤层顶、底板砂岩水、岩溶水等在某些（或某一）地段对采掘工作面没有任何影响，而在另一些地段却带来不同程度的危害。为确保矿井安全生产，必须探清含水层的水量、水压和水源等，才能予以治理。

防治煤层顶、底板含水层的水害，既要从整体上查明水文地质条件，采取疏干降压或截源堵水等防治措施，又要重视井下采区的探查。井下探查往往是疏干降压或截源、堵水等措施的先行步骤和重要依据。如无水或补给量很小，通过探查孔放水即能达到降压或疏干的目的；若补给水源丰富，水量大，需要通过井下“大流量、深降深”的放水试验和物、化探方法的配合，查明条件后才能采取相应的防治方法。因此，井下探放含水层水是矿井防治水的基本工作内容之一。

3.3 煤矿井下紧急避险系统建设管理相关规定

3.3.1 主要规定及制度制定过程与意义

2010年7月19日，国务院印发了《国务院关于进一步加强企业安全生产工作的通知》(国发［2010］23号)，以下简称《通知》。《通知》是继2004年《国务院关于进一步加强安全生产工作的决定》之后，国务院在加强安全生产工作方面的又一重大举措，充分体现了党中央、国务院对安全生产工作的高度重视。《通知》进一步明确了现阶段安全生产工作的总体要求和目标任务，提出了新形势下加强安全生产工作的一系列政策措施，涵盖企业安全管理、技术保障、产业升级、应急救援、安全监管、安全准入、指导协调、考核监督和责任追究等多个方面，是指导全国安全生产工作的纲领性文件。

《通知》中第9条指出，要“强制推行先进适用的技术装备。煤矿、非煤矿山要制定和实施生产技术装备标准，安装监测监控系统、井下人员定位系统、紧急避险系统、压风自救系统、供水施救系统和通信联络系统等技术装备，并于3年之内完成。逾期未安装的，依法暂扣安全生产许可证、生产许可证。”

根据国发［2010］23号的要求，2010年8月24日，国家安全生产监督管理总局、国家煤矿安全生产监督管理局下发了《国家安全监管总局 国家煤矿安监局关于建设完善煤矿井下安全避险“六大系统”的通知》(安监总煤装［2010］146号)。146号文件指出，各地区、各单位和广大煤矿企业要迅速把思想统一到《通知》精神上来，充分认识建设完善煤矿井下监测监控、人员定位、紧急避险、压风自救、供水施救和通信联络等安全避险系统（以下简称安全避险“六大系统”），安全避险“六大系统”是以人为本、安全发展理念的重要体现，是坚持预防为主，有效降低事故危害程度、防范遏制重特大事故的综合治理措施，是建设坚实的煤矿安全技术保障体系的重要内容，从而进一步增强使命感、紧迫感，切实加强领导、落实责任、强化措施，加快推进安全避险“六大系统”的建设完善工作。

2011年1月25日，为贯彻落实国发［2010］23号、安监总煤装［2010］146号两个文件的要求，规范煤矿井下紧急避险系统建设管理工作，充分发挥井下紧急避险系统在安全避险中的重要作用，进一步提高煤矿安全保障能力，依据有关法律法规、规章和规定，国家安全监管总局、国家煤矿安监局《国家安全监管总局 国家煤矿安监局关于印发煤矿井下紧急避险系统建设管理暂行规定的通知》安监总煤装［2011］15号，通知要求所有井工煤矿应按照规定要求建设完善煤矿井下紧急避险系统，并符合“系统可靠、设施完善、管理到位、运转有效”的要求。2012年6月底前，所有煤（岩）与瓦斯（二氧化碳）突出矿井，中央企业所属煤矿和国有重点煤矿中的高瓦斯、开采容易自燃煤层的矿井，要完成紧急避险系统的建设完善工作。2013年6月底前，其他所有煤矿要完成紧急避险系统的建设完善工作。

2012年1月20日，为进一步执行好《煤矿井下紧急避险系统建设管理暂行规定》(安监总煤装［2011］15号，以下简称《暂行规定》)，加快推进煤矿井下紧急避险系统建设工作，国家安全监管总局、国家煤矿安监局下发了《国家安全监管总局 国家煤矿安监局关于煤矿井下紧急避险系统建设管理有关事项的通知》(安监总煤装［2012］15号)，通知对井下紧急避险系统的设计、避难硐室建设、永久避难硐室的生存条件保障、紧急避险设施的安全标准、紧急避险设施建成后的功能测试等五个方面进行了进一步的明确。

3.3.2 《煤矿井下紧急避险系统建设管理暂行规定》的主要内容

一、煤矿井下紧急避险系统

1. 煤矿企业是煤矿井下紧急避险系统建设管理的责任主体，负责紧急避险系统的建设、使用和维护管理工作。各级煤矿安全监管部门负责本行政区域内煤矿井下紧急避险系统建设、使用、管理等的日常监管。各级煤矿安全监察机构负责对所驻辖区内煤矿井下紧急避险系统的建设、使用、管理等实施监察。

2. 煤矿井下紧急避险系统是指在煤矿井下发生紧急情况下，为遇险人员安全避险提供生命保障的设施、设备、措施组成的有机整体。紧急避险系统建设的内容包括为入井人员提供自救器、建设井下紧急避险设施、合理设置避灾路线、科学制订应急预案等。

3. 井下紧急避险设施是指在井下发生灾害事故时，为无法及时撤离的遇险人员提供生命保障的密闭空间。该设施对外能够抵御高温烟气，隔绝有毒有害气体，对内提供氧气、食物、水，去除有毒有害气体，创造生存基本条件，为应急救援创造条件、赢得时间。紧急避险设施主要包括永久避难硐室、临时避难硐室、可移动式救生舱。

永久避难硐室是指设置在井底车场、水平大巷、采区（盘区）避灾路线上，具有紧急避险功能的井下专用巷道硐室，服务于整个矿井、水平或采区，服务年限一般不低于5年。

临时避难硐室是指设置在采掘区域或采区避灾路线上，具有紧急避险功能的井下专用巷道硐室，主要服务于采掘工作面及其附近区域，服务年限一般不大于5年。

可移动式救生舱是指可通过牵引、吊装等方式实现移动，适应井下采掘作业地点变化要求的避险设施。

4. 所有井工煤矿应为入井人员配备额定防护时间不低于30min的自救器，入井人员应随身携带。

5. 紧急避险设施的建设方案应综合考虑所服务区域的特征和巷道布置、可能发生的灾害类型及特点、人员分布等因素。优先建设避难硐室。

6. 紧急避险设施应具备安全防护、氧气供给保障、有害气体去除、环境监测、通信、照明、人员生存保障等基本功能，在无任何外界支持的情况下额定防护时间不低于96h。

(1) 具备自备氧供氧系统和有害气体去除设施。供氧量不低于0.5L/min·人，处理二氧化碳的能力不低于0.5L/min·人，处理一氧化碳的能力应能保证在20min内将一氧化碳浓度由0.04%降到0.0024%以下。在整个额定防护时间内，紧急避险设施内部环境中氧气含量应在18.5%～23.0%之间，二氧化碳浓度不大于1.0%，甲烷浓度不大于1.0%，一氧化碳浓度不大于0.0024%，温度不高于35℃，湿度不大于85%，并保证紧急避险设施内始终处于不低于100Pa的正压状态。采用高压气瓶供气系统的应有减压措施，以保证安全使用。

(2) 配备独立的内外环境参数检测或监测仪器，在突发紧急情况下人员避险时，能够对避险设施过渡室（舱）内的氧气、一氧化碳，生存室（舱）内的氧气、甲烷、二氧化碳、一氧化碳、温度、湿度和避险设施外的氧气、甲烷、二氧化碳、一氧化碳进行检测或监测。

(3) 按额定避险人数配备食品、饮用水、自救器、人体排泄物收集处理装置及急救箱、照明设施、工具箱、灭火器等辅助设施。配备的食品发热量不少于5000kJ/d·人，饮用水不少于1.5L/d·人。配备的自救器应为隔绝式，有效防护时间应不低于45min。

7. 各紧急避险设施的总容量应满足突发紧急情况下所服务区域全部人员紧急避险的需要，包括生产人员、管理人员及可能出现的其他临时人员，并应有一定的备用系数。永久避难硐室的备用系数不低于1.2，临时避难硐室和可移动式救生舱的备用系数不低于1.1。

8. 所有煤与瓦斯突出矿井都应建设井下紧急避险设施。其他矿井在突发紧急情况时，凡井下人员在自救器额定防护时间内靠步行不能安全撤至地面的，应建设井下紧急避险设施。

9. 煤与瓦斯突出矿井应建设采区避难硐室。突出煤层的掘进巷道长度及采煤工作面推进长度超过500m时，应在距离工作面500m范围内建设临时避难硐室或设置可移动式救生舱。

其他矿井应在距离采掘工作面1000m范围内建设避难硐室或设置可移动式救生舱。

10. 紧急避险系统应有整体设计。设计方案应符合国家有关规定要求，经过企业技术负责人批准后，报属地煤矿安全监管部门和驻地煤矿安全监察机构备案。

新建、改扩建煤矿建设项目安全设施设计专篇中应包含煤矿井下紧急避险系统的设计，并符合本规定有关要求。

11. 紧急避险设施应与矿井安全监测监控、人员定位、压风自救、供水施救、通信联络等系统相连接，形成井下整体性的安全避险系统。

矿井安全监测监控系统应对紧急避险设施外和避难硐室内的甲烷、一氧化碳等环境参数进行实时监测。

矿井人员定位系统应能实时监测井下人员分布和进出紧急避险设施的情况。

矿井压风自救系统应能为紧急避险设施供给足量氧气，接入的矿井压风管路应设减压、消音、过滤装置和控制阀，压风出口压力在0.1～0.3MPa之间，供风量不低于$0.3m^3$/min·人，连续噪声不大于70dB。

矿井供水施救系统应能在紧急情况下为避险人员供水，并为在紧急情况下输送液态营养物质创造条件。接入的矿井供水管路应有专用接口和供水阀门。

矿井通信联络系统应延伸至井下紧急避险设施，紧急避险设施内应设置直通矿调度室的电话。

12. 紧急避险设施的设置要与矿井避灾路线相结合，紧急避险设施应有清晰、醒目、牢靠的标识。矿井避灾路线图中应明确标注紧急避险设施的位置、规格和种类，井巷中应有紧急避险设施方位的明显标识，以方便灾变时遇险人员迅速到达紧急避险设施。

13. 紧急避险系统应随井下采掘系统的变化及时调整和补充完善，包括及时补充或移动紧急避险设施，完善避灾路线和应急预案等。

14. 可移动式救生舱应符合相关规定，并取得煤矿矿用产品安全标志。紧急避险设施的配套设备应符合相关标准的规定，纳入安全标志管理的应取得煤矿矿用产品安全标志。

二、避难硐室

1. 避难硐室应布置在稳定的岩层中，避开地质构造带、高温带、应力异常区以及透水危险区。前后20m范围内巷道应采用不燃性材料支护，且顶板完整、支护完好，符合安全出口的要求。特殊情况下确需布置在煤层中时，应有控制瓦斯涌出和防止瓦斯积聚、煤层自燃的措施。永久避难硐室应确保在服务期间不受采动影响，临时避难硐室应在服务期间避免受采动损害。

2. 避难硐室应采用向外开启的两道门结构。外侧第一道门采用既能抵挡一定强度的冲击波，又能阻挡有毒有害气体的防护密闭门；第二道门采用能阻挡有毒有害气体的密闭门。两道门之间为过渡室，密闭门之内为避险生存室。

防护密闭门上设观察窗，门墙设单向排水管和单向排气管，排水管和排气管应加装手动阀门。过渡室内应设压缩空气幕和压气喷淋装置。永久避难硐室过渡室的净面积应不小于3.0m^2；临时避难硐室不小于2.0m^2。

生存室的宽度不得小于2.0m，长度根据设计的额定避险人数以及内配装备情况确定。生存室内设置不少于两趟单向排气管和一趟单向排水管，排水管和排气管应加装手动阀门。永久避难硐室生存室的净高不低于2.0m，每人应有不低于1.0m^2的有效使用面积，设计额定避险人数不少于20人，宜不多于100人。临时避难硐室生存室的净高不低于1.85m，每人应有不低于0.9m^2的有效使用面积，设计额定避险人数不少于10人，不多于40人。

3. 避难硐室防护密闭门抗冲击压力不低于0.3MPa，应有足够的气密性，密封可靠、开闭灵活。门墙周边掏槽，深度不小于0.2m，墙体用强度不低于C30的混凝土浇筑，并与岩（煤）体接实，保证足够的气密性。

利用可移动式救生舱的过渡舱作为临时避难硐室的过渡室时，过渡舱外侧门框宽度应不小于0.3m，安装时在门框上整体灌注混凝土墙体，四周掏槽深度、墙体强度及密封性能要求不低于防护密闭门的安装要求。

4. 采用锚喷、砌碹等方式支护，支护材料应阻燃、抗静电、耐高温、耐腐蚀，顶板和墙壁的颜色宜为浅色。硐室地面高于巷道底板不小于0.2m。

5. 有条件的矿井宜为永久避难硐室布置由地表直达硐室的钻孔，钻孔直径应不小于200mm。通过钻孔设置水管和电缆时，水管应有减压装置；钻孔地表出口应有必要的保护装置并储备自带动力压风机，数量不少于2台。避难硐室还应配备自备氧供氧系统，供氧量不小于24h。

6. 接入避难硐室的矿井压风、供水、监测监控、人员定位、通信和供电系统的各种管线在接入硐室前应采取保护措施。避难硐室内宜加配无线电话或应急通信设施。

7. 避难硐室施工前，应有专门的施工设计，报企业技术负责人批准后方可实施。

8. 避难硐室施工中应加强工程管理和过程控制，确保施工质量。

避难硐室施工、安装完成后，应进行各种功能测试和联合试运行，并严格按设计要求组织验收。

三、维护与管理

1. 煤矿企业应建立紧急避险系统管理制度，确定专门机构和人员对紧急避险设施进行维护和管理，保证其始终处于正常待用状态。

2. 紧急避险设施内应悬挂或张贴简明、易懂的使用说明，指导避险矿工正确使用。

3. 煤矿企业应定期对紧急避险设施及配套设备进行维护和检查，并按产品说明书要求定期更换部件或设备。

应保证储存的食品、水、药品等始终处于保质期内，外包装应明确标示保质日期和下次更换时间。

每天应对紧急避险设施进行1次巡检，设置巡检牌板，作好巡检记录。煤矿负责人应对紧急避险设施的日常巡检情况进行检查。

每月对配备的高压气瓶进行1次余量检查及系统调试，气瓶内压力低于额定压力的95%时，应及时更换。每3年对高压气瓶进行1次强制性检测，每年对压力表进行1次强制性检验。

每10天应对设备电源进行1次检查和测试。

每年对紧急避险设施进行1次系统性的功能测试，包括气密性、电源、供氧、有害气体处理等。

4. 经检查发现紧急避险设施不能正常使用时，应及时维护处理。采掘区域的紧急避险设施不能正常使用时，应停止采掘作业。

5. 矿井灾害预防与处理计划、重大事故应急预案、采区设计及作业规程中应包含紧急避险系统的相关内容。

6. 应建立紧急避险设施的技术档案，准确记录紧急避险设施设计、安装、使用、维护、配件配品更换等相关信息。

7. 煤矿企业应于每年年底前将紧急避险系统建设和运行情况，向县级以上煤矿安全监管部门和驻地煤矿安全监察机构书面报告。

四、培训与应急演练

1. 煤矿企业应将了解紧急避险系统、正确使用紧急避险设施作为入井人员安全培训的重要内容，确保所有入井人员熟悉井下紧急避险系统，掌握紧急避险设施的使用方法，具备安全避险基本知识。

对紧急避险系统进行调整后，应及时对相关区域的入井人员进行再培训，确保所有入井人员准确掌握紧急避险系统的实际状况。

2. 煤矿应当每年开展1次紧急避险应急演练，建立应急演练档案，并将应急演练情况书面报告县级以上煤矿安全监管部门和驻地煤矿安全监察机构。

五、监督检查

1. 各级煤矿安全监管部门应将本地区煤矿井下紧急避险系统建设情况作为安全监管的重要内容，各级煤矿安全监察机构应将煤矿井下紧急避险系统建设和维护管理情况作为监察工作重点，纳入年度安全监管监察执法工作计划，定期开展监督检查。

2. 煤矿安全监管部门和煤矿安全监察机构要严格执法，对不能按期完成紧急避险系统建设或建设不符合《暂行规定》要求的，依法暂扣其安全生产许可证或提请有关部门暂扣煤炭生产许可证，责令限期整改；逾期仍未完成的，提请地方人民政府依法予以关闭。

3. 新建、改扩建煤矿建设项目安全设施设计专篇中未包含煤矿井下紧急避险系统有关内容，或有关内容不符合本规定要求的，其安全专篇不予通过审查。

4. 新建、改扩建煤矿建设项目未按安全设施设计专篇要求完成紧急避险系统建设的，其安全设施竣工验收不予通过。

已通过审批、正在实施中的新建、改扩建煤矿建设项目，应在规定的时限内完成紧急避险系统建设。

3.3.3 《关于煤矿井下紧急避险系统建设管理有关事项的通知》的主要内容

一、关于井下紧急避险系统的设计

1. 矿井紧急避险系统的整体设计和永久避难硐室设计，应当在煤矿企业和具备紧急避险系统研发经验的机构配合下，由具备煤炭行业专业（矿井）设计资质的机构完成。

2. 紧急避险系统设计中应当坚持科学合理、因地制宜、安全实用的原则，根据矿井具体条件和突发紧急情况下矿工安全避险实际需求，建设井下紧急避险系统，并与监测监控、人员定位、压风自救、供水施救、通信联络等系统相连接，确保在矿井突发紧急情况下遇险人员能够安全避险。

3. 紧急避险系统设计的基本内容，应当包括矿井基本情况分析、矿井安全风险分析、紧急避险设施设计、自救器配置、避灾路线优化与应急预案完善、管理体系与规章制度、安全培训与应急演练、设备选型与投资概算等。具体设计方案应当进行技术经济分析、方案优选和充分的论证。

二、关于避难硐室建设

1. 永久避难硐室的建设。除应当符合《暂行规定》第11及17～22条目的要求外，还应当具备应急逃生出口或采用2个安全出入口。有条件的矿井应当将安全出入口或应急逃生出口分别布置在2条不同巷道中。如果布置在同一条巷道中，2个出入口的间距应当不小于20m。

2. 煤与瓦斯突出矿井的采区避难硐室应当按照永久避难硐室的标准建设。

3. 临时避难硐室的建设。采（盘）区布置永久避难硐室的，该采（盘）区内采掘工作面的临时避难硐室应当符合《防治煤与瓦斯突出规定》（国家安全监管总局令第19号）第102条的要求，且硐室隔离门应当满足气密性要求，门墙设单向排气管，硐室内应当存放足量食品、急救用品及防护时间不小于45min的隔离式自救器，安设压风自救装置。采（盘）区没有永久避难硐室的，该采（盘）区内采掘工作面的临时避难硐室应当符合《暂行规定》有关要求。

4. 各类避难硐室内均必须接入矿井压风系统，配置环境检（监）测仪器仪表，能够对氧气、甲烷、二氧化碳、一氧化碳等进行检测或监测。

三、关于永久避难硐室的生存条件保障

1. 关于《暂行规定》第8条目规定的避难硐室的氧气供给保障要求。煤矿企业可根据矿井实际，在进行安全技术分析的基础上，采取钻孔、专用管路、自备氧等不同方式作为永久避难硐室的供氧方式。

钻孔供氧方式是指在地面或井下布置大直径钻孔，通过钻孔为避难硐室供给氧气（空气），并借助钻孔实现通风、供电、通信等。钻孔供氧应当在地面或至少在该硐室所在水平以上2个水平的进风巷道上开孔，确保供氧安全可靠。

专用管路供氧方式是指从地面通过井巷或钻孔布设具有有效保护的专用管路至避难硐室，通过专用管路为避难硐室供给氧气（空气），并可借助该管路实现通风、供电、通信等功能。

自备氧供氧方式是指在避难硐室内储存足够氧气（空气）或设置自生氧装置，在突发紧急情况下主要依靠自备氧气（空气）或自生氧装置为避险人员提供氧气。

采用钻孔供氧、专用管路供氧的永久避难硐室内，应当储存保证气幕和压风喷淋需要的压缩空气。采用自备氧供氧的避难硐室，采用压缩氧供氧的，供氧管路应当进行脱脂处理；采用自生氧装置的，应当经充分的安全评估，保证自生氧装置可靠起动及在避难硐室整个额定防护时间内均衡供氧。

2. 关于《暂行规定》第 8 条目规定的避难硐室氧气（空气）供给、有害气体去除、温湿度调节、动力供应等要求。对于布置有大直径钻孔、专用管路的永久避难硐室，在无外界供风、供电等支持情况下的额定防护时间不得低于开启钻孔、专用管路等供风、供电系统所需的最大时间。煤矿企业可在设计计算和测试的基础上，对避难硐室利用钻孔或管路进行氧气（空气）供给、有害气体去除、温湿度调节、通信联络、动力供应等能力进行评估。如用钻孔或专用管路不能保证可靠实现相关功能的，应当合理设计、选择自备氧气（空气）供给、有害气体去除、温湿度调节、大容量后备电源等设备设施。

四、关于紧急避险设施的安全标准

1. 避难硐室配套用防爆电气设备、安全仪器仪表、救援设备、非金属制品等纳入煤矿矿用产品安全标志管理的产品，应当符合相关标准并取得煤矿矿用产品安全标志；高压气瓶、压力仪表等纳入特种设备安全管理的产品，应当符合相关标准和管理要求；配备的食品、饮用水、急救用品等，应当符合国家相关标准和管理规定。

2. 可移动式救生舱必须取得煤矿矿用产品安全标志，并在其使用说明书规定的环境条件下安装、使用。对于在《暂行规定》发布前部分试点建设单位为满足试点建设需要，引进已取得国外安全许可的可移动式救生舱，经煤矿企业总工程师批准，可在试点矿井进行工业性试应用。在工业性试应用期间，煤矿企业应当制定安全技术措施，确保试应用安全。

五、关于紧急避险设施建成后的功能测试

1. 煤矿企业应当按照《暂行规定》第 24、32 条目等的要求，对建设、安装完成后的永久避难硐室及救生舱进行功能测试。测试的主要内容包括：气密性检测，在 500±20Pa 压力下泄压速率应当不大于 350Pa/h；正压维持检测，在设定工作状态下紧急避险设施内部气压应当始终保持高于外界气压 100～500Pa，且能根据实际情况进行调节；压风系统检测，压风系统供风能力应当不低于每人每分钟 0.3m^3，噪声不高于 70dB；气幕和压风喷淋系统检测，气幕应当覆盖整个防护密闭门；高压管路承压检测，在 1.5 倍使用压力下保压 1h 时，压力应当无明显下降。

2. 煤矿企业应当进行硐室安全避险模拟综合防护性能试验，研究确定适合本矿区避险设施建设的经验和相关参数。

3.4 矿山建设防治煤与瓦斯突出规定

3.4.1 规定制定的目的和适用范围

一、规定制定的目的与依据

煤矿企业在生产建设过程中，必须消除危险，预防事故，确保职工人身不受伤害，国家财产免遭损失，保证生产的正常进行。这是煤矿安全生产的一项基本任务。煤与瓦斯突出（以下简称“突出”）是煤矿严重自然灾害之一，在煤矿事故中，瓦斯事故无论在事故总次数还是死亡人数，仅次于顶板事故。而在煤矿瓦斯灾害中，因煤与瓦斯突出造成的人身伤害和财产损失所占的比例大，而且一旦发生突出事故，往往都是较大、重大或特别重大事故。突出是煤矿一种极其复杂的动力现象，其影响因素多，随机性大。迄今为止，突出机理仍处于假说阶段。在当前条件下要完全控制这种灾害还有一定的难度。因此，必须制定具有一定法律法规效应的规章，从技术、管理、装备和人员素质方面全面加强，以达到减少或消除突出的目的。

《防治煤与瓦斯突出规定》（以下简称《规定》）是我国安全生产法律体系中一部重要的行政法规，它是《安全生产法》、《矿山安全法》、《国务院关于预防煤矿生产安全事故的特别规定》等法律、法规的具体化。因此，《安全生产法》、《矿山安全法》、《国务院关于预防煤矿生产安全事故的特别规定》等法律、法规是本《规定》制定的直接依据。

二、规定的适用范围及其地位

《防治煤与瓦斯突出规定》适用于在中华人民共和国领土从事煤炭生产、建设活动的主体，包括国有重点煤矿、国有地方煤矿、股份制煤矿、乡镇集体和个体煤矿、中外合资（合作）经营等煤矿企业；煤炭行业管理部门、煤矿安全监督与监察机构；高等院校、科研与设计单位；中介机构等。

《规定》与《煤矿安全规程》一样同属于部门规章，但高于《煤矿安全规程》以及相关规范、标准、规定。并规定现行煤矿安全规程、规范、标准、规定等有关防治突出的内容与本《规定》不一致的，依照本《规定》执行。

3.4.2 规定的基本要求

一、基本定义

《防治煤与瓦斯突出规定》第三条对突出煤层和突出矿井进行了定义，突出煤层是指在矿井井田范围内发生过突出的煤层或者经鉴定有突出危险的煤层。突出矿井是指在矿井的开拓、生产范围内有突出煤层的矿井。第四条明确指出有突出矿井的煤矿企业主要负责人及突出矿井的矿长是本单位防突工作的第一责任人。有突出矿井的煤矿企业、突出矿井应当设置防突机构，建立健全防突管理制度和各级岗位责任制。这符合《安全生产法》第五条“生产经营单位的主要负责人对本单位的安全生产工作全面负责”的规定。体现了安全生产“谁主管，谁负责”的精神；规定煤矿企业、矿井应设置防突专门机构，建立健全防突管理制度和责任制。这同样也符合《安全生产法》第十九条、第四条的规定。防突工作难度大、技术要求高，非专业人员不能胜任此项工作，因此，有突出的煤矿企业和矿井，完全有必要建立专门的防突机构和队伍，以满足防突工作的实际需要。制度是规范工作的依据和前提，也是检查工作和进行责任追究的重要依据和尺度，为了确保防突工作有章可循，建立并不断完善企业和矿井防突管理制度是非常必要的。

《防治煤与瓦斯突出规定》第五条指出，有突出矿井的煤矿企业、突出矿井应当根据突出矿井的实际状况和条件，制定区域综合防突措施和局部综合防突措施。区域综合防突措施包括：区域突出危险性预测、区域防突措施、区域措施效果检验、区域验证。局部综合防突措施包括：工作面突出危险性预测、工作面防突措施、工作面措施效果检验和安全防护措施。这比以往的“四位一体”综合防突措施（相当于本规定中局部综合防突措施的内容）的提法更科学、更合理。它把综合防突措施的使用从程序上或时空上，既而在内容上有了区别，强调了防突措施必须先从区域再到局部的分步实施的要求。规定煤矿企业和矿井应制定符合自身实际情况的区域综合防突措施和局部综合防突措施。从突出发生的自然条件而言，由于各矿井煤层的赋存条件不同，则瓦斯的生成、保存和运移条件不相同，也就决定了其煤与瓦斯突出的条件不同；从突出发生的人为因素而论，由于各矿井开采方法、采掘工艺、开采范围、开采深度、抗灾能力的不同，同样会在一定程度上影响突出发生的条件和矿井抵抗突出灾害的能力。因而规定有突出矿井的煤矿企业、突出矿井应当根据突出矿井的实际状况和条件，制定区域综合防突措施和局部综合防突措施。

《防治煤与瓦斯突出规定》第六条明确了防突工作坚持区域防突措施先行、局部防突措施补充的原则。突出矿井采掘工作做到不掘突出头、不采突出面。未按要求采取区域综合防突措施的，严禁进行采掘活动。区域防突工作应当做到多措并举、可保必保、应抽尽抽、效果达标。所规定的采取防突措施原则的具体要求是：

（1）立足源头治理。矿井突出灾害的治理从程序上必须是坚持区域措施先行，即先采取区域性防突措施，如开采保护层、预先抽采煤层瓦斯等，力求从区域上使突出灾害得到消除，在此基础上再补充采取局部综合防突措施，确保采掘安全施工。

（2）不掘突出头，不采突出面。也就是说工作面突出危险性没有消除不许采掘。也隐含说明了防突工作必须坚持区域措施为主，局部措施作为补充的必要性。

（3）未按规定和矿井防突措施设计要求采取综合防突措施，严禁采掘。

（4）坚持多种措施并举，有保护层开采条件的一定要优先开采保护层，应采取瓦斯抽采措施的都必须采取抽采措施，并要达到抽采标准或措施设计的要求。

对突出矿井发生突出的必须立即停产，并立即分析、查找突出原因。在强化实施综合防突措施消除突出隐患后，方可恢复生产。非突出矿井首次发生突出的必须立即停产，按《规定》的要求建立防突机构和管理制度，编制矿井防突设计，配备安全装备，完善安全设施和安全生产系统，补充实施区域防突措施，达到《规定》要求后，方可恢复生产。

二、基本要求

1. 突出煤层和突出矿井鉴定

地质勘探单位应当查明矿床瓦斯地质情况。井田地质报告应当提供煤层突出危险性的基础资料。地质勘探部门在地质勘探过程中要查明矿床瓦斯地质情况，并在提交的地质勘探报告中应包含反映煤层突出危险性的基础资料。这是防突工作从源头治理的基础条件。瓦斯地质是从地质的角度研究煤层瓦斯（生成、保存、释放）和煤与瓦斯突出的自然规律，为煤矿生产建设和能源开发服务的一门新兴的边缘学科。瓦斯是地质作用的产物，瓦斯的生成、保存（赋存和富集）、释放（运移）与地质条件密切相关。瓦斯地质学科把对瓦斯的研究和对地质的研究密切地结合起来，运用地质学的原理和方法，并涉及煤矿开采方面的技术理论，研究瓦斯的赋存条件、运移和分布规律以及矿井瓦斯动力现象。矿井瓦斯地质图是矿井瓦斯地质工作成果的集中体现，是指导矿井瓦斯防治设计、措施制订和管理的重要技术依据，因此，从矿井地质勘探阶段开始到矿井建设、生产的全过程，就必须绘制瓦斯地质图。

新建矿井在可行性研究阶段，应当对矿井内采掘工程可能揭露的所有平均厚度在0.3m以上的煤层进行突出危险性评估。评估结果作为矿井立项、初步设计和指导建井期间揭煤作业的依据。经评估认为有突出危险的新建矿井，建井期间应当对开采煤层及其他可能对采掘活动造成威胁的煤层进行突出危险性鉴定。矿井有下列情况之一的，应当立即进行突出煤层鉴定；鉴定未完成前，应当按照突出煤层管理：

（1）煤层有瓦斯动力现象的；

（2）相邻矿井开采的同一煤层发生突出的；

（3）煤层瓦斯压力达到或者超过 0.74MPa 的。

2. 矿井建设和开采基本要求

有突出危险的新建矿井及突出矿井的新水平、新采区，必须编制防突专项设计。设计应当包括开拓方式、煤层开采顺序、采区巷道布置、采煤方法、通风系统、防突设施（设备）、区域综合防突措施和局部综合防突措施等内容。

突出矿井新水平、新采区移交生产前，必须经当地人民政府煤矿安全监管部门按管理权限组织防突专项验收；未通过验收的不得移交生产。

突出矿井必须建立满足防突工作要求的地面永久瓦斯抽采系统。

突出矿井应当做好防突工程的计划和实施，将防突的预抽煤层瓦斯、保护层开采等工程与矿井采掘部署、工程接替等统一安排，使矿井的开拓区、抽采区、保护层开采区和突出煤层（或被保护层）开采区按比例协调配置，确保在突出煤层采掘前实施区域防突措施。这就是规定了突出矿井应做好防突工程计划与实施，要求做到：开拓、抽采、保护层开采工程统一安排、相互配套、协调进行（即“三区配套两超前”或“掘、抽、采平衡”）。确保在突出煤层采掘前实施区域防突措施。

对于突出矿井地质测量工作必须遵守下列规定：

（1）地质测量部门与防突机构、通风部门共同编制矿井瓦斯地质图，图中标明采掘进度、被保护范围、煤层赋存条件、地质构造、突出点的位置、突出强度、瓦斯基本参数及绝对瓦斯涌出量和相对瓦斯涌出量等资料，作为区域突出危险性预测和制定防突措施的依据。

（2）地质测量部门在采掘工作面距离未保护区边缘 50m 前，编制临近未保护区通知单，并报矿技术负责人审批后交有关采掘区（队）。

（3）突出煤层顶、底板岩巷掘进时，地质测量部门提前进行地质预测，掌握施工动态和围岩变化情况，及时验证提供的地质资料，并定期通报给煤矿防突机构和采掘区（队）；遇有较大变化时，随时通报。

对于突出煤层的采掘作业规定：

（1）严禁水力、倒台阶、非正规采煤。

（2）急斜煤层适用伪斜正台阶和掩护支架采煤法。急倾斜正台阶和掩护支架采煤法有利于防止因煤层自重造成工作面煤体垮落而诱发的突出。

（3）急斜煤层要采用双上山或伪上山掘进。在突出煤层掘进上山，因煤体自重应力的作用，增加了突出的危险性。可见，在急倾斜煤层中掘进上山，其突出危险性更大。再说上山掘进发生突出，突出物容易堵塞巷道，埋压风筒，使人员撤退或躲避突出物的危害困难。

（4）巷道贯通，被贯通巷道超前贯通点 5m；贯通点周围 10m 内巷道加强支护；掘进工作面距被贯通巷道＜60m 时，被贯通巷道停工不停风，爆破撤人。巷道贯通点是产生集中应力的地方。因此，工作面与工作面应相隔一定距离，避免其应力叠加，并要通过加强巷道的支护，防止因应力集中造成巷道变形和垮塌，诱发突出。对被贯通巷道必须加强通风，防止瓦斯积聚而造成瓦斯窒息和瓦斯爆炸事故。

（5）工作面尽量采用机组采煤。

（6）采用三级煤矿许用含水炸药。三级煤矿含水炸药其安全等级高，引燃、引爆瓦斯和煤尘的能力低；炸药爆炸时，产生的爆炸能量低，爆破诱发突出的外界能量小，对抑制爆破诱发突出较为有利。

突出煤层的任何区域的任何工作面进行揭煤和采掘作业前，必须采取安全防护措施。

3. 防突管理及培训

有突出矿井的煤矿企业主要负责人、突出矿井矿长应当分别每季度、每月进行防突专题研究，检查、部署防突工作；保证防突科研工作的投入，解决防突所需的人力、财力、物力；确保抽、掘、采平衡；确保防突工作和措施的落实。

煤矿企业、矿井的技术负责人对防突工作负技术责任，组织编制、审批、检查防突工作规划、计划和措施；煤矿企业、矿井的分管负责人负责落实所分管的防突工作。

煤矿企业、矿井的各职能部门负责人对本职范围内的防突工作负责；区（队）、班组长对管辖范围内防突工作负直接责任；防突人员对所在岗位的防突工作负责。

煤矿企业、矿井的安全监察部门负责对防突工作的监督检查。

有突出矿井的煤矿企业、突出矿井应当设置满足防突工作需要的专业防突队伍。

突出矿井应当编制突出事故应急预案。

突出煤层采掘工作面每班必须设专职瓦斯检查工并随时检查瓦斯；发现有突出预兆时，瓦斯检查工有权停止作业，协助班组长立即组织人员按避灾路线撤出，并报告矿调度室。

在突出煤层中，专职爆破工必须固定在同一工作面工作。

防突技术资料的管理工作应当符合下列要求：

（1）每次发生突出后，矿井防突机构指定专人进行现场调查，认真填写突出记录卡片，提交专题调查报告，分析突出发生的原因，总结经验教训，提出对策措施。

（2）每年第一季度将上年度发生煤与瓦斯突出矿井的基本情况调查表、煤与瓦斯突出记录卡片、矿井煤与瓦斯突出汇总表连同总结资料报省级煤矿安全监管部门、驻地煤矿安全监察机构。

（3）所有有关防突工作的资料均存档。

（4）煤矿企业每年对全年的防突技术资料进行系统分析总结，提出整改措施。

突出矿井的管理人员和井下工作人员必须接受防突知识的培训，经考试合格后方准上岗作业。

3.4.3 综合防突措施

一、区域综合防突措施

1. 防突措施基本程序和要求

突出矿井应当对突出煤层进行区域突出危险性预测（以下简称区域预测）。经区域预测后，突出煤层划分为突出危险区和无突出危险区。未进行区域预测的区域视为突出危险区。

区域预测分为新水平、新采区开拓前的区域预测（以下简称开拓前区域预测）和新采区开拓完成后的区域预测（以下简称开拓后区域预测）。

突出煤层区域预测的范围由煤矿企业根据突出矿井的开拓方式、巷道布置等情况划定。新水平、新采区开拓前，当预测区域的煤层缺少或者没有井下实测瓦斯参数时，可以主要依据地质勘探资料、上水平及邻近区域的实测和生产资料等进行开拓前区域预测。开拓前区域预测结果仅用于指导新水平、新采区的设计和新水平、新采区开拓工程的揭煤作业。开拓后区域预测应当主要依据预测区域煤层瓦斯的井下实测资料，并结合地质勘探资料、上水平及邻近区域的实测和生产资料等进行。开拓后区域预测结果用于指导工作面的设计和采掘生产作业。

对已确切掌握煤层突出危险区域的分布规律，并有可靠的预测资料的，区域预测工作可由矿技术负责人组织实施；否则，应当委托有煤与瓦斯突出危险性鉴定资质的单位进行区域预测。区域预测结果应当由煤矿企业技术负责人批准确认。

经评估为有突出危险煤层的新建矿井建井期间，以及突出煤层经开拓前区域预测为突出危险区的新水平、新采区开拓过程中的所有揭煤作业，必须采取区域综合防突措施并达到要求指标。

经开拓前区域预测为无突出危险区的煤层进行新水平、新采区开拓、准备过程中的所有揭煤作业应当采取局部综合防突措施。

经开拓后区域预测为突出危险区的煤层，必须采取区域防突措施并进行区域措施效果检验。经效果检验仍为突出危险区的，必须继续进行或者补充实施区域防突措施。

经开拓后区域预测或者经区域措施效果检验后为无突出危险区的煤层进行揭煤和采掘作业时，必须采用工作面预测方法进行区域验证。

所有区域防突措施均由煤矿企业技术负责人批准。

2. 区域突出危险性预测

区域预测一般根据煤层瓦斯参数结合瓦斯地质分析的方法进行，也可以采用其他经试验证实有效的方法。

根据煤层瓦斯压力或者瓦斯含量进行区域预测的临界值应当由具有突出危险性鉴定资质的单位进行试验考察。在试验前和应用前应当由煤矿企业技术负责人批准。

区域预测新方法的研究试验应当由具有突出危险性鉴定资质的单位进行，并在试验前由煤矿企业技术负责人批准。

3. 区域防突措施

区域防突措施是指在突出煤层进行采掘前，对突出煤层较大范围采取的防突措施。区域防突措施包括开采保护层和预抽煤层瓦斯 2 类。开采保护层分为上保护层和下保护层 2 种方式。

预抽煤层瓦斯可采用的方式有：地面井（钻孔）预抽煤层瓦斯以及井下穿层钻孔或顺层钻孔预抽区段煤层瓦斯、穿层钻孔预抽煤巷条带煤层瓦斯、顺层钻孔或穿层钻孔预抽回采区域煤层瓦斯、穿层钻孔预抽石门（含立、斜井等）揭煤区域煤层瓦斯、顺层钻孔预抽煤巷条带煤层瓦斯等。

预抽煤层瓦斯区域防突措施应当按上述所列方式的优先顺序选取，或一并采用多种方式的预抽煤层瓦斯措施。

选择保护层必须遵守下列规定：

（1）在突出矿井开采煤层群时，如在有效保护垂距内存在厚度 0.5m 及以上的无突出危险煤层，除因突出煤层距离太近而威胁保护层工作面安全或可能破坏突出煤层开采条件的情况外，首先开采保护层。有条件的矿井，也可以将软岩层作为保护层开采。

(2) 当煤层群中有几个煤层都可作为保护层时，综合比较分析，择优开采保护效果最好的煤层。

(3) 当矿井中所有煤层都有突出危险时，选择突出危险程度较小的煤层作保护层先行开采，但采掘前必须按本规定的要求采取预抽煤层瓦斯区域防突措施并进行效果检验。

(4) 优先选择上保护层。在选择开采下保护层时，不得破坏被保护层的开采条件。

开采保护层区域防突措施应当符合下列要求：

(1) 开采保护层时，同时抽采被保护层的瓦斯。

(2) 开采近距离保护层时，采取措施防止被保护层初期卸压瓦斯突然涌入保护层采掘工作面或误穿突出煤层。

(3) 正在开采的保护层工作面超前于被保护层的掘进工作面，其超前距离不得小于保护层与被保护层层间垂距的3倍，并不得小于100m。

(4) 开采保护层时，采空区内不得留有煤（岩）柱。特殊情况需留煤（岩）柱时，经煤矿企业技术负责人批准，并做好记录，将煤（岩）柱的位置和尺寸准确地标在采掘工程平面图上。每个被保护层的瓦斯地质图应当标出煤（岩）柱的影响范围，在这个范围内进行采掘工作前，首先采取预抽煤层瓦斯区域防突措施。

当保护层留有不规则煤柱时，按照其最外缘的轮廓划出平直轮廓线，并根据保护层与被保护层之间的层间距变化，确定煤柱影响范围。在被保护层进行采掘工作时，还应当根据采掘瓦斯动态及时修改。

采取各种方式的预抽煤层瓦斯区域防突措施时，应当符合下列要求：

(1) 穿层钻孔或顺层钻孔预抽区段煤层瓦斯区域防突措施的钻孔应当控制区段内的整个开采块段、两侧回采巷道及其外侧一定范围内的煤层。要求钻孔控制回采巷道外侧的范围是：倾斜、急倾斜煤层巷道上帮轮廓线外至少20m，下帮至少10m；其他为巷道两侧轮廓线外至少各15m。以上所述的钻孔控制范围均为沿层面的距离，以下同。

(2) 穿层钻孔预抽煤巷条带煤层瓦斯区域防突措施的钻孔应当控制整条煤层巷道及其两侧一定范围内的煤层。该范围与本条第（1）项中回采巷道外侧的要求相同。

(3) 顺层钻孔或穿层钻孔预抽回采区域煤层瓦斯区域防突措施的钻孔应当控制整个开采块段的煤层。

(4) 穿层钻孔预抽石门（含立、斜井等）揭煤区域煤层瓦斯区域防突措施应当在揭煤工作面距煤层的最小法向距离7m以前实施（在构造破坏带应适当加大距离）。钻孔的最小控制范围是：石门和立井、斜井揭煤处巷道轮廓线外12m（急倾斜煤层底部或下帮6m），同时还应当保证控制范围的外边缘到巷道轮廓线（包括预计前方揭煤段巷道的轮廓线）的最小距离不小于5m，且当钻孔不能一次穿透煤层全厚时，应当保持煤孔最小超前距15m。

(5) 顺层钻孔预抽煤巷条带煤层瓦斯区域防突措施的钻孔应控制的条带长度不小于60m，巷道两侧的控制范围与本条第（1）项中回采巷道外侧的要求相同。

(6) 当煤巷掘进和回采工作面在预抽防突效果有效的区域内作业时，工作面距未预抽或者预抽防突效果无效范围的前方边界不得小于20m。

(7) 厚煤层分层开采时，预抽钻孔应控制开采的分层及其上部至少20m、下部至少10m（均为法向距离，且仅限于煤层部分）。

预抽煤层瓦斯钻孔应当在整个预抽区域内均匀布置，钻孔间距应当根据实际考察的煤层有效抽放半径确定。预抽瓦斯钻孔封堵必须严密。穿层钻孔的封孔段长度不得小于5m，顺层钻孔的封孔段长度不得小于8m。应当做好每个钻孔施工参数的记录及抽采参数的测定。钻孔孔口抽采负压不得小于13kPa。预抽瓦斯浓度低于30%时，应当采取改进封孔的措施，以提高封孔质量。

二、局部综合防突措施

1. 基本程序和要求

采掘工作面经突出危险性预测后划分为突出危险工作面和无突出危险工作面。未进行工作面预测的采掘工作面，应当视为突出危险工作面。突出危险工作面必须采取工作面防突措施，并进行措施效果检验。经检验证实措施有效后，即判定为无突出危险工作面；当措施无效时，仍为突出危险工作面，必须采取补充防突措施，并再次进行措施效果检验，直到措施有效。无突出危险工作面必须在采取安全防护措施并保留足够的突出预测超前距或防突措施超前距的条件下进行采掘作业。

煤巷掘进和回采工作面应保留的最小预测超前距均为2m。

工作面应保留的最小防突措施超前距为：煤巷掘进工作面5m，回采工作面3m；在地质构造破坏严重地带应适当增加超前距，但煤巷掘进工作面不小于7m，回采工作面不小于5m。

石门和立井、斜井揭穿突出煤层前，必须准确控制煤层层位，掌握煤层的赋存位置、形态。

在揭煤工作面掘进至距煤层最小法向距离10m之前，应当至少打两个穿透煤层全厚且进入顶（底）板不小于0.5m的前探取芯钻孔，并详细记录岩芯资料。当需要测定瓦斯压力时，前探钻孔可用作测定钻孔；若两者不能共用时，则测定钻孔应布置在该区域各钻孔见煤点间距最大的位置。

在地质构造复杂、岩石破碎的区域，揭煤工作面掘进至距煤层最小法向距离20m之前必须布置一定数量的前探钻孔，以保证能确切掌握煤层厚度、倾角变化、地质构造和瓦斯情况。也可用物探等手段探测煤层的层位、赋存形态和底（顶）板岩石致密性等情况。

石门和立井、斜井揭煤工作面的突出危险性预测必须在距突出煤层最小法向距离5m（地质构造复杂、岩石破碎的区域，应适当加大法向距离）前进行。在经工作面预测或措施效果检验为无突出危险工作面时，可掘进至远距离爆破揭穿煤层前的工作面位置，再采用工作面预测的方法进行最后验证。若经验证仍为无突出危险工作面时，则在采取安全防护措施的条件下采用远距离爆破揭穿煤层；否则，必须采取或补充工作面防突措施。当工作面预测或措施效果检验为突出危险工作面时，必须采取或补充工作面防突措施，直到经措施效果检验为无突出危险工作面。

石门和立井、斜井工作面从掘进至距突出煤层的最小法向距离5m开始，必须采用物探或钻探手段边探边掘，保证工作面到煤层的最小法向距离不小于远距离爆破揭开突出煤层前要求的最小距离。

采用远距离爆破揭开突出煤层时，要求石门、斜井揭煤工作面与煤层间的最小法向距离是：急倾斜煤层2m，其他煤层1.5m。要求立井揭煤工作面与煤层间的最小法向距离是：急倾斜煤层1.5m，其他煤层2m。如果岩石松软、破碎，还应适当增加法向距离。

在揭煤工作面用远距离爆破揭开突出煤层后，若未能一次揭穿至煤层顶（底）板，则仍应当按照远距离爆破的要求执行，直至完成揭煤作业全过程。

当石门或立井、斜井揭穿厚度小于0.3m的突出煤层时，可直接用远距离爆破方式揭穿煤层。

突出煤层的每个煤巷掘进工作面和采煤工作面都应当编制工作面专项防突设计，报矿技术负责人批准。实施过程中当煤层赋存条件变化较大或巷道设计发生变化时，还应当作出补充或修改设计。

2. 工作面突出危险性预测

对于各类工作面，除本规定载明应该或可以采用的工作面预测方法外，其他新方法的研究试验应当由具有突出危险性鉴定资质的单位进行；在试验前，应当由煤矿企业技术负责人批准。应针对各煤层发生煤与瓦斯突出的特点和条件试验确定工作面预测的敏感指标和临界值，并作为判定工作面突出危险性的主要依据。试验应由具有突出危险性鉴定资质的单位进行，在试验前和应用前应当由煤矿企业技术负责人批准。

在主要采用敏感指标进行工作面预测的同时，可以根据实际条件测定一些辅助指标（如瓦斯含量、工作面瓦斯涌出量动态变化、声发射、电磁辐射、钻屑温度、煤体温度等），采用物探、钻探等手段探测前方地质构造，观察分析工作面揭露的地质构造、采掘作业及钻孔等发生的各种现象，实现工作面突出危险性的多元信息综合预测和判断。

石门揭煤工作面的突出危险性预测应当选用综合指标法、钻屑瓦斯解吸指标法或其他经试验证实有效的方法进行。立井、斜井揭煤工作面的突出危险性预测按照石门揭煤工作面的各项要求和方法执行。

采用综合指标法预测石门揭煤工作面突出危险性时，应当由工作面向煤层的适当位置至少打3个钻孔测定煤层瓦斯压力。近距离煤层群的层间距小于5m或层间岩石破碎时，应当测定各煤层的综合瓦斯压力。

采用钻屑瓦斯解吸指标法预测石门揭煤工作面突出危险性时，由工作面向煤层的适当位置至少打3个钻孔，在钻孔钻进到煤层时每钻进1m采集一次孔口排出的粒径1～3mm的煤钻屑，测定其瓦斯解吸指标或相关数据。测定时，应考虑不同钻进工艺条件下的排渣速度。各煤层石门揭煤工作面钻屑瓦斯解吸指标的临界值应根据试验考察确定。如果所有实测的指标值均小于临界值，并且未发现其他异常情况，则该工作面为无突出危险工作面；否则，为突出危险工作面。

预测煤巷掘进工作面的突出危险性可采用下列方法：钻屑指标法、复合指标法、R值指标法和其他经试验证实有效的方法。

采用钻屑指标法预测煤巷掘进工作面突出危险性时，在近水平、缓倾斜煤层工作面应向前方煤体至少施工3个、在倾斜或急倾斜煤层至少施工2个直径42mm、孔深8～10m的钻孔，测定钻屑瓦斯解吸指标和钻屑量。

采用复合指标法预测煤巷掘进工作面突出危险性时，在近水平、缓倾斜煤层工作面应当向前方煤体至少施工3个、在倾斜或急倾斜煤层至少施工2个直径42mm、孔深8～10m的钻孔，测定钻孔瓦斯涌出初速度和钻屑量指标。

采用R值指标法预测煤巷掘进工作面突出危险性时，在近水平、缓倾斜煤层工作面应向前方煤体至少施工3个、在倾斜或急倾斜煤层至少施工2个直径42mm、孔深8～

10m的钻孔，测定钻孔瓦斯涌出初速度和钻屑量指标。

对采煤工作面的突出危险性预测，可参照本规定所列的煤巷掘进工作面预测方法进行。

3. 工作面防突措施

工作面防突措施是针对经工作面预测尚有突出危险的局部煤层实施的防突措施。其有效作用范围一般仅限于当前工作面周围的较小区域。

石门和立井、斜井揭穿突出煤层的专项防突设计至少应当包括下列主要内容：

(1) 石门和立井、斜井揭煤区域煤层、瓦斯、地质构造及巷道布置的基本情况；

(2) 建立安全可靠的独立通风系统及加强控制通风风流设施的措施；

(3) 控制突出煤层层位、准确确定安全岩柱厚度的措施，测定煤层瓦斯压力的钻孔等工程布置、实施方案；

(4) 揭煤工作面突出危险性预测及防突措施效果检验的方法、指标，预测及检验钻孔布置等；

(5) 工作面防突措施；

(6) 安全防护措施及组织管理措施；

(7) 加强过煤层段巷道的支护及其他措施。

石门揭煤工作面的防突措施包括预抽瓦斯、排放钻孔、水力冲孔、金属骨架、煤体固化或其他经试验证明有效的措施。立井揭煤工作面可以选用前款规定中除水力冲孔以外的各项措施。

根据工作面岩层情况，实施工作面防突措施时要求揭煤工作面与突出煤层间的最小法向距离为：预抽瓦斯、排放钻孔及水力冲孔均为5m，金属骨架、煤体固化措施为2m。当井巷断面较大、岩石破碎程度较高时，还应适当加大距离。

在石门和立井揭煤工作面采用预抽瓦斯、排放钻孔防突措施时，钻孔直径一般为75～120mm。落千丈石门揭煤工作面钻孔的控制范围是：石门的两侧和上部轮廓线外至少5m，下部至少3m。立井揭煤工作面钻孔控制范围是：近水平、缓倾斜、倾斜煤层为井筒四周轮廓线外至少5m；急倾斜煤层沿走向两侧及沿倾斜上部轮廓线外至少5m，下部轮廓线外至少3m。钻孔的孔底间距应根据实际考察情况确定。

揭煤工作面施工的钻孔应当尽可能穿透煤层全厚。当不能一次打穿煤层全厚时，可分段施工，但第一次实施的钻孔穿煤长度不得小于15m，且进入煤层掘进时，必须至少留有5m的超前距离（掘进到煤层顶或底板时不在此限）。

水力冲孔措施一般适用于打钻时具有自喷（喷煤、喷瓦斯）现象的煤层。石门揭煤工作面采用水力冲孔防突措施时，钻孔应至少控制自揭煤巷道至轮廓线外3～5m的煤层，冲孔顺序为先冲对角孔后冲边上孔，最后冲中间孔。水压视煤层的软硬程度而定。石门全断面冲出的总煤量（t）数值不得小于煤层厚度（m）乘以20。若有钻孔冲出的煤量较少时，应在该孔周围补孔。

石门和立井揭煤工作面金属骨架措施一般在石门上部和两侧或立井周边外0.5～1.0m范围内布置骨架孔。骨架钻孔应穿过煤层并进入煤层顶（底）板至少0.5m，当钻孔不能一次施工至煤层顶板时，则进入煤层的深度不应小于15m。钻孔间距一般不大于0.3m，对于松软煤层要架两排金属骨架，钻孔间距应小于0.2m。骨架材料可选用8kg/m的钢轨、型钢或直径不小于 50mm 钢管，其伸出孔外端用金属框架支撑或砌入碹内。插入骨架材料后，应向孔内灌注水泥砂浆等不燃性固化材料。

煤巷掘进工作面的专项防突设计应当至少包括下列内容：

(1) 煤层、瓦斯、地质构造及邻近区域巷道布置的基本情况；

(2) 建立安全可靠的独立通风系统及加强控制通风风流设施的措施；

(3) 工作面突出危险性预测及防突措施效果检验的方法、指标以及预测、效果检验钻孔布置等；

(4) 防突措施的选取及施工设计；

(5) 安全防护措施；

(6) 组织管理措施。

矿井各煤层采用的煤巷掘进工作面各种局部防突措施的效果和参数等都要经实际考察确定。

有突出危险的煤巷掘进工作面应当优先选用超前钻孔（包括超前预抽瓦斯钻孔、超前排放钻孔）防突措施。如果采用松动爆破、水力冲孔、水力疏松或其他工作面防突措施时，必须经试验考察确认防突效果有效后方可使用。前探支架措施应当配合其他措施一起使用。

下山掘进时，不得选用水力冲孔、水力疏松措施。倾角 8°以上的上山掘进工作面不得选用松动爆破、水力冲孔、水力疏松措施。

煤巷掘进工作面在地质构造破坏带或煤层赋存条件急剧变化处不能按原措施设计要求实施时，必须打钻孔查明煤层赋存条件，然后采用直径为 42～75mm 的钻孔排放瓦斯。

若突出煤层煤巷掘进工作面前方遇到落差超过煤层厚度的断层，应按石门揭煤的措施执行。

煤巷掘进工作面采用超前钻孔作为工作面防突措施时，应当符合下列要求：

(1) 巷道两侧轮廓线外钻孔的最小控制范围：近水平、缓倾斜煤层 5m，倾斜、急倾斜煤层上帮 7m、下帮 3m。当煤层厚度大于巷道高度时，在垂直煤层方向上的巷道上部煤层控制范围不小于 7m，巷道下部煤层控制范围不小于 3m。

(2) 钻孔在控制范围内应当均匀布置，在煤层的软分层中可适当增加钻孔数。预抽钻孔或超前排放钻孔的孔数、孔底间距等应当根据钻孔的有效抽放或排放半径确定。

(3) 钻孔直径应当根据煤层赋存条件、地质构造和瓦斯情况确定，一般为 75～120mm，地质条件变化剧烈地带也可采用直径 42～75mm 的钻孔。若钻孔直径超过 120mm 时，必须采用专门的钻进设备和制定专门的施工安全措施。

(4) 煤层赋存状态发生变化时，及时探明情况，再重新确定超前钻孔的参数。

(5) 钻孔施工前，加强工作面支护，打好迎面支架，背好工作面煤壁。

煤巷掘进工作面采用松动爆破防突措施时，应当符合下列要求：

(1) 松动爆破钻孔的孔径一般为 42mm，孔深不得小于 8m。松动爆破应至少控制到巷道轮廓线外 3m 的范围。孔数根据松动爆破的有效影响半径确定。松动爆破的有效影响半径通过实测确定。

(2) 松动爆破孔的装药长度为孔长减去 5.5～6m。

(3) 松动爆破按远距离爆破的要求执行。

3.4.4 防治岩石与二氧化碳（瓦斯）突出措施

一、基本定义

在矿井范围内发生过突出的岩层即为岩石与二氧化碳（瓦斯）突出岩层以下简称突出岩层。在开拓、生产范围内有突出岩层的矿井即为岩石与二氧化碳（瓦斯）突出矿井（以下简称岩石突出矿井）。煤矿企业应当对岩石突出矿井、突出岩层分别参照本规定对于突出矿井、突出煤层管理的各项要求，专门制定满足安全生产需要的管理措施，报省级煤炭行业管理部门审批，并报省级煤矿安全监察机构备案。

二、主要措施

在突出岩层内掘进巷道或揭穿该岩层时，必须采取工作面突出危险性预测、工作面防治岩石突出措施、工作面防突措施效果检验、安全防护措施的局部综合防突措施。

当预测有突出危险时，必须采取防治岩石突出措施。只有经措施效果检验证实措施有效后，方可在采取安全防护措施的情况下进行掘进作业。

岩石与二氧化碳（瓦斯）突出危险性预测可以采用岩芯法或突出预兆法。措施效果检验应采用岩芯法。

安全防护措施应当按照防治煤与瓦斯突出的安全防护措施实施。

采用岩芯法预测工作面岩石与二氧化碳（瓦斯）突出危险性时，在工作面前方岩体内打直径50～70mm、长度不小于10m的钻孔，取出全部岩芯，并从孔深2m处起记录岩芯中的圆片数。

工作面突出危险性的判定方法为：

（1）当取出的岩芯中大部分长度在150mm以上，且有裂缝围绕，个别为小圆柱体或圆片时，预测为一般突出危险地带。

（2）取出的1m长的岩芯内，部分岩芯出现20～30个圆片，其余岩芯为长50～100mm的圆柱体并有环状裂隙时，预测为中等突出危险地带。

（3）当1m长的岩芯内具有20～40个凸凹状圆片时，预测为严重突出危险地带。

（4）岩芯中没有圆片和岩芯表面上没有环状裂缝时，预测为无突出危险地带。

采用突出预兆法预测工作面岩石与二氧化碳（瓦斯）突出危险性时，具有下列情况之一的，确定为岩石与二氧化碳（瓦斯）突出危险工作面：

（1）岩石呈薄片状或松软碎屑状的。

（2）工作面爆破后，进尺超过炮眼深度的。

（3）有明显的火成岩侵入或工作面二氧化碳（瓦斯）涌出量明显增大的。

在岩石与二氧化碳（瓦斯）突出危险的岩层中掘进巷道时，可以采取钻眼爆破工程参数优化、超前钻孔、松动爆破、开卸压槽及在工作面附近设置挡栏等防治岩石与二氧化碳（瓦斯）突出措施。

采取上述措施的，应当符合下列要求：

（1）在一般或中等程度突出危险地带，可以采用浅孔爆破措施或远距离多段爆破法，以减少对岩体的震动强度、降低突出频率和强度。远距离多段爆破法的做法是，先在工作面打6个掏槽眼、6个辅助眼，呈椭圆形布置，使爆破后形成椭圆形超前孔洞，然后爆破周边炮眼，其炮眼距超前孔洞周边应大于0.6m，孔洞超前距不小于2m。

（2）在严重突出危险地带，可以采用超前钻孔和松动爆破措施。超前钻孔直径不小于

75mm，孔数根据巷道断面大小、突出危险岩层赋存及单个排放钻孔有效作用半径考察确定，但不得少于3个，孔深应大于40m，钻孔超前工作面的安全距离不得小于5m。

深孔松动爆破孔径一般60～75mm，孔长15～25m，封孔深度不小于5m，孔数4～5个，其中爆破孔1～2个，其他孔不装药，以提高松动效果。

3.5 非煤矿山安全评价导则

一、主要内容与适用范围

根据《中华人民共和国安全生产法》的有关规定，为加强非煤矿山（石油、天然气开采业除外）生产经营单位新建、改建、扩建工程项目安全设施“三同时”及非煤矿山企业安全生产管理工作，规范非煤矿山安全评价行为，确保安全评价的科学性、公正性和严肃性，国家安全生产监督管理局编制了《非煤矿山安全评价导则》。

《非煤矿山安全评价导则》依据《安全评价通则》制定，规定了非煤矿山（石油、天然气开采业除外）建设项目安全预评价、安全验收评价和非煤矿山安全现状综合评价（以下统称非煤矿山安全评价）的目的、基本原则、内容、程序和方法，适用于非煤矿山建设项目和非煤矿山企业安全评价。石油、天然气开采业安全评价导则另行制定。

二、安全评价目的和基本原则

非煤矿山安全评价目的是贯彻“安全第一，预防为主”方针，提高非煤矿山的本质安全程度和安全管理水平，减少和控制非煤矿山建设项目和非煤矿山生产中的危险、有害因素，降低非煤矿山生产安全风险，预防事故发生，保护建设单位和非煤矿山企业的财产安全及人员的健康和生命安全。

非煤矿山安全评价的基本原则是具备国家规定资质的安全评价机构科学、公正、合法、自主地开展安全评价。

三、定义

1. 非煤矿山

开采金属矿石、放射性矿石以及作为石油化工原料、建筑材料、辅助原料、耐火材料及其他非金属矿物（煤炭除外）的矿山。

2. 非煤矿山建设项目安全预评价

在非煤矿山建设项目可行性研究报告批复后，根据建设单位的委托及建设项目可行性研究报告的内容，定性、定量分析和预测该建设项目可能存在的各种危险、有害因素的种类和程度，提出合理可行的安全对策措施及建议。

3. 非煤矿山建设项目安全验收评价

在非煤矿山建设项目竣工、试生产运行正常后，通过对非煤矿山建设项目的设施、设备、装置实际情况和管理状况的调查分析，查找该非煤矿山建设项目投产后存在的危险、有害因素，确定其危险度，提出合理可行的安全对策措施及建议。

4. 非煤矿山安全现状综合评价

在非煤矿山生产运行过程中，通过对其设施、设备、装置实际情况和管理状况的调查分析，定性、定量地分析其生产过程中存在的危险、有害因素，确定其危险度，对其安全管理状况给予客观的评价，对存在的问题提出合理可行的安全对策措施及建议。

四、非煤矿山安全评价内容

非煤矿山安全评价内容一般包括：非煤矿山安全管理对确保矿山安全生产的适应性；核实检查矿山井巷、地下开采、露天开采、提升运输、通风防尘、尾矿库、排土场、炸药库、防排水、防灭火、充填、供电、供水、供气、通信、边坡等场所及设备、设施的情况是否符合安全生产法律法规和技术标准的要求；进行矿山重大危险、有害因素的危险度评价；提出合理可行的安全对策措施及建议。

五、非煤矿山安全评价程序

非煤矿山安全评价程序一般包括：前期准备；危险、有害因素识别与分析；划分评价单元；选择评价方法，进行定性、定量评价；提出安全对策措施及建议；做出安全评价结论；编制安全评价报告；安全评价报告评审等。

1. 前期准备

明确被评价对象和范围，进行现场调查，收集国内外相关法律法规、技术标准及与评价对象相关的非煤矿山数据资料。

2. 危险、有害因素识别与分析

根据非煤矿山的生产、周边环境及水文地质条件的特点，识别和分析生产过程中危险、有害因素。

3. 划分评价单元

根据评价工作需要，按生产工艺功能、生产设备、设备相对空间位置和危险、有害因素类别及事故范围划分单元。评价单元应相对独立，具有明显的特征界限，便于进行危险、有害因素识别分析和危险度评价。

4. 定性、定量评价

选择科学、合理、适用的定性、定量评价方法，对可能导致非煤矿山重大事故的危险、有害因素进行定性、定量评价，给出引起非煤矿山重大事故发生的致因因素、影响因素和事故严重程度，为制定安全对策措施提供科学依据。

5. 提出安全对策措施及建议

（1）安全技术对策措施。

（2）安全管理对策措施。

6. 安全评价结论

在对评价结果分析归纳和整合的基础上，做出安全评价结论。

（1）非煤矿山安全状况综合评述。

（2）归纳、整合各部分评价结果。

（3）非煤矿山安全总体评价结论。

7. 编制安全评价报告

非煤矿山安全评价报告是非煤矿山安全评价过程的记录，应将安全评价的过程、采用的安全评价方法、获得的安全评价结果等写入安全评价报告。

8. 安全评价报告评审

建设单位或非煤矿山企业将安全评价报告送专家评审组进行技术评审，并由专家评审组提出书面评审意见。评价机构根据专家评审组的评审意见，修改、完善安全评价报告。

六、安全评价报告内容和要求

1. 安全评价报告内容

(1) 安全评价依据。

(2) 被评价单位基本情况。

(3) 主要危险、有害因素识别。

(4) 评价单元的划分与评价方法选择。

(5) 定性、定量评价。

(6) 建议补充的安全对策措施。

(7) 评价结论。

2. 安全评价报告要求

安全评价报告应内容全面，条理清楚，数据完整，查出的问题准确，提出的对策措施具体可行，评价结论客观公正。

七、安全评价报告格式

安全评价报告格式一般包括：

(1) 封面。

(2) 评价机构安全评价资质证书副本影印件。

(3) 著录项。

(4) 目录。

(5) 编制说明。

(6) 前言。

(7) 正文。

(8) 附件。

(9) 附录。

八、安全评价报告载体

安全评价报告一般采用纸质载体。为适应信息处理需要，安全评价报告可辅助采用电子载体形式。

3.6 建筑基坑工程监测技术规范有关规定

一、基坑监测的一般规定

矿业工程项目中地面建筑工程施工时，常需要进行基坑的开挖。开挖深度超过5m、或开挖深度未超过5m但现场地质情况和周围环境较复杂的基坑工程均应实施基坑工程监测。建筑基坑工程监测应综合考虑基坑工程设计方案、建设场地的工程地质和水文地质条件、周边环境条件、施工方案等因素，制定合理的监测方案，精心组织和实施监测。

基坑工程的现场监测应采用仪器监测与巡视检查相结合的方法。基坑工程现场监测的对象包括：支护结构；相关的自然环境；施工工况；地下水状况；基坑底部及周围土体；周围建（构）筑物；周围地下管线及地下设施；周围重要的道路；其他应监测的对象。

建筑基坑工程设计阶段应由设计方根据工程现场及基坑设计的具体情况，提出基坑工程监测的技术要求，主要包括监测项目、测点位置、监测频率和监测报警值等。

二、基坑监测方案的内容

基坑工程施工前，应由建设方委托具备相应资质的第三方对基坑工程实施现场监测。监测单位应编制监测方案。监测方案应经建设、设计、监理等单位认可，必要时还需与市政道路、地下管线、人防等有关部门协商一致后方可实施。

编写监测方案前，委托方应向监测单位提供下列资料：

（1）岩土工程勘察成果文件；

（2）基坑工程设计说明书及图纸；

（3）基坑工程影响范围内的道路、地下管线、地下设施及周边建筑物的有关资料。

监测单位编写监测方案前，应了解委托方和相关单位对监测工作的要求，并进行现场踏勘，搜集、分析和利用已有资料，在基坑工程施工前制定合理的监测方案。

监测方案应包括工程概况、监测依据、监测目的、监测项目、测点布置、监测方法及精度、监测人员及主要仪器设备、监测频率、监测报警值、异常情况下的监测措施、监测数据的记录制度和处理方法、工序管理及信息反馈制度等。

某些基坑工程的监测方案应进行专门论证，如：地质和环境条件很复杂的基坑工程；邻近重要建（构）筑物和管线，以及历史文物、近代优秀建筑、地铁、隧道等破坏后果很严重的基坑工程；已发生严重事故，重新组织实施的基坑工程；采用新技术、新工艺、新材料的一、二级基坑工程；其他必须论证的基坑工程。

三、监测工作的程序

监测工作的程序，应按下列步骤进行：接受委托；现场踏勘，收集资料；制定监测方案，并报委托方及相关单位认可；展开前期准备工作，设置监测点、校验设备、仪器；设备、仪器、元件和监测点验收；现场监测；监测数据的计算、整理、分析及信息反馈；提交阶段性监测结果和报告；现场监测工作结束后，提交完整的监测资料。

四、监测点的布设与保护

（1）监测点布设的一般规定

基坑工程监测点的布置应最大程度地反映监测对象的实际状态及其变化趋势，并应满足监控要求。监测标志应稳固、明显、结构合理，监测点的位置应避开障碍物，便于观测。在监测对象内力和变形变化大的代表性部位及周边重点监护部位，监测点应适当加密。应加强对监测点的保护，必要时应设置监测点的保护装置或保护设施。

（2）基坑及支护结构监测点布设

基坑边坡顶部的水平位移和竖向位移监测点应沿基坑周边布置，基坑周边中部、阳角处应布置监测点。监测点间距不宜大于 20m，每边监测点数目不应少于 3 个。监测点宜设置在基坑边坡坡顶上。

围护墙顶部的水平位移和竖向位移监测点应沿围护墙的周边布置，围护墙周边中部、阳角处应布置监测点。监测点间距不宜大于 20m，每边监测点数目不应少于 3 个。监测点宜设置在冠梁上。

深层水平位移监测孔宜布置在基坑边坡、围护墙周边的中心处及代表性的部位，数量和间距视具体情况而定，但每边至少应设 1 个监测孔。当用测斜仪观测深层水平位移时，设置在围护墙内的测斜管深度不宜小于围护墙的入土深度；设置在土体内的测斜管应保证有足够的入土深度，保证管端嵌入到稳定的土体中。

围护墙内力监测点应布置在受力、变形较大且有代表性的部位，监测点数量和横向间距视具体情况而定，但每边至少应设1处监测点。竖直方向监测点应布置在弯矩较大处，监测点间距宜为3～5m。

锚杆的拉力监测点应选择在受力较大且有代表性的位置，基坑每边跨中部位和地质条件复杂的区域宜布置监测点。每层锚杆的拉力监测点数量应为该层锚杆总数的1%～3%，并不应少于3根。每层监测点在竖向上的位置宜保持一致。每根杆体上的测试点应设置在锚头附近位置。

土钉的拉力监测点应沿基坑周边布置，基坑周边中部、阳角处宜布置监测点。监测点水平间距不宜大于30m，每层监测点数目不应少于3个。各层监测点在竖向上的位置宜保持一致。每根杆体上的测试点应设置在受力、变形有代表性的位置。

(3) 周围环境监测点的布设

从基坑边缘以外1～3倍开挖深度范围内需要保护的建（构）筑物、地下管线等均应作为监控对象。

建（构）筑物的竖向位移监测点布置应符合下列要求：

(1) 建（构）筑物四角、沿外墙每10～15m处或每隔2～3根柱基上，且每边不少于3个监测点；

(2) 不同地基或基础的分界处；

(3) 建（构）筑物不同结构的分界处；

(4) 变形缝、抗震缝或严重开裂处的两侧；

(5) 新、旧建筑物或高、低建筑物交接处的两侧；

(6) 烟囱、水塔和大型储仓罐等高耸构筑物基础轴线的对称部位，每一构筑物不得少于4点。

建（构）筑物倾斜监测点应符合下列要求：

(1) 监测点宜布置在建（构）筑物角点、变形缝或抗震缝两侧的承重柱或墙上；

(2) 监测点应沿主体顶部、底部对应布设，上、下监测点应布置在同一竖直线上；

(3) 当采用铅坠观测法、激光铅直仪观测法时，应保证上、下测点之间具有一定的通视条件。

五、监测方法及精度要求

监测方法的选择应根据基坑等级、精度要求、设计要求、场地条件、地区经验和方法适用性等因素综合确定，监测方法应合理易行。

1. 变形监测

变形测量点分为基准点、工作基点和变形监测点。其布设应符合下列要求：

(1) 每个基坑工程至少应有3个稳固可靠的点作为基准点；

(2) 工作基点应选在稳定的位置。在通视条件良好或观测项目较少的情况下，可不设工作基点，在基准点上直接测定变形监测点；

(3) 施工期间，应采用有效措施，确保基准点和工作基点的正常使用；

(4) 监测期间，应定期检查工作基点的稳定性。

2. 水平位移监测

测定特定方向上的水平位移时可采用视准线法、小角度法、投点法等；测定监测点任意方向的水平位移时可视监测点的分布情况，采用前方交会法、自由设站法、极坐标法等；当基准点距基坑较远时，可采用GPS测量法或三角、三边、边角测量与基准线法相结合的综合测量方法。

水平位移监测基准点应埋设在基坑开挖深度3倍范围以外不受施工影响的稳定区域，或利用已有稳定的施工控制点，不应埋设在低洼积水、湿陷、冻胀、胀缩等影响范围内；基准点的埋设应按有关测量规范、规程执行。宜设置有强制对中的观测墩；采用精密的光学对中装置，对中误差不宜大于0.5mm。

3. 竖向位移监测

竖向位移监测可采用几何水准或液体静力水准等方法。

坑底隆起（回弹）宜通过设置回弹监测标，采用几何水准并配合传递高程的辅助设备进行监测，传递高程的金属杆或钢尺等应进行温度、尺长和拉力等项修正。

4. 深层水平位移监测

围护墙体或坑周土体的深层水平位移的监测宜采用在墙体或土体中预埋测斜管、通过测斜仪观测各深度处水平位移的方法。

测斜管宜采用PVC工程塑料管或铝合金管，直径宜为45～90mm，管内应有两组相互垂直的纵向导槽。

测斜管应在基坑开挖1周前埋设，埋设时应符合下列要求：

（1）埋设前应检查测斜管质量，测斜管连接时应保证上、下管段的导槽相互对准顺畅，接头处应密封处理，并注意保证管口的封盖；

（2）测斜管长度应与围护墙深度一致或不小于所监测土层的深度；当以下部管端作为位移基准点时，应保证测斜管进入稳定土层2～3m；测斜管与钻孔之间孔隙应填充密实；

（3）埋设时测斜管应保持竖直无扭转，其中一组导槽方向应与所需测量的方向一致。

5. 倾斜监测

建筑物倾斜监测应测定监测对象顶部相对于底部的水平位移与高差，分别记录并计算监测对象的倾斜度、倾斜方向和倾斜速率。应根据不同的现场观测条件和要求，选用投点法、水平角法、前方交会法、正垂线法、差异沉降法等。

6. 裂缝监测

裂缝监测应包括裂缝的位置、走向、长度、宽度及变化程度，需要时还包括深度。裂缝监测数量根据需要确定，主要或变化较大的裂缝应进行监测。

裂缝监测可采用以下方法：

（1）对裂缝宽度监测，可在裂缝两侧贴石膏饼、划平行线或贴埋金属标志等，采用千分尺或游标卡尺等直接量测的方法；也可采用裂缝计、粘贴安装千分表法、摄影量测等方法。

（2）对裂缝深度量测，当裂缝深度较小时宜采用凿出法和单面接触超声波法监测；深度较大裂缝宜采用超声波法监测。

六、监测数据处理与信息反馈

监测分析人员应具有岩土工程与结构工程的综合知识，具有设计、施工、测量等工程实践经验，具有较高的综合分析能力，做到正确判断、准确表达，及时提供高质量的综合分析报告。

现场测试人员应对监测数据的真实性负责，监测分析人员应对监测报告的可靠性负责，监测单位应对整个项目监测质量负责。监测记录、监测当日报表、阶段性报告和监测总结报告提供的数据、图表应客观、真实、准确、及时。

监测成果应包括当日报表、阶段性报告、总结报告。报表应按时报送。报表中监测成果宜用表格和变化曲线或图形反映。

当日报表应包括下列内容：当日的天气情况和施工现场的工况；仪器监测项目各监测点的本次测试值、单次变化值、变化速率以及累计值等，必要时绘制有关曲线图；巡视检查的记录；对监测项目应有正常或异常的判断性结论；对达到或超过监测报警值的监测点应有报警标示，并有原因分析及建议；对巡视检查发现的异常情况应有详细描述，危险情况应有报警标示，并有原因分析及建议；其他相关说明。

阶段性监测报告应包括下列内容：该监测期相应的工程、气象及周边环境概况；该监测期的监测项目及测点的布置图；各项监测数据的整理、统计及监测成果的过程曲线；各监测项目监测值的变化分析、评价及发展预测；相关的设计和施工建议。

基坑工程监测总结报告的内容应包括：工程概况；监测依据；监测项目；测点布置；监测设备和监测方法；监测频率；监测报警值；各监测项目全过程的发展变化分析及整体评述；监测工作结论与建议。

3.7　建筑基坑支护技术规程有关规定

一、基坑支护基本规定

1. 一般要求

基坑支护设计与施工应综合考虑工程地质与水文地质条件、基础类型、基坑开挖深度、降排水条件、周边环境对基坑侧壁位移的要求、基坑周边荷载、施工季节、支护结构使用期限等因素，做到因地制宜，因时制宜，合理设计、精心施工、严格监控。

2. 支护结构设计

支护结构设计应考虑其结构水平变形、地下水的变化对周边环境的水平与竖向变形的影响，对于安全等级为一级和对周边环境变形有限定要求的二级建筑基坑侧壁，应根据周边环境的重要性、对变形的适应能力及土的性质等因素确定支护结构的水平变形限值。

当场地内有地下水时，应根据场地及周边区域的工程地质条件、水文地质条件、周边环境情况和支护结构与基础形式等因素，确定地下水控制方法。当场地周边有地表水汇流、排泄或地下水管渗漏时，应对基坑采取保护措施。在主体建筑地基的初步勘察阶段，应根据岩土工程条件，搜集工程地质和水文地质资料，并进行工程地质调查，必要时可进行少量的补充勘察和室内试验，提出基坑支护的建议方案。

3. 支护结构选型

支护结构可根据基坑周边环境、开挖深度、工程地质与水文地质、施工作业设备和施工季节等条件，按表 3-1 选用排桩、地下连续墙、水泥土墙、逆作拱墙、土钉墙、原状土放坡或采用上述形式的组合。

支护结构选型表 表 3-1

结构形式	适用条件
排桩或地下连续墙	1. 适用基坑侧壁安全等级一、二、三级 2. 悬臂式结构在软土场地中不宜大于 5m 3. 当地下水位高于基坑底面时，宜采用降水、排桩加截水帷幕或地下连续墙
水泥土墙	1. 基坑侧壁安全等级宜为二、三级 2. 水泥土桩施工范围内地基土承载力不宜大于 150kPa 3. 基坑深度不宜大于 6m
土钉墙	1. 基坑侧壁安全等级宜为二、三级的非软土场地 2. 基坑深度不宜大于 12m 3. 当地下水位高于基坑底面时，应采取降水或截水措施
逆作拱墙	1. 基坑侧壁安全等级宜为二、三级 2. 淤泥和淤泥质土场地不宜采用 3. 拱墙轴线的矢跨比不宜小于 1/8 4. 地下水位高于基坑底面时，应采取降水或截水措施
放坡	1. 基坑侧壁安全等级宜为三级 2. 施工场地应满足放坡条件 3. 可独立与上述其他结合使用 4. 当地下水位高于坡脚时，应采取降水措施

4. 基坑开挖

基坑开挖应根据支护结构设计、降排水要求，确定开挖方案。

基坑边界周围地面应设排水沟，且应避免漏水、渗水进入坑内；放坡开挖时，应对坡顶、坡面、坡脚采取降排水措施。

基坑周边严禁超堆荷载。

软土基坑必须分层均衡开挖，层高不宜超过 1m。

基坑开挖过程中，应采取措施防止碰撞支护结构、工程桩或扰动基底原状土。

发生异常情况时，应立即停止挖土，并应立即查清原因和采取措施，方能继续挖土。

开挖至坑底标高后坑底应及时满封闭并进行基础工程施工。

地下结构工程施工过程中应及时进行夯实回填土施工。

二、排桩、地下连续墙构造及支护技术

排桩是以某种桩型按队列式布置组成的基坑支护结构。地下连续墙是用机械施工方法成槽浇灌钢筋混凝土形成的地下墙体。

1. 构造要求

(1) 排桩的构造要求

悬臂式排桩结构桩径不宜小于 600mm，桩间距应根据排桩受力及桩间土稳定条件确定。

排桩顶部应设钢筋混凝土冠梁连接，冠梁宽度（水平方向）不宜小于桩径，冠梁高度（竖直方向）不宜小于 400mm。排桩与桩顶冠梁的混凝土强度等级宜大于 C20；当冠梁作为连系梁时可按构造配筋。

基坑开挖后，排桩的桩间土防护可采用钢丝网混凝土护面、砖砌等处理方法，当桩间渗水时，应在护面设泄水孔。当基坑面在实际地下水位以上且土质较好，暴露时间较短时，可不对桩间土进行防护处理。

悬臂式现浇钢筋混凝土地下连续墙厚度不宜小于600mm，地下连续墙顶中应设置钢筋混凝土冠梁，冠梁宽度不宜小于地下连续墙厚度，高度不宜小于400mm。

（2）地下连续墙的构造要求

水下灌注混凝土地下连续墙混凝土强度等级宜大于C20，地下连续墙作为地下室外墙时还应满足抗渗要求。

地下连续墙的受力钢筋应采用Ⅱ级或Ⅲ级钢筋，直径不宜小于$\phi20$。构造钢筋宜采用Ⅰ级钢筋，直径不宜小于$\phi16$。净保护层不宜小于70mm，构造筋间距宜为200～300mm。

地下连续墙段之间的连接接头形式，在墙段间对整体刚度或防渗有特殊要求时，应采用钢性、半刚性连接接头。

地下连续墙与地下室结构的钢筋连接可采用在地下连续墙内预埋钢筋、接驳器、钢板等，预埋钢筋宜采用Ⅰ级钢筋，连接钢筋直径大于20mm时，宜采用接驳器连接。

2. 施工要求

（1）排桩的施工要求

排桩施工应符合下列要求：

① 桩位偏差，轴线和垂直轴线方向均不宜超过50mm。垂直度偏差不宜大于0.5%；

② 钻孔灌注桩桩底沉渣不宜超过200mm；当用作承重结构时，桩底沉渣按《建筑桩基技术规范》JGJ 94—2008要求执行；

③ 排桩宜采取隔桩施工，并应在灌注混凝土24h后进行邻桩成孔施工；

④ 非均匀配筋排桩的钢筋笼在绑扎、吊装和埋设时，应保证钢筋笼的安放方向与设计方向一致；

⑤ 冠梁施工前，应将支护桩桩顶浮浆凿除清洁干净，桩顶以上出露的钢筋长度应达到设计要求。

（2）地下连续墙的施工要求

地下连续墙施工应符合下列要求：

① 地下连续墙单元槽段长度可根据槽壁稳定性及钢筋笼起吊能力的划分，宜为4～8m；

② 施工前宜进行墙槽成槽试验，确定施工工艺流程，选择操作技术参数；

③ 槽段的长度、厚度、深度、倾斜度应符合下列要求：槽段长度（沿轴线方向）允许偏差 ±50mm；槽段厚度允许偏差 ±10mm；槽段倾斜度 ≤1/150。

地下连续墙宜采用声波透射法检测墙身结构质量，检测槽段数应不少于总槽段数的20%，且不应少于3个槽段。

3. 水泥土墙构造及支护技术

（1）水泥土墙构造

水泥土墙采用格栅布置时，水泥土的置换率对于淤泥不宜小于0.8m，淤泥质土不宜小于0.7，一般黏性土及砂土不宜小于0.6；格栅长宽比不宜大于2。

水泥土桩与桩之间的搭接宽度应根据挡土及截水要求确定，考虑截水作用时，桩的有效搭接宽度不宜小于150mm；当不考虑截水作用时，搭接宽度不宜小于100mm。

当变形不能满足要求时，宜采用基坑内侧土体加固或水泥土墙插筋加混凝土面板及加大嵌固深度等措施。

（2）水泥土墙施工要求

水泥土墙应采取切割搭接法施工。应在前桩水泥土尚未固化时进行后序搭接桩施工。施工开始和结束的头尾搭接处，应采取加强措施，消除搭接勾缝。

深层搅拌水泥土墙施工前，应进行成桩工艺及水泥渗入量或水泥浆的配合比试验，以确定相应的水泥掺入比或水泥浆水灰比，浆喷深层搅拌的水泥掺入量宜为被加固土重度的15％～18％；粉喷深层搅拌的水泥掺入量宜为被加固土重度的13％～16％。

高压喷射注浆施工前，应通过试喷试验，确定不同土层旋喷固结体的最小直径、高压喷射施工技术参数等。高压喷射水泥水灰比宜为1.0～1.5。

深层搅拌桩和高压喷射桩水泥土墙的桩位偏差不应大于50mm，垂直度偏差不宜大于0.5％。

当设置插筋时桩身插筋应在桩顶搅拌完成后及时进行。插筋材料、插入长度和出露长度等均应按计算和构造要求确定。

水泥土桩应在施工后一周内进行开挖检查或采用钻孔取芯等手段检查成桩质量，若不符合设计要求应及时调整施工工艺。水泥土墙应在设计开挖龄期采用钻芯法检测墙身完整性，钻芯数量不宜少于总桩数的2％，且不应少于5根；并应根据设计要求取样进行单轴抗压强度试验。

4. 土钉墙构造及支护技术

（1）土钉墙构造

土钉墙设计及构造应符合下列规定：

①土钉墙墙面坡度不宜大于1∶0.1；

②土钉必须和面层有效连接，应设置承压板或加强钢筋等构造措施，承压板或加强钢筋应与土钉螺栓连接或钢筋焊接连接；

③土钉的长度宜为开挖深度的0.5～1.2倍，间距宜为1～2m，与水平面夹角宜为5°～20°；

④土钉钢筋宜采用Ⅱ、Ⅲ级钢筋，钢筋直径宜为16～32mm，钻孔直径宜为70～120mm；

⑤注浆材料宜采用水泥浆或水泥砂浆，其强度等级不宜低于M10；

⑥喷射混凝土面层宜配置钢筋网，钢筋直径宜为6～10mm，间距宜为150～300mm；喷射混凝土强度等级不宜低于C20，面层厚度不宜小于80mm；

⑦坡面上下段钢筋网搭接长度应大于300mm。

当地下水位高于基坑底面时，应采取降水或截水措施；土钉墙墙顶应采用砂浆或混凝土护面，坡顶和坡脚应设排水措施，坡面上可根据具体情况设置泄水孔。

（2）土钉墙的施工与检测

上层土钉注浆体及喷射混凝土面层达到设计强度的70％后方可开挖下层土方及下层土钉施工。

基坑开挖和土钉墙施工应按设计要求自上而下分段分层进行。在机械开挖后，应辅以人工修整坡面，坡面平整度的允许偏差宜为±20mm，在坡面喷射混凝土支护前，应清除坡面虚土。

土钉墙施工可按下列顺序进行：

①应按设计要求开挖工作面，修整边坡，埋设喷射混凝土厚度控制标志；

②喷射第一层混凝土；

③钻孔安设土钉、注浆，安设连接件；

④绑扎钢筋网，喷射第二层混凝土；

⑤设置坡顶、坡面和坡脚的排水系统。

喷射混凝土作业应符合下列规定：

①喷射作业应分段进行，同一分段内喷射顺序应自下而上，一次喷射厚度不宜小于 40mm；

②喷射混凝土时，喷头与受喷面应保持垂直，距离宜为 0.6～1.0m；

③喷射混凝土终凝 2h 后，应喷水养护，养护时间根据气温确定，宜为 3～7h。

喷射混凝土面层中的钢筋网铺设应符合下列规定：

①钢筋网应在喷射一层混凝土后铺设，钢筋保护层厚度不宜小于 20mm；

②采用双层钢筋网时，第二层钢筋网应在第一层钢筋网被混凝土覆盖后铺设；

③钢筋网与土钉应连接牢固。

土钉注浆材料应符合下列规定：

①注浆材料宜选用水泥浆或水泥砂浆；水泥浆的水灰比宜为 0.5，水泥砂浆配合比宜为 1∶1～1∶2（重量比），水灰比宜为 0.38～0.45；

②水泥浆、水泥砂浆应拌合均匀，随拌随用，一次拌合的水泥浆、水泥砂浆应在初凝前用完。

注浆作业应符合以下规定：

①注浆前应将孔内残留或松动的杂土清除干净；注浆开始或中途停止超过 30min 时，应用水或稀水泥浆润滑注浆泵及其管路；

②注浆时，注浆管应插至距孔底 250～500mm 处，孔口部位宜设置止浆塞及排气管；

③土钉钢筋应设定位支架。

土钉墙应按下列规定进行质量检测：

①土钉采用抗拉试验检测承载力，同一条件下，试验数量不宜少于土钉总数的 1%，且不应少于 3 根；

②墙面喷射混凝土厚度应采用钻孔检测，钻孔数宜每 $100m^2$ 墙面积一组，每组不应少于 3 点。

4　矿业工程施工新技术、新方法、新工艺

4.1　超大直径立井井筒施工技术

4.1.1　超大直径深立井井筒的特点

超大直径深立井井筒的特点主要是直径大、井筒深。伴随着井筒直径和井筒深度的大幅度增加，与井筒施工工艺相关的主要影响体现在以下几个方面：

1. 井筒吊挂

原有型号的最大凿井井架为Ⅴ型凿井井架，其天轮平台尺寸为7.5m×7.5m，井架底部跨距为16m×16m，原设计适用最大井筒直径为8m、深度为1000m，最大静荷重为427t。井筒直径和深度大幅度增加之后，由于原有的凿井井架天轮平台的尺寸限制，井筒的吊盘绳和模板绳的悬吊都将出现问题。包括井筒悬挂设备重量的增加、需要容绳量的增加等，都给井筒吊挂提出了新的难题。

2. 提升系统

随着井筒深度的大幅度增加，提升能力越来越小，提升安全系数逐步降低，而井筒断面大幅度增加后，矸石量以及材料运输量却呈几何级数增加，对提升能力提出了更高的要求，这个矛盾是超大直径深立井施工工艺面临的最大挑战。

3. 打眼

超大直径深立井打眼的最大特点是井筒直径大，现有伞钻打眼圈径受限，如果无限制的增加打眼圈径，会造成伞钻大臂和支撑臂刚度不够，抑或是伞钻重量过大，造成深立井施工时提升难题。

4. 出渣

超大直径深井的掘进断面较大，掘进断面可以达到150m^2，每循环出渣量可以达到1000m^3，如果要想进度不受影响，目前的单或双抓岩机出渣、人工清底满足不了需要。

5. 排水

井筒断面增加之后，涌水面积增加，涌水量也会增加，而深度增加，排水难度也增加，且很难一次排水到地面，泵的扬程和排量都难以满足一次排水需求。

6. 支护

随着深度的增加，地压也逐步增大，井筒直径增大，也给支护带来一定的难度。混凝土浇筑体积、模板承受压力也呈几何级数增加，给施工造成一定的难题。

7. 通风

随着井筒直径的增加，工作面需要风量也会大幅度增加，而随着深度的增加，通风难度也会相应增加很多。

4.1.2　施工方案及工艺改进

井架：研制Ⅵ型凿井井架，井架适用于净直径在10～14m的深立井井筒，井架上可同时布置多套提升天轮，满足多台绞车同时提升的空间布置和承载力需要。

提升系统：为了满足提升能力的需要，一般可以布置2～3套独立的单钩提升系统，可以配2JK-4×2.65型提升机、JK-2.8E型等大型提升机，用$5m^3$矸石吊桶提升，以大幅度增加提升能力。

钻眼系统：通过对伞钻大臂、支撑臂进行全面改造升级或是将两台XFJD-6.11S型伞钻在井底工作面进行联合，进行钻眼，以满足超大直径立井井筒打眼的需要。

装岩系统：一般可配备多台HZ-6型、或是HZ-10型中心回转抓岩机装岩以及电动挖掘机配合出矸、清底，这样可以大大提升装岩和清底速度，降低工人劳动强度。

支护：通常在井口设混凝土集中搅拌站拌制混凝土，站内可配两台带自动计量装置的JS-1000型搅拌机，HTD3.0型底卸式吊桶运送混凝土。表土冻结段、基岩冻结段和正常段砌壁均采用MJY4.0系列液压整体模板。

排水：对于深立井可采用二级排水方式排水，可以在中间设置转水站，然后在吊盘下层盘上安装两台水泵（一台使用，一台备用），吊盘上层盘上安装水箱一个，工作面涌水由风泵排至吊盘上的水箱再由吊盘上的水泵排至转水站，经由转水站再排水至地面。

通风：选用两台对旋式局部通风机，配用两趟大直径风筒，压入式通风，解决工作面需风量的难题。

4.1.3　工程实例和主要技术措施

一、工程概况

某矿井设计生产能力13.0Mt/a，矿井设计服务年限90a。矿井采用立井开拓，工业广场内布置有主、副、风三个井筒，副井井筒净直径ϕ10m，井筒总深度702.658m，冻结深度525m。井筒主要技术特征见表4-1。

井筒主要技术特征表　　**表4-1**

序　号	项目		单位	副井
1	设计净直径		m	10
2	设计净断面		m	78.5
3	井底车场标高		m	+640（井深667.8）
4	冻结深度		m	525
5	井筒深度		m	704.658
6	水平以下深度		m	36.342
7	井壁厚度	冻结段	mm	950/1450
		基岩段	mm	700

根据该井田勘探报告资料以及勘探施工的井筒检查钻孔揭露资料，井田内地层自上而下有：第四系（Q）、白垩系下统志丹群（K_1zh）、侏罗系中统直罗组（J_2z）、安定组（J_2a）、延安组（J_2y）及三叠系上统延长组（T_3y）。最大荒断面掘进主要穿过第四系及白垩系下统志丹群。

二、凿井施工机械化作业线及配套方式

井架：采用新型双层天轮平台凿井井架。

提升：采用三套独立的单钩提升系统。主提选用一台 2JK-4.0×2.65/15 型提升机配 $5m^3$ 矸石吊桶，副提选用两台 JKZ-2.8E 型提升机配 $5m^3$ 矸石吊桶。

挖土、凿岩和装土、装岩：表土冻结段采用两台 HZ-6 型中心回转抓岩机、一台 SW30 电动挖掘机进行挖土、装土工作；基岩冻结段和正常段采用两台 XFJD-6.11S 型伞钻凿岩，两台 HZ-6 型中心回转抓岩机装岩，一台 SW30 电动挖掘机配合清底。

排矸：翻矸平台设三套落地式矸石溜槽，采用 ZL-50B 型装载机配合 12t 自卸汽车排矸。

混凝土搅拌及运输：井口设混凝土集中搅拌站拌制混凝土，站内配两台带自动计量装置的 JS-1000 型搅拌机，HTD2.4 型底卸式吊桶运送混凝土。

砌壁：表土冻结段、基岩冻结段和正常段砌壁均采用 MJY4.0 系列液压整体模板，表土冻结段内壁砌筑采用 12 圈金属装配式模板。

排水：采用二级排水方式排水，即在吊盘下层盘上安装两台 DC50-80×10 型水泵（一台使用，一台备用），吊盘上层盘上安装 $5m^3$ 水箱一个，工作面涌水由风泵排至吊盘上的水箱再由吊盘上的水泵排至地面。

压风：配置 2 台 DLG-132 和 4 台 DLG-250 型单螺杆式空气压缩机，总压风量为 $200m^3/min$。

通风：选用两台 FBD№7.5/2×45 型对旋式局部通风机，配用两趟 ϕ800mm 玻璃钢风筒，压入式通风。

副井综合机械化作业线配套设施见表 4-2。

副井综合机械化作业线配套设施一览表 **表 4-2**

序号	设备名称		型号规格	单位	数量
1	提升	主提升机	2JK-4.0×2.65/15	台	1
		副提升机	JKZ-2.8×2.2/15.5	台	1
		副提升机	JKZ-2.8×2.2/18	台	1
		吊桶	5 m^3	个	3
		提升天轮	ϕ3.0m	个	3
		提升钩头	11t	个	3
2	凿井绞车		JZ-16/1000	台	2
			2JZ-16/1000	台	2
			JZ-25/1300	台	11
			2JZ-25/1320	台	4
			JZA-5/1000	台	1
3	凿岩	伞 钻	XFJD6.11S	台	2
4	装岩	中心回转抓岩机	HZ-6	台	2
		电动挖掘机	SW30	台	1
5	排矸	矸石溜槽	落地式	套	3
		装载机	ZL-50B 型	台	3
		自卸汽车	12t	台	5

续表

序号	设备名称		型号规格	单位	数量
6	砌壁	搅拌机	JS-1000	台	2
		配料机	PL-1600	台	1
		液压整体模板	MJY-4.0/10	套	1
		模板	组合式	圈	12
		底卸式吊桶	HTD2.4	个	3
7	井架	自行研发	双层天轮平台	座	1
8	吊盘	凿井吊盘	两层 ϕ9.6m	套	1
9	辅助系统	排水 排水泵	DC50-80×10	台	2
		压风 压风机	DLG-250 40m^3	台	4
			DLG-132 20m^3	台	2
		信号 通信信号装置	DX-1	套	3
		照明 灯具	DdC250/127-EA	套	7
		通风 通风机	FBD№7.5/2×45	台	4

三、工艺流程及主要技术措施

井筒施工工艺流程图详见图 4-1，装岩出矸工艺流程图详见图 4-2。

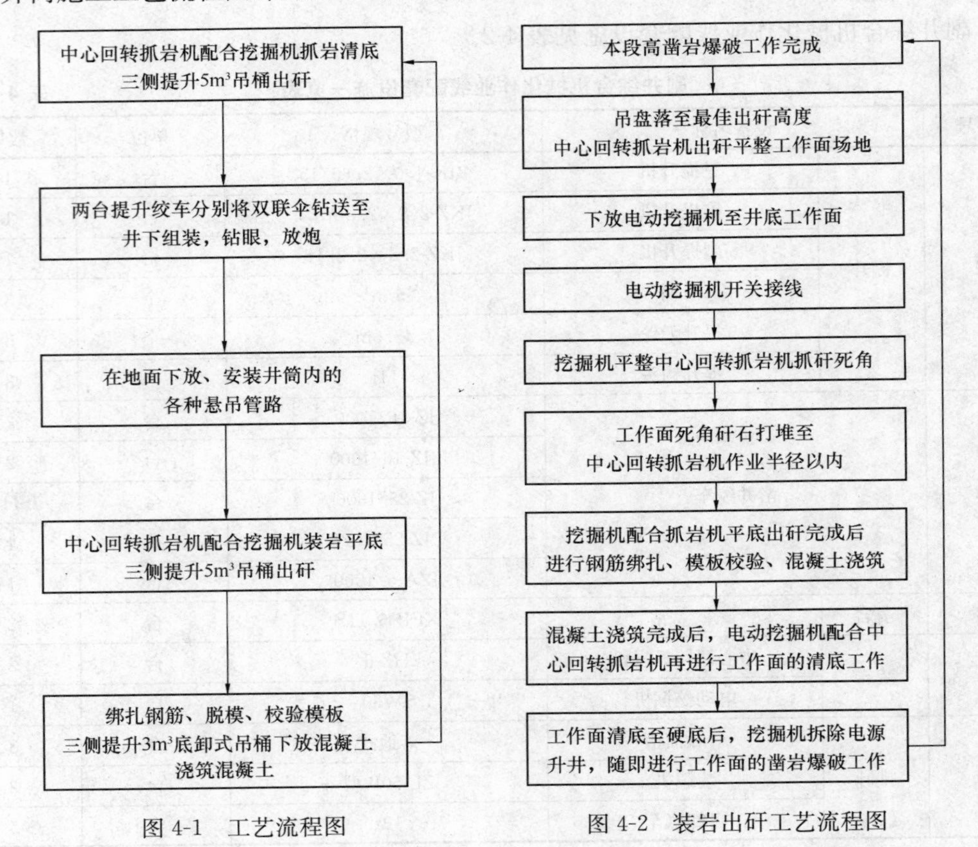

图 4-1　工艺流程图　　图 4-2　装岩出矸工艺流程图

井下钻眼爆破完成后，首先用两台中心回转进行装矸出矸，将工作面找平。工作面在中心回转装矸找平后，下放电动挖掘机至工作面，待动力电缆接线完成后，电动挖掘机配合双中心回转抓岩机装矸、出矸。为了提高中心回转抓岩机装矸的效率和预防吊桶起钩时的摇摆，电动挖掘机首先分别在三个吊桶的位置挖出 1～1.5m 的筒窝；然后在图 4-3 所示点画线以外将中心回转抓岩机工作死角处的矸石，搬运到抓岩机工作半径以内。开帮清底时，电动挖掘机将井壁及点画线以外的矸石先倒到抓岩机工作半径以内，抓岩机再抓起装入吊桶，见图 4-3。

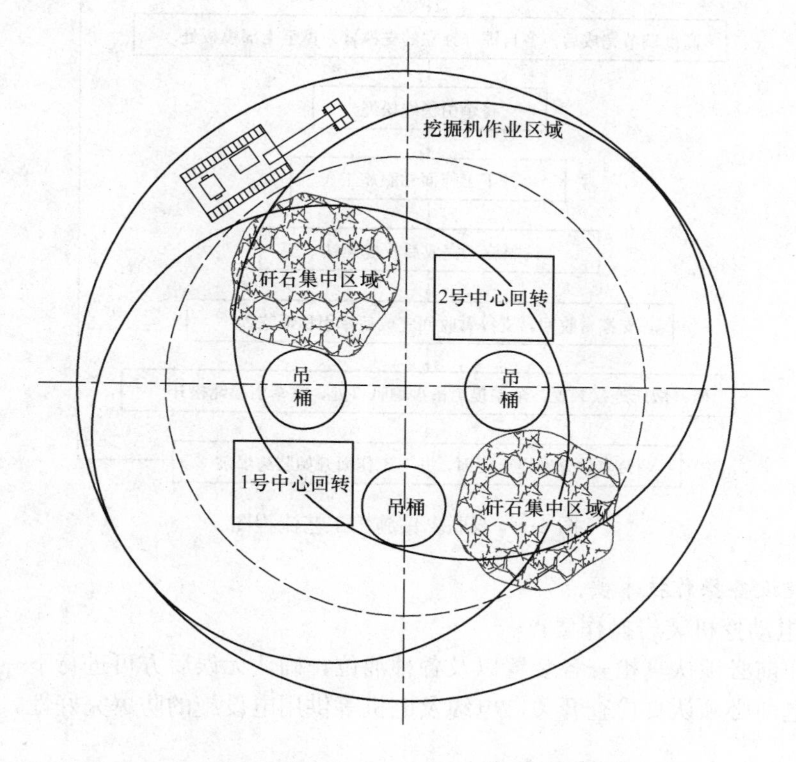

图 4-3　电动挖掘机与中心回转装矸区域划分示意图

工作面平底完成后，随即进行工作面的钢筋绑扎、模板校验、混凝土的浇筑。混凝土浇筑完成后，工作面进行清底工作，挖掘机配合中心回转抓岩机的作业方式等同工作面平底工作，待进入钻眼爆破工序前将挖掘机升井。

XFJD6.11S 双联伞钻由两台独立的钻架组成。工作时，通过安装在其中一台钻架上的连接机构与另一台钻架刚性连接并保证工作过程中连接稳固，然后调整每台钻架的调高器和支撑臂。每台钻架均具有独立的操作系统。双联伞钻在下放至工作面后，利用中心回转稳绳将两台伞钻牵引至连接位置处，待双联伞钻液压连接装置连接完成及伞钻支撑臂与井壁模板固定完成后，双联伞钻在工作面进行相关的调节，并坐落于实底。

双联伞钻施工工艺流程见图 4-4，施工作业示意见图 4-5。

井底工作面钻眼完成后，伞钻支撑臂与液压连接臂收臂，伞钻液压中心顶收起。利用牵引绳将两台连接伞钻分开，绞车提升绳分别将两台伞钻提升至地面。

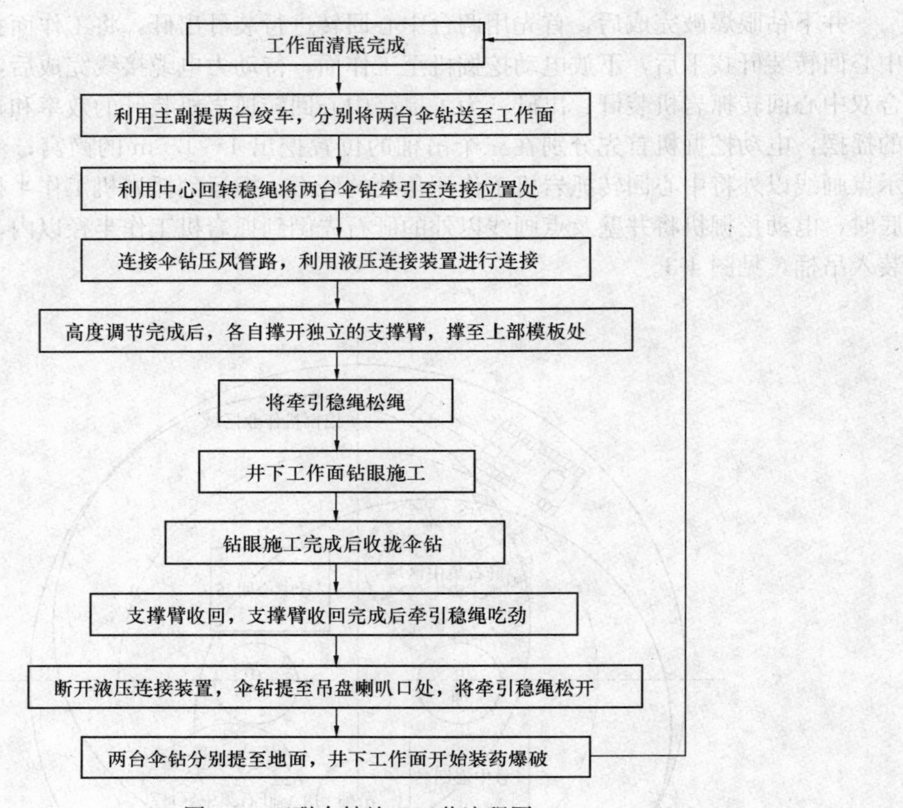

图 4-4　双联伞钻施工工艺流程图

四、关键设备操作技术要点

1. 井下电动挖机装岩操作要点

(1) 操作前必须认真检查各装置以及各种油位，确认无误后方可进行下一步操作。

(2) 送电前必须认真检查开关、电缆及电机等供用电设施的防爆完好性，确认无误后方可送电。

(3) 启动前认真检查警示灯、工作灯。确认安全锁锁定、所有控制杆位于空挡位置；电机空转 3～5min 后方可进行操作。

(4) 启动后检查所有开关和控制杆、各类仪表、机器声音是否正常，履带内有无杂物，并检查机车周围有无障碍物。

(5) 操作机车检查大小动臂及抓斗是否灵活、然后进行前后、左右行走及正反向旋转，检查机车的性能是否正常。

(6) 机车只允许合格的挖掘机司机操作，严禁他人操作机车，启动发动机及移动机车前先按喇叭，提醒场内人员机车要移动。

(7) 准备（长×宽×厚）2500mm×200mm×50mm 的木板数块，防止机车作业时因底板松软造成下陷。

(8) 机车开始作业时、应先将提升悬吊点处的吊桶坑挖出来，吊桶坑的深度约为一次挖掘深度的 1.2～1.5 倍即可。

(9) 机车开始作业时、必须先挖掘井筒的净断面到 1.6～1.8m 深后，方可挖掘荒

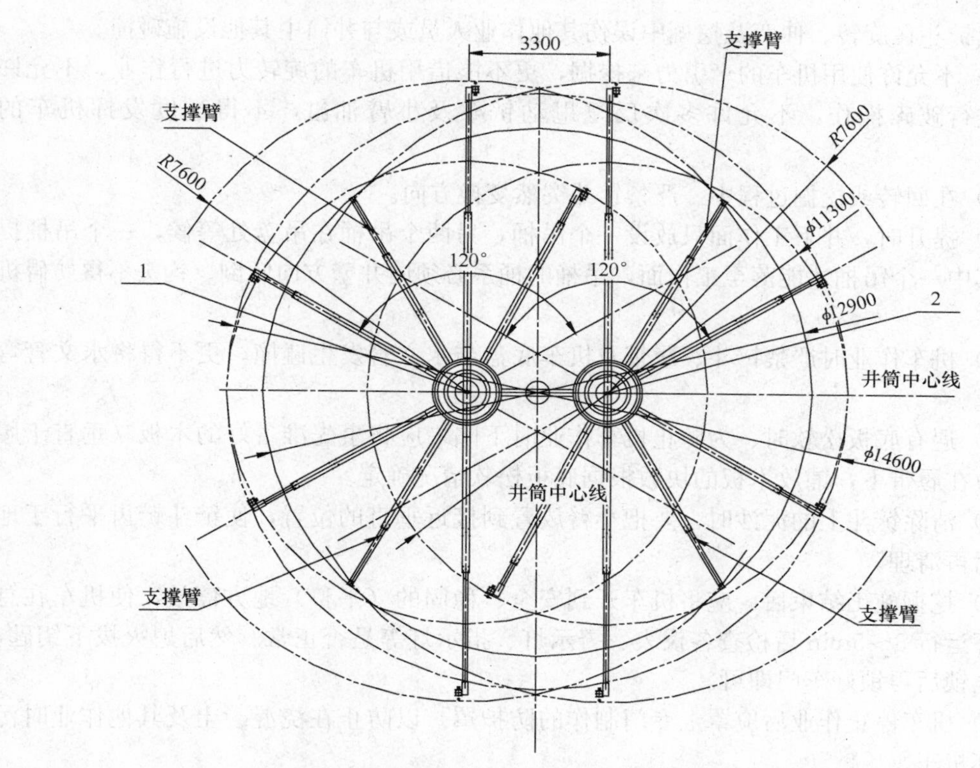

图 4-5 双联伞钻施工区域施工作业示意图

1—一台单独的伞钻；2—另一台单独的伞钻

断面。

(10) 在表土层挖掘荒断面时，机车必须严格控制挖掘顺序，不得沿一个方向依次挖掘，必须在外壁上保留不少于六个宽度不小于1.5m的墙体作支撑，以确保大模板的稳固性。在挖掘荒断面时、铲斗严禁碰撞模板及刃脚。

(11) 正常情况下机车必须在提升吊桶之间的空间作业，吊桶提升时，机车必须尽可能远离吊桶提升点，防止吊桶摆动时碰伤机车。

(12) 机车作业时严禁距井壁过近，防止机车驾驶室、臂杆等部件与模板刃脚发生碰撞。挖掘深度超过1.6m时，还应防止井壁塌落造成事故。

(13) 挖掘时应尽可能使大臂和小臂形成90°～100°的夹角，此时铲斗能够得到最大的挖掘力，一次挖掘深度一般不要超过铲斗高度的2/3（铲斗的铲齿垂直地面时的高度）。挖掘深度太深时不但挖掘阻力增大和易损坏机件，而且会明显降低机车的整机效率。

(14) 挖掘时应尽可能把铲齿挖掘方向朝着机车的中心方向，当铲齿方向与机车中心方向形成某一夹角时、应及时调整铲斗的挖掘深度，并平缓地操作，这样不会对机车和其他部件造成损坏。

(15) 挖掘机在作业时必须安排专人指挥司机。挖掘机司机必须听从指挥，熟悉且了解作业场地的环境，机车应配置灭火器。

(16) 机车作业时、挖掘机司机必须严密注意铲斗运行轨迹的运行情况，防止机车、大小臂及铲斗在旋转、伸弯及挖掘中误伤其他作业人员或与井筒中其他设施碰撞。

(17) 不允许使用机车的牵引力来挖掘，更不能借用机车的旋转力进行作业，不允许用铲斗进行破碎操作，不允许多次反复甩动铲斗及小臂油缸，不得过度发挥机车的性能。

(18) 在回转或挖掘过程中、严禁铲斗突然变换方向。

(19) 提升时，井下工作面只放设一个吊桶，另两个吊桶在吊盘处等候，一个吊桶提升后，其中一个吊桶才能落至工作面，吊桶的桶系必须向井壁方向倾倒、钩头不得妨碍机车装载。

(20) 机车作业时严禁铲斗、履带及机车底盘与水文管发生碰撞，更不得将水文管弯折或堵塞。

(21) 遇有底板松软时、为防止机车作业时下陷，应将事先准备好的木板（垂直于履带）铺放在履带下，铺放木板的块数根据底板松软情况确定。

(22) 清除铲斗上的泥沙时，要把小臂放置到接近垂直的位置，使铲斗铲齿平行于地面位置后再清理。

(23) 挖掘施工结束后、应将机车开到安全、稳固的（平整）地方停放，使机车在怠速状态下运行 3～5min 后检查各仪表、警示灯、指示灯等是否正常。然后熄火拔下钥匙，锁定安全锁后再锁好车门即可。

(24) 机车停止作业后应罩上专门制作的防护罩。以防止在浇混凝土及其他作业时污染或损坏机车。

(25) 将提升钩头提起，使提升架下部梁离开地面约 50mm，此时整个提升架必须受力均衡、不倾斜，悬吊绳架不与机车相碰刚，检查悬吊情况无误后方可提升上井。

(26) 在提升过程中必须严格控制提升速度；在吊盘以下时<0.5m/s，过吊盘及锁口盘时<0.2m/s，井筒正常段时<1m/s。

(27) 机车在提升穿过锁口、吊盘时必须有专人监护，监护人员必须佩带安全带，安全带生根必须可靠。

(28) 机车提升出井口后，关闭井盖门，将机车尽量落放在井盖门以外，然后拆除卸扣、拉紧螺栓和悬吊梁，即可发动机车将机车开出井口。

2. 双联伞钻施工操作要点

(1) 每班下井前须将各油雾器都加满油之后将油盖拧紧。

(2) 检查各管路部分是否渗漏，发现问题及时处理。

(3) 操纵推进油缸使钻眼机上下滑动，看其运行是否正常。

(4) 检查钎头、钎杆水眼和钻眼机水针是否畅通，钎杆是否直，钎头是否磨损。

(5) 检查吊环部分是否可靠，有无松动等现象。

(6) 检查操纵手柄是否在“停止”位置，检查机器收拢位置是否正确，注意软管外露部分是否符合下井尺寸，以免吊盘喇叭口碰坏管路系统。

(7) 用两根钢丝绳分别在推进器上部和下部位置捆紧，防止意外松动。

(8) 在井底打两个深度为 400mm 左右的定钻架中心孔，孔径 ϕ40mm 左右，孔间距 3300mm 安放钻座。

3. 双联伞钻的固定及拆除

（1）两台伞钻在工作面调节高度完成后，由中心回转悬吊绳进行多钩连接。伞钻立柱的下部采用连接管进行提前连接固定，以保证两台伞钻的连接距离便于控制。

接通球阀，启动气动马达使双联竖井钻机油泵工作，供给压力油。首先操作安装有连接机构的钻架的立柱油路阀，使安装在钻架顶盘上的连接机构升起直到与另一台钻架的销轴接触为止。然后操纵立柱油路阀，使夹紧油缸动作夹紧销轴，从而完成钻架的连接（注意在连接过程中，需要调整另一台钻架上的摆臂油缸位置，防止连接机构升起过程中与摆臂油缸的碰撞）。以上工作完成后，分别升起每台钻架的支撑臂，伸出支撑爪，撑住井壁，整体钻架固定后放松提升绳少许使之扶住伞钻，确保安全。

支撑臂支撑位置要避开升降人员，吊桶等设备位置，以免碰坏。同时在支撑臂撑住井壁后不可开动调高油缸，以免折断支撑臂。

立柱固定时要求垂直底面，以避免炮眼偏斜和产生卡钳现象。

（2）所有炮眼打完后，先将各动臂收拢，停在专一位置上，卸下钎杆，将钻眼机放到最低位置，确保收拢尺寸。适当的张紧提升绳，收拢三个支撑臂后再收回调高油缸，使提升绳受力，防止钻架倾倒，用钢丝绳上下捆紧。通过安装在连接机构上的夹紧油缸和升降油缸动作来拆除建立在两钻架之间的连接。停止压气供水，卸掉总风管和水管后，准备提升到井口安全位置放置。

五、劳动组织

井筒施工时，掘砌队劳动力实行综合队编制。井下掘砌工按照施工顺序合理划分专业掘砌班组，直接工采用专业工种“滚班”作业制度；其他辅助岗位工种，实行“三、八”作业制；此外设备维修及材料加工人员实行“包修、包工”作业制。井筒表土冻结段及壁基段外壁掘砌采用一掘一砌作业方式。

井下共划分 4 个专业班组，各班组工作面人员配备分别为：钻眼爆破班 16 人；清底班 15 人；平底班 15 人；钢筋、砌壁班 37 人。

六、循环作业方式

井筒掘砌施工期间，直接工采用专业工种“滚班”作业制度，井筒基岩冻结段每 25h 完成一循环，循环进尺 4.0m，正规循环率 80%，月成井速度保持在 90m 以上。正常段每 25h 完成一循环，循环进尺 4.0m，正规循环率 80%，月成井速度超 90m。机电运转维修及施工辅助工种均采用“三八”作业制，工程技术人员及项目部管理人员实行全天值班制度。

七、进度指标

通过 XFJD6.11S 双联伞钻及中小型挖掘机配合双中心回转配套技术的成功运用，使施工中单进水平从开始的每月 60m 左右，稳步增加到 90m 以上，最高月进尺为 104m，整个井筒施工速度，比传统方法施工（基岩段每月 70m）相比，提前了 1 个月。

在正常的立井井筒施工当中，平底班、清底班施工所需时间较长，针对本矿井工程来说，两个出矸班所需时间为 10h25min，约占掘砌单循环时间的 3/5。

打眼班施工工序所需时间：交接班装钻杆 30min；下钻到工作面组装完成 30min；打眼 2h；拆钻 30min；装药 1.5h；爆破后通风 40min；工作面检查 20min。单班全部完成需用时间 6h，约占掘砌单循环时间的 1/5。

4.2 岩巷快速施工方法与技术

4.2.1 概况

一、岩巷施工技术存在的问题

目前我国岩巷掘进单进水平低，成本比较高。岩巷施工在机械化水平、施工工艺、施工速度上都还明显落后于先进国家，施工效率差距更大。总的说来，主要存在以下问题：

1. 机械设备及其配套方面

设备老化而且不配套，不能适应快速掘进的需要。目前，国内岩巷施工设备主要采用气腿式凿岩机，耙斗式装岩机，这些设备机械性能十年如一日，没有大的发展和改进，占用很多人力，严重制约了岩巷掘进速度的提高。而且装岩、转载、运输和支护各环节配套性欠佳，作业劳动强度大，致使掘进速度很难有所突破，效率也一直在低水平徘徊。

2. 爆破参数方面

虽然中深孔爆破技术已得到发展和推广应用，但是目前国内多数煤矿主要采用的还是浅孔爆破，循环进尺普遍较低，一般在1.8m以下。辅助时间相对较长，而且不利于实现钻眼与装岩平行作业，这也是造成岩巷单进水平低的一个主要原因。

3. 支护参数方面

我国岩巷掘进支护，现大部分已实现了锚喷网化。但为了支护可靠性，大部分煤矿在选择支护参数时没有经过科学的分析研究，往往采用工程类比法（经验法）设计支护参数，往往造成支护密度过大，给快速施工带来很大的影响，也造成了很大的浪费。

4. 劳动组织方面

采用的劳动组织方式不同，人员组成不同，很多都没有从系统工程角度出发，应用网络优化方法来认真科学地组织和管理施工，造成工序组织不合理，部分工序劳动力浪费较严重，大大影响单进水平和成本。

二、影响掘进速度的因素分析

1. 地质条件

掘进的地质条件主要是指工作面煤岩硬度，层理发育情况，顶底板的稳定情况，瓦斯涌出量，掘进面涌水量等。好的地质条件能为实现快速掘进提供一个良好的平台，反之，复杂的地质条件成为影响实现快速掘进的一个咽喉。稳定的顶板条件，控顶距大，支护条件好，锚杆间排距大，支护时间短，掘支可以平行作业。顶板条件不好，控顶距小，锚杆间排距小，支护时间长，工人劳动强度大。同时，由于耙斗装岩机是履带行走，底板强度不高，容易造成“水泥路”，井下工作环境恶劣。

2. 装岩与运输设备

在岩巷施工上，出矸时间占总循环时间的35％～50％，因此选择合理的装岩设备，减少装岩出矸时间是提高巷岩掘进速度的重要环节。原有的人工装岩方式与小断面、浅眼爆破还能勉强相适应，但明显不能满足快速高效掘进的需要，必须采用增加装矸设备。

目前我国现场使用的装岩机主要有铲斗式装岩机、耙斗式装岩机、蟹爪式装岩机、蟹爪立爪式装岩机以及侧卸式装岩机等几种类型。各种设备都有其优缺点。

铲斗后卸式装岩机一般构造简单，适应性好，但它的生产能力小，装岩工作方式不合理，间歇装岩，效率低，易扬起粉尘，要求有熟练的操作技术。这种设备以前用得比较多，近几年逐渐为侧卸式所代替。侧卸式装岩机铲取能力大，生产效率高，对大块岩石、坚硬岩石适应性强；履带行走，移动灵活，装卸宽度大，清底干净；操作简单、省力。但是构造复杂、造价高、维修要求高。耙斗装岩机构造简单，维修、操作都容易；适应性强，可用于平巷、斜巷以及煤巷、岩巷等。但是，它的体积较大，移动不便，有碍于其他机械使用，间歇装岩；底板清理不干净，人工辅助工作量大；耙齿和钢丝绳消耗量大。蟹爪式、立爪式以及蟹爪立爪式装岩机与大转载能力的运输设备和转载机配合使用，生产效率高；履带行走，移动灵活，装载宽度大，清底干净；工作需要空间小；装岩方式合理，效率高粉尘小。但是构造较复杂，造价高；蟹爪与铲板易磨损，装坚硬岩石时，对制造工艺和材料耐磨要求较高。以上装岩机械在巷道掘进中受到种种限制，装岩效率都不高，因此，开发研究新颖高效的装岩机显得尤为重要。

装岩效率的提高，除了选用高效能装岩机和改善爆破效果以外，还应结合实际合理选择工作面、各种调车和转载设施，以减少装载间歇时间，提高实际装岩生产率。加强装岩调车工作组织和运输工作，及时供应空车，运出重车。采用不同调车与转载方式，装载机的工时利用率差别很大，据统计我国煤矿用固定错车场时为20%～30%、用浮放道岔时为30%～40%、用长转载输送机时为60%～70%、用梭式矿车或仓式列车时为80%以上。

巷道施工除了要求及时地将岩石送出外，还需要将大量支护等材料运往工作面。我国煤矿巷道掘进运输多用电机车牵引矿车，将重车拉到井底车场，空车供应工作面。采区煤巷的运输多用刮板输送机和可伸缩胶带输送机将煤运至采区煤仓。近几年又开发使用了卡轨车和单轨吊等可往返的运输设备。

3. 施工工艺

施工工艺不能最大限度地平行作业是影响快速掘进的主要原因，这主要是因为设备本身的不足和地质条件的限定而引起的。由于掘进设备的一些方面的局限性，所以施工工艺相对比较落后。岩巷掘进中，少数矿井采用全断面掘进机外，其余仍以钻爆法为主。钻爆法施工具有灵活、方便、成本低廉，适应性强，可掘任何形状、长短的巷道等优点。但是如果爆破质量不好，就会存在超挖问题，巷道超挖后危害有四：一是造成了预应力分布不均衡；二是造成出碴多；三是浪费喷浆材料；四是延长了施工时间，最终影响了岩巷单进的提高。

根据统计资料，巷道掘进作业中的支护时间要占总作业时间的70%，虽然采用了锚杆、锚喷和锚梁网等支护手段，简化了巷道的支护作业，但掘进巷道作业中的掘进与支护的分离，是进一步提高掘进巷道速度的最大障碍。岩巷掘进支护和出碴工序占用的时间更长，由于很大一部分矿井都趋于老化，风钻风压不够，打眼速度慢。严重的影响了下一工序的正常进行，通常造成一个班不能在规定的时间内完成额定任务。同时，矿井老化导致一些设备的维修期过短，故障频繁也是影响施工工艺的一个重要原因，设备的故障会导致施工工艺的不连续性，造成井下有人没活干的误工现象。

4. 爆破与支护参数

虽然中深孔爆破技术已得到发展和推广应用，但是目前国内多数煤矿主要采用的还是浅孔爆破，循环进尺普遍较低，一般在1.8m以下，而且不利于实现钻眼与装岩平行作业，尤其是一些大断面岩石平巷采用全断面或者台阶法施工时，往往实施多次装药、多次爆破，增加的通风、连线等辅助时间相对较长。此外，破碎岩石抛掷距离过大也给装岩设备的前移带来了影响，这样也是造成岩巷单进水平低的一个主要原因。

岩巷掘进支护，大部分煤矿已实现了光爆锚喷。但在选择锚喷支护参数时，一般都没有经过科学的分析研究，往往采用工程类比法（经验法）设计支护参数，为了保证支护的可靠性，参数设计过于保守，容易造成支护密度过大，给快速施工带来很大的影响，同时，也造成了很大的浪费。

5. 施工组织管理

科学管理的基本原则是：

（1）对工人劳动的每种要素规定一种科学的方法；用以代替陈旧的凭经验管理的方法；

（2）科学地挑选工人，然后进行训练、教育，发展他们的技能；

（3）与工人合作，保证所有工作都能按已发展起来的原则来进行；

（4）在管理和工人之间，工作的分配和责任的分担几乎是均等的。

目前我国煤炭经济形式明显好转，国营大中型煤矿原煤产量供不应求，在这样的经济状况下，煤矿往往追求眼前经济利益，不考虑企业的发展后劲，施工组织管理缺乏科学性，导致了奖罚不明，职责不清，工人的劳动积极性不强，间接的影响到了掘进的进尺和工作质量。在机械化快速掘进过程中，掘进机和装岩机司机水平的高低，很大程度上决定了所掘巷道的质量、速度，并直接关系到效益。综合素质较高的司机在装岩效率上，对装岩机的维护上，在底板清理上，都能体现出较高的水平。而机电工的技术水平更是决定设备能否正常运转的关键因素，直接影响到设备维护质量和故障能否及时处理。机械化程度的提高，发展快速掘进的要求，一方面对设备维护提出了高要求，另一方面，对员工素质，例如装岩机司机、机电工等，也提出了更高要求。“以人为本”是发展快速掘进技术的根本，必须对各工种员工进行严格的专门培训，提高其技术素质，方可在快速掘进中取得突破性进展。

4.2.2　提高掘进速度的技术措施

一、新型、高效设备的选用

1. 扒斗式装载机

煤矿用扒斗式装载机（挖碴机，图 4-6）是吸收了国内外先进技术基础上研制开发的，它具有高效、节能、噪声低等特点。该机可连续把岩碴进行挖掘、扒取、输送到矸石仓、矿斗车和其他运载设备上。这一连续的生产过程具有装载平稳、挖掘范围大、不洒料、高效、连续性等特点。

扒斗式装载机采用电液传动，行走和运碴刮板运动均为液压马达驱动，工作机构的大臂、小臂、臂回转、转台、挖斗及运输槽的升降运动全部由液压油缸驱动。操纵台控制电源及整机液压系统的工作。液压系统的合理布局使维修方便，电器和液压系统的保护装置能使该机连续平稳地工作。

扒斗式装载机设置有喷水系统，能更大地减少粉尘污染，清洁空气。

装载机的下挖深度可达轨面以下 300～900mm，给延伸工作面，铺设钢轨枕木创造了条件，减小了劳动强度，加快了施工进度。

装载机行走方式为履带式。

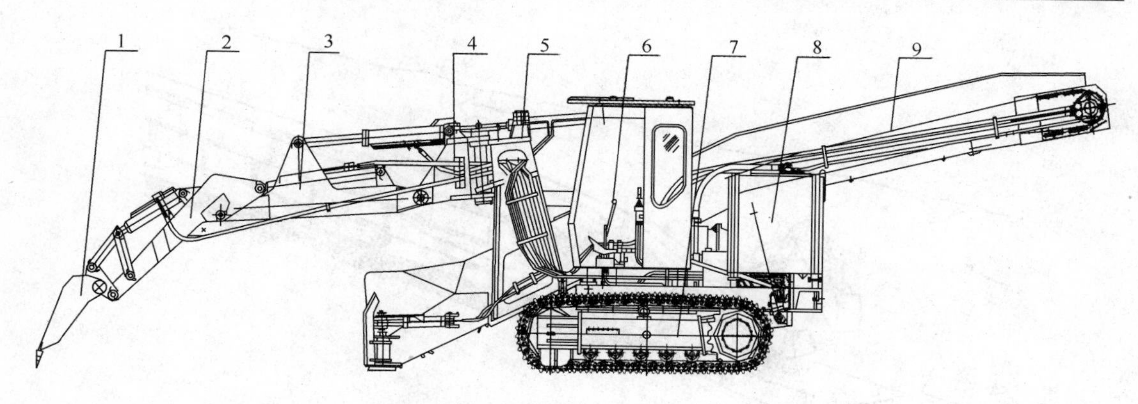

图 4-6 装载机总体示意图

1—扒斗；2—小臂；3—大臂；4—绞座；5—门架；6—操纵系统；7—行走机构；8—动力及液压系统；9—运输槽

装载机动力源为50Hz、380V（660V）交流电源。所有机型电器系统全选用矿用隔爆电器元件。

装载机适用条件：

（1）装载机适用于3m×4.8m以上的巷道断面。要求工作场地排水良好；水位低于轨面。为使整机在航道中运行而不发生干涉，要求轨道中心与巷道壁的距离不小于1m。

（2）装载机适用于煤矿巷道施工，使用场所中的甲烷、一氧化碳、煤层瓦斯等含量不超过《煤矿安全规程》的规定。

（3）装载机工作环境温度为−5～40℃。温度为25℃时，工作场地大气相对湿度不超过90%。

（4）装载机一般在海拔不超过2000m的环境使用。

（5）装载机一般以装载块度在600mm以下使用，普氏硬度系数在12以下的岩渣为宜。

2. 移动式矸石仓

为配合新型装岩机械和减少排矸运输时间（增加平行作业时间），运输设备采用梭式矿车形式，设计由两节25m³的搭接梭式矿车组成（图4-7），矸石仓在600mm轨距的轨道上运行，箱体内部设计有一套刮板输送装置，它可以自动地将料铺满10多米长的整个车厢，并可把料转载到别的矸石仓上（图4-8）。当矿矸石仓被拉到卸料场（车场）时，又可利用这套刮板输送装置把料自动卸出。由于整个车厢安装在两个转向行走机构上，利

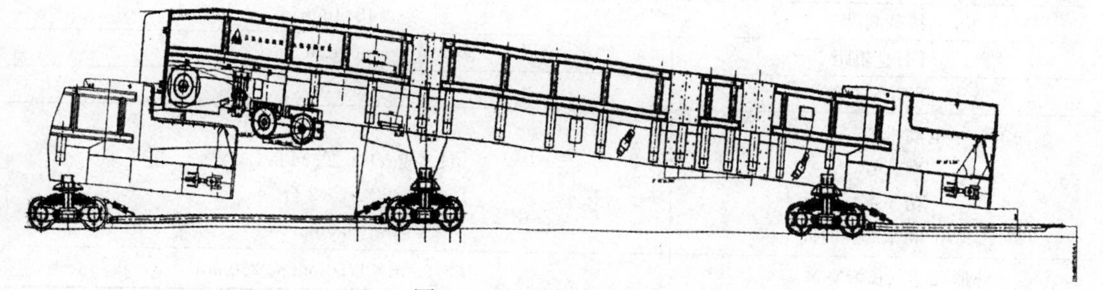

图 4-7 矸石仓结构示意图

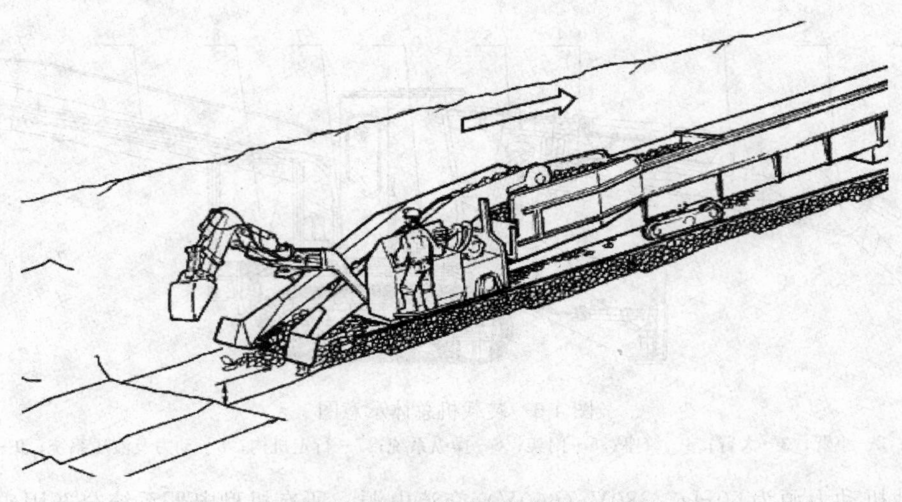

图 4-8 挖碴机和矸石仓联合装备示意图

用上述机构可以在两条相邻的轨道上，使车厢中心线与轨道偏转一角度，从而可以使车厢内的碴石侧卸在轨道的两侧。由于它能实现装料、出碴工作的流水连续作业，顶端和侧向均可卸料等，从而提高了工作效率，进而可以加快巷道工程的速度。

为便于矸石仓运输，设计成前后两段或前、中、后四段，即前车厢、后车厢或加上车厢或中车厢，各车厢依靠中间链接板相连接。在车厢内除装有刮板传动装置外，还装有装矿挡板、装矿左侧板、装矿右侧板，整个车厢支承在两组转向行走机构上，借转向托架及钢板弹簧实行弹性连接。两组转向行走机构共有八个直径为 400mm 的车轮；支承在 33kg/m 或 43kg/m 的铁路钢轨上。转向架与车厢托架之间还装有滑板及平面止推轴承（8326）和滑动轴承铜套，保证了转向的灵活。

车厢内的刮板输送装置依靠电机经过行星减速器和链条传动，另外每辆矸石仓还配有二套牵引杆，作为拖动矸石仓之用，搭接使用时每两台矸石仓还配有一根搭接牵引杆。一列矸石仓满载时可装载 $25m^3$，相当于 50t 的物料，一般在重车情况下行走速度 12km/h，而满载情况下的卸料时间约需 6.5min。这种设备的主要技术参数见表 4-3。

主要技术参数 **表 4-3**

型　号	防爆型（SS25D-B）
最大型装车容积	$25m^3$
最大载重量（均布）	50t
接载高度	1544mm
矸石仓轨距	600mm
矸石仓自重	26.3t
电动机： 型　号 功　率 满车卸料时间	 H（或 YB）225M-8/B5 Y 22kW×2 台 ～6.5min
外形尺寸（长×宽×高）	16216mm×1760mm×3250mm

二、完善掘进配套设施

快速掘进配套设施的完善是实现快速掘进的保证。巷道快速掘进评价的一个重要方面就是有没有完善的快速掘进配套设施。配套设施主要是指辅助运输系统，通风系统，排水系统，供电系统等。只有这些系统正常稳定的工作，才能保证工作面快速连续掘进。

快速掘进配套设施评价主要有：

(1) 辅助运输系统转载与运输设备能力是否合理，是否保证连续运输是实现快速掘进的关键。

(2) 通风系统能不能保证掘进工作面安全工作的风量。

(3) 排水系统、供电系统能不能正常稳定的运行。

三、改进施工方法及施工工艺

实践证明，只着眼于完善“常规”的施工方法，尚不足以使巷道掘进速度产生新的跃进，还必须积极推广并进一步研究施工工艺和技术，如中深孔爆破，深孔爆破等。实现快速掘进时，施工工艺一定要连续，坚持高的正规循环率，加强各工序之间的平行作业。在岩巷快速掘进的钻爆法施工经验，可以实现平行交叉作业的工序为：

(1) 交接班与工作面安全质量检查平行作业；

(2) 钻眼、装岩与永久支护平行作业；

(3) 测中、腰线与准备钻眼、敷设风水管路平行作业；

(4) 用耙斗机装岩装满矸石仓后，当矸石仓对矿车装岩时，可以与钻下部眼和支护实行平行作业；

(5) 移动耙斗式装岩机与延接风水管路平行作业；

(6) 工作面打锚杆与装岩平行作业；

(7) 砌水沟与铺永久轨道平行作业。

四、科学的施工组织管理

这是实现快速掘进的重要因素。巷道施工要达到快速、优质、高效、低耗和安全的要求、除合理选择施工技术装备及施工方法外，正确地选择施工作业方式、采用科学的施工组织与先进的施工管理方法，也是很重要的组成部分。

为了加快巷道施工速度，首先，要推广多工序平行交叉作业；第二，实行以工种岗位制为中心的施工管理工作；第三，推广综合工作队；第四，抓好正规循环作业。这些都是实现科学管理的有效保证。机械化程度的提高，发展快速掘进的要求，一方面对设备维护提出了高要求；另一方面，对员工素质，例如掘进机司机，机电工等，也提出了更高要求。“以人为本”是发展快速掘进技术的根本，必须对各工种员工进行严格的专门培训，提高其技术素质，方可在快速掘进中取得突破性进展。为实现快速掘进的目标，应加强施工组织管理的科学性，考虑采用平行交叉作业制度，平行交叉作业制度的优越性在机械化程度较高的综采工作面得到了很好的体现，在综掘化程度较高的掘进工作面也得到了较好的体现。实践证明，随着掘进机械化程度的提高，平行交叉作业制度能够充分发挥快速掘进的威力。

通过以上分析可知，科学的施工组织管理方法是实现快速掘进的保障：巷道施工要达到快速、优质、高效、低耗和安全的要求，除合理选择施工技术装备及施工方法外，正确地选择施工作业方式、采用科学的施工组织与先进的施工管理方法，也是很重要的组成部分。快速掘进机械化配套设施的完善是实现快速掘进的重要保证：尤其是辅助运输系统，是否能够为快速掘进提供连续稳定的后备运输至关重要。对东滩东翼三采区大巷快速掘进分析过程中，外部因素成为影响快速掘进效果的主要原因，而这些外部因素正是快速掘进配套设施不完善带来的直接后果。不断改进的施工方法及施工工艺为实现快速掘进的重要途径：在施工过程中，施工工序应最大限度的平行作业。在掘进实验过程中，通过对爆破工艺的改进优化，使得掘进工作面爆破时间减少，爆破质量提高，岩巷快速掘进取得了成效。

4.2.3 巷道快速掘进工程案例

一、工程概况

东滩矿东翼三采区轨道大巷，迎头岩性自下向上依次为：粉砂岩，深灰色，厚 6.5m～7.0m；泥岩，深灰色，松软破碎，厚 8.7～11.0m；6 煤，厚 0.6m；泥岩，深灰色，松软破碎，厚 8.7m；三灰，致密坚硬，厚度 5.5m；粉砂岩，深灰色，厚 6.5m～7.0m。该大巷设计断面为半圆拱形，净高 3.9m（墙高 1.5m，拱半径 2.4m），净宽 4.8m，断面积 16.9m^2。

采用全断面一次装药一次起爆，炮眼深度采用 2.3m，单循环进尺 2.1m，三八工作制，按正规循环作业；采用锚网喷支护，间排距为 1000×1000mm，锚杆规格为 ϕ20×2000mm，金属网规格为 ϕ6×1015×1700mm，喷射混凝土厚度为 50mm，该施工方案掘进面空顶距相对较小，采用中空孔掏槽使碎石崩落集中，既安全又方便了施工。

二、机械化配套方案

该快速掘进作业线主要通过以下设备实现：采用多台（4～6 台）YT-24 风钻打眼，液压挖渣机（履带式，ZDY-160B/47.2 型）装岩，2 台移动矸石仓（YDKC-50 型）辅助排矸，采用履带式装载机牵引矸石仓，锚杆眼用风钻或锚杆钻机打眼，采用风动扳手安装，风炮紧固，喷浆采用转子六型喷浆罐，2 寸管送料，矿车给料，设备配套见表 4-4。

机械化作业线设备组成　　表 4-4

设备名称及型号	使用台数	备用台数	设备生产单位
YT-24 凿岩机	4	3	
ZDY-160B/47.2 型装岩机	1		贵州三环机械厂
YDKC-50 型移动矸石仓	2		江西鑫通机械有限公司
ZHP-Ⅳ型混凝土喷射机	1	1	
8t 蓄电池电机车	2		
激光指向仪	1		
锚杆钻机	2	2	

三、爆破方案

对东滩煤矿东翼三采区大巷采用准直眼掏槽抛渣爆破，周边眼小药卷不耦合装药，全断面一次爆破，炮眼布置及参数见图 4-9 和表 4-5。

采用一次性全断面起爆施工，放炮装药时间明显减少，采用准直眼的掏槽能够保证中深孔爆破的效果，炮眼利用率达到 90%，周边眼采用小直径（小药量）装药爆破后，巷道成型较好，减少了对围岩的破坏作用。

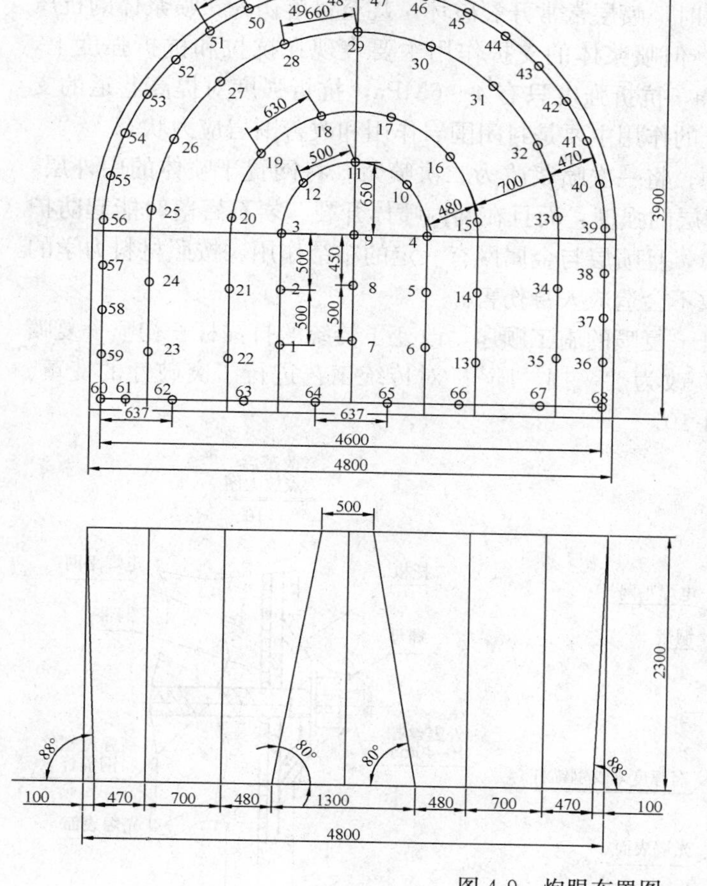

88°
3900
2300
88°

掘进方法:

1.工作面配备六台风钻，人抱风钻，湿式打眼。

2.采用三八制，正规循环作业，进尺1.8(2.2)m。

图 4-9　炮眼布置图

爆破参数表　　　　**表 4-5**

名称		编号	孔深(m)	眼距(mm)	圈距(mm)	角度		装药量(kg)			起爆顺序	连接方式
						垂直	水平	眼数	每眼	总量		
掏槽眼		1-6	2.1 (2.4)	500		90°	80°	6	1.0	6	Ⅰ	
中心眼		7-8	2.1 (2.4)	500		90°	90°	2	0.45	0.9	Ⅱ	
辅助眼		9-12	1.9 (2.3)	500		90°	90°	4	0.75	3.0		毫秒延期电雷管
崩落眼1圈		13-22	1.9 (2.3)	630	480	90°	90°	10	0.75	7.5	Ⅲ	
崩落眼2圈		23-35	1.9 (2.3)	660	680	88°	90°	13	0.75	9.75		
周边眼	上部	39-56	1.9 (2.3)	400	470	88°	90°	18	0.434	7.8		
	下部	31-38 57-59	1.9 (2.3)	400	470	88°	90°	6	0.6	3.6	Ⅴ	串并联起爆
底眼		60-68	1.9 (2.3)	637		88°	90°	9	0.75	6.75		
合计								68		45.3		
说明		1. 上部周边眼使用 ϕ23mm×400mm×217g 小直径水胶炸药，其他炮眼都采用规格为：ϕ27mm×400mm×300g 的水胶炸药； 2. 根据岩层变化情况及时调整装药量										

四、锚喷支护新工艺

长期的实践表明，当巷道受力时，喷层常常开裂破坏，甚至冒落伤人，喷浆体的抗压强度虽然较大，达到 24～34MPa，但喷浆体的支护作用主要表现在抗拉和抗折强度上，而喷浆体的抗拉只有 1.4～3.8MPa，抗折强度只有 4～6MPa，抗折强度对提高巷道的支护强度作用甚微，因此喷射混凝土的作用主要是封闭围岩作用和改善围岩应力状态。

针对目前喷射混凝土过厚问题，将一次喷浆改为二次喷浆，将网置于喷体的中外层，网外喷厚为 20mm，不仅提高了喷层的强度，而且在网内喷体开裂、岩石冒落时能起防护作用，网外喷体开裂时，因喷层薄，且喷层与金属网有一定的粘结作用，按照材料力学的观点，只能产生裂隙，不脱落，故不会造成人身伤害。

在工序上采用了初喷—打锚杆—复喷的施工顺序，改变了传统的打锚杆—初喷—复喷工艺，作业方式上由“二掘一喷”改为“一掘一喷”。对传统工艺进行了突破性的变革。两种喷浆工艺巷道支护效果见图 4-10。

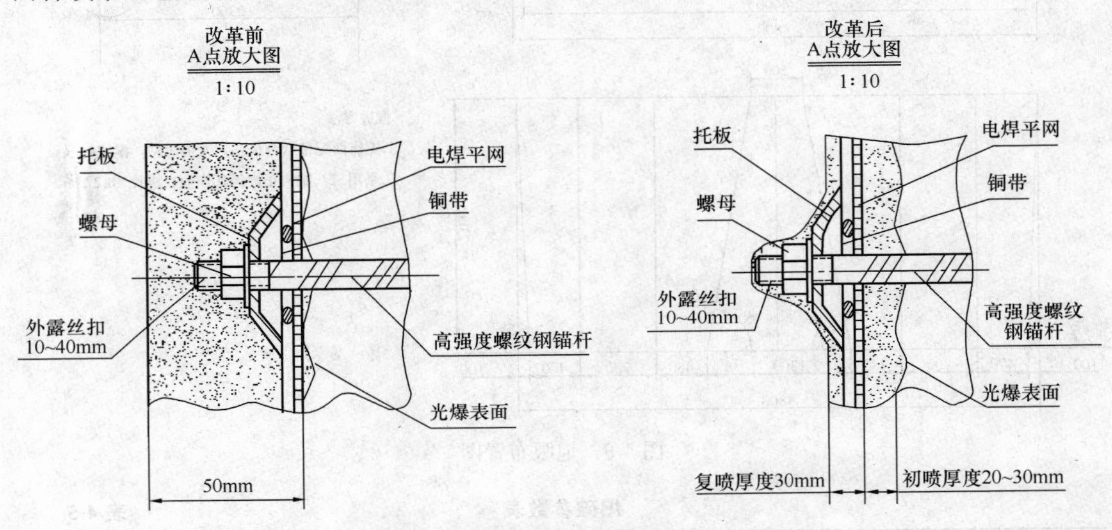

图 4-10　改革前后巷道支护效果图（局部放大图）

五、快速掘进作业线工艺劳动组织

该作业线总体施工流程如下：

交接班、安全检查⟶找顶、初喷⟶{拱部锚网⟶打上部炮眼；清理轨道、进装载机、矸石仓}

⟶拱部喷浆⟶装载机耙矸⟶{两帮锚网⟶打下部眼；退装载机、矸石仓}

⟶两帮喷浆⟶平底板、钉道⟶装药放炮通风⟶交接班。

施工采用“三八”制的日工作制度，每个班 12～15 人，循环图表如图 4-11 所示。

六、实施效果

通过以气腿式凿岩机、履带式挖渣机、移动矸石仓和矿车为主的大断面岩石巷道快速施工的装岩机械化作业线，实现煤矿岩石巷道的装岩设备升级，每循环时间缩短 60min 以上。并保证了每个小班的正规循环，实现每天平均进尺 6m 以上，实现单月进尺 200m

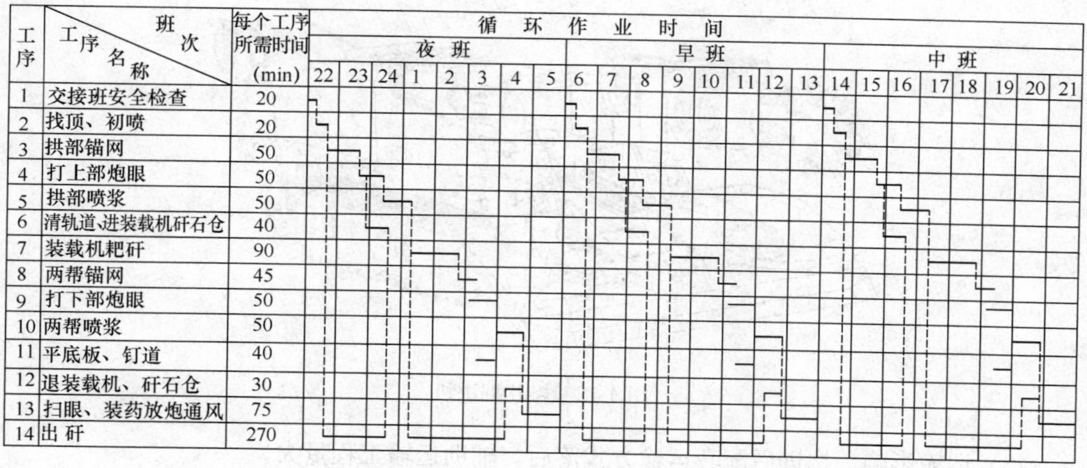

工序	工序名称	每个工序所需时间(min)
1	交接班安全检查	20
2	找顶、初喷	20
3	拱部锚网	50
4	打上部炮眼	50
5	拱部喷浆	50
6	清轨道,进装载机矸石仓	40
7	装载机耙矸	90
8	两帮锚网	45
9	打下部炮眼	50
10	两帮喷浆	50
11	平底板、钉道	40
12	退装载机、矸石仓	30
13	扫眼、装药放炮通风	75
14	出矸	270

循环作业时间：夜班 22 23 24 1 2 3 4 5；早班 6 7 8 9 10 11 12 13；中班 14 15 16 17 18 19 20 21

图 4-11 机械化作业线施工循环图表

以上的目标，经济效益显著，并大大降低了工人的劳动强度。主要结论如下：

（1）形成了一套以气腿式凿岩机、履带式挖渣机、移动矸石仓和矿车为主的大断面岩石巷道快速施工的装岩机械化作业线，实现煤矿岩石巷道的装岩设备升级，让大部分排矸时间和打炮眼与支护平行作业，实测结果表明每循环时间缩短 120min 以上。

（2）通过对中深孔爆破技术各项参数的分析和研究，确定了中深孔爆破的各项合理参数，通过运用准直眼掏槽形式爆破，提高了炮眼利用率，达到炮眼利用率 90%以上，使循环进尺由原来的 1.8m 加深到 2.1m。

（3）运用建立的全岩巷道支护设计的专家系统，优化了支护参数，增加了平行作业时间，节约了支护时间，并确保支护参数设计的科学性和合理性，支护效果良好。

（4）分析了影响掘进速度的几个主要因素，优化工序安排，形成最佳工序组合，最大限度提高了工效，直接工效比原来有了明显提高。

另外，工业试验性结果表明，由于采用了新型机械化作业线，尤其是装载机械化水平大大提高，减轻了工人的劳动强度，提高了生产效率。

4.3 煤巷快速施工方法与技术

4.3.1 概况

国内外煤矿巷道掘进施工工艺主要有钻爆法和综合机械化掘进法（综掘法）。煤和半煤巷掘进正在逐步由钻爆法向综掘法进行快速演变。综掘法是近二三十年间迅速发展起来的一种先进的巷道掘进技术。其主要设备是掘进机（图 4-12），它是一种集切割、装载及转运岩渣、降尘等功能为一体的大型高效联合作业机械设备，能实现连续掘进，目前国际先进水平已实现自动控制及离机遥控操作。

影响煤巷、半煤巷综掘机快速掘进的因素包括：

（1）掘进机截割硬度影响。目前的掘进机对于长时间截割有局部 $f=6$ 及以上岩石的半煤机巷道困难还较大。

（2）支护影响。临时支护和永久支护占用时间长。

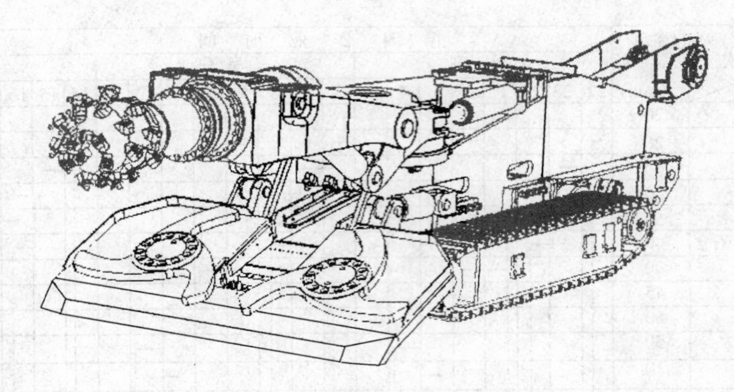

图 4-12 煤巷掘进机

(3) 运输影响。掘进后配套运输方式落后，辅助运输工程量大。

(4) 开门撤除影响。综掘准备无专门队伍、开门延用炮掘 60～100min，然后进行系统安装的传统方式，撤除先进行系统回撤，然后才能撤除掘进机，造成安装、撤除时间长，甚至在掘进机不升井大修的情况下，从搬家至新头安装就需一个多月的时间。

(5) 职工素质影响。综掘技术培训和设备维修管理跟不上综掘发展速度，综掘使用、维修高、精、尖人才少。

(6) 设备维修影响。综掘机维修质量差，缺乏有效的测试手段，造成部分掘进机大修后刚下井使用即发生故障。再就是掘进机易损件备用不足，无专门的配货渠道，配件质量难以保证，影响综掘机的使用。

(7) 掘进机产尘影响。综掘机内喷不起作用，综掘施工产尘高，采用常规防尘措施效果差，达不到标准要求，严重影响安全和职工的健康。

4.3.2 提高煤巷掘进速度的技术措施

1. 保证生产系统、装备方案和施工管理三者的统一协调、效能匹配

(1) 生产系统

从矿井设计、采区设计、巷道设计入手，进行系统优化，保证主运和副提通过的连续性和缓冲能力；掘进煤尽量直接进入原煤系统，保证掘进工作面排矸后运输的快速、连续通过；半煤巷掘进巷道排矸直接进入原煤系统时，应建立和完善煤矸分离系统，尽量避免白矸进入系统，保证原煤煤质；煤巷、半煤巷掘进巷道无法满足排矸（煤）直接进入原煤系统时，应建立大容量的移动水平煤仓，保证后运输的快速和高缓冲能力。

(2) 装备方案

根据掘进施工的开岩（包括钻爆和截割）、排矸、支护、辅助四大主要工序划分，装备方案的选型必须在符合相应生产系统的前提下，保证各工序装备之间的能力匹配和有效衔接性。

掘进方面：煤巷、半煤巷掘进在认真分析煤岩层覆存条件和巷道设计的基础上，优先选用综合适应能力强的掘进机。目前，使用较多的掘进机有 S150 型、EBJ-120TP 型、EBZ-135 型、EBZ-160 型等。

运输方面：煤、半煤巷的排矸以能实现连续运输的皮带运输为主。当原煤系统无法满足要求时，增加水平缓冲煤仓。

支护方面：煤巷、半煤巷的锚杆支护以推广液压锚杆钻机为主，巷道断面较大时，采用掘锚一体机或增加机载锚杆钻机。液压锚杆钻机主要有 MYT-100 型、MYT-120 型、MYT-140 型等。

辅助运输：辅助工序主要包括人员的运送和材料的运输。人员运输在上下山推广猴车、单向猴车；材料运输采用皮带运输的巷道采用机轨合一布置，巷道断面较小时，使用双向皮带，实现底皮带的材料运输。

装备方案一：综掘机＋桥式转载机＋800～1000mm 皮带。

运行方式：综掘机截割岩石后，桥式转载机转载皮带外运，进入采区煤仓；支护设备采用液压锚杆钻机，支护材料运输采用底皮带进行运输。

适用条件：该方案适用于煤层走向变化不大的采区上下顺槽，当顺槽长度过长时，增加中间驱动装置，延长皮带的运输距离；当走向发生较大变化，巷道出现拐弯时，增加皮带拐弯装置，适应巷道方位的变化。

装备方案二：综掘机＋桥式转载机＋$4m^3$ 底卸式矿车及卡轨车。

运行方式：综掘机截割岩石后，桥式转载机转载至 $4m^3$ 底卸式矿车，卡轨车拉出至车场缓冲卸载坑，装入矿车运输。支护设备采用液压锚杆钻机，支护材料运输采用底卸式矿车运输。

适用条件：该方案适用于煤层倾角起伏较大的采区上下顺槽。

(3) 后配套方案

卡轨车配 4t 自卸式矿车后运输配套方案：传统的综掘后配套运输系统是掘进机后跟皮带运输，大部分巷道受宽度限制无法实现轨运合一，掘进机部件更换及材料运输只能采用人工托运方式实现，增加了掘进工作面运输环节，且当巷道施工完毕后卧底、铺道等后尾工程量大，不利于掘进机维修及单进提高。

单轨吊辅助运输方案：当工作面距离过长，给综采、综掘设备的运输带来了极大的不便。采用蓄电池单轨吊运输车改善辅助运输。机车以蓄电池为动力源，是一种行驶于悬吊单轨系统的电牵引机车，主要适用于煤矿井下辅助运输。承担运送材料、人员、设备，并且能完成井下设备的简单提升、吊装等任务。它既能拐弯又能爬坡，撤除掘进机时运送支架又能乘人且不受距离所限。

(4) 施工管理

主要包括强化现场管理和掘进准备管理，优化劳动组织调整，成立掘进准备队，加大设备维修人员和操作人员的培训力度，建立完善的设备维护保养制度，实施设备点检制等，保证每个循环的有效性和施工的连续性，加强现场管理。

4.3.3 煤巷快速掘进工程案例

一、工程概况

21603 下平巷位于华丰煤矿三水平二采区，下平巷标高为－380m，巷道埋深 510m，沿十六层煤走向布置，走向长度 710m。主要为开采 21603、04 工作面时通风、行人、运输之用。21603E 工作面下平巷地质构造总体较为简单，煤层厚度 1.35m，走向变化不大，一般在 108°左右，煤层倾角 25°～26°。

二、主要支护参数

根据巷道用途、围岩性质及现有技术装备条件，21603 下平巷选用直墙半圆拱断面，

EBJ-120TP 掘进机掘进，全断面一次成巷的施工方法，吊环式钢管前探梁作临时支护，锚带网作永久支护。主要支护参数如下：

巷道尺寸：净宽 3400mm，净高 3000mm。

锚杆：ϕ22×2000mm 螺纹钢等强锚杆。锚杆螺母拧紧力矩不少于 400N·m，锚固力 130kN。锚杆间排距：800mm×800mm。

锚固剂：树脂药卷，规格为 Z23（8）35，每根锚杆配 2 块加长锚固。

金属网：采用规格为 3200mm×850mm 的 10 号钢丝编制的金属菱形网，网格为 50×50mm。

托盘：规格为 120mm×120mm×8mm 的“M”型托盘，力学性能与锚杆杆体配套。

钢带：规格为 3600mm×200mm×4mm 及 1900mm×200mm×4mm “M”钢带，每排使用 3 根将所有锚杆相互联结。

三、施工工艺

掘进机破岩（EBJ-120TP）→临时支护→打锚杆眼→安装锚杆→成巷。

主要设备为：MQT-120 锚杆钻机 2 台，ZSM-60 型风煤钻 2 台。

采用“三八”制单班循环作业方式，三班掘进支护组织生产并对机械设备进行维修保养，采用正规循环作业形式。循环进尺 0.8m，最大空顶 1.0m，最小空顶 0.2m。

四、提高速度的主要措施

1. 积极推广支护新技术、新工艺和掘进新装备，提高综掘工作面技术装备水平

（1）采用预应力可升降临时支护吊环。临时支护采用 3 根吊环式前探梁；每根前探梁配 2 个螺纹钢预应力可升降吊环，施工中交替前移；掘进机切割完毕，摘除悬矸危岩后，立即将前探梁前移至迎头，在前探梁上方铺上金属网，按锚杆排距固定好钢带，在网、钢带与前探梁之间垫上方木接实顶板，并用专用工具予紧。经检查确认安全后，在前探梁掩护下，直接在钢带孔中打支护锚杆眼。工序占用时间 8min 左右，临时支护操作简单，方便快捷。

（2）应用大功率气扳机，避免了人工紧锚杆，保证了锚杆安装质量，每根锚杆的安装时间减少 5min 以上，大大减少了支护时间，提高了锚杆的初锚力和可靠程度，提高了巷道单进水平。

（3）应用大功率锚杆钻机，配套使用了锚杆扭矩放大器，利用锚杆机打孔、搅拌药卷、安装锚杆紧固螺母，实现了钻锚一体化作业。

（4）锚杆安装推广使用了扭矩放大器。利用捷马锚杆快速安装技术，由原先人工安装锚杆变为采用锚索钻机安装，定锚杆时采用锚索钻机，借助扭矩放大器（将输出扭矩放大到 3.5 倍），使定锚杆、紧锚杆两个工序紧密连接，提高了锚杆的安装速度，降低了劳动强度，大大缩短了安装锚杆、紧锚杆的工序时间。

2. 优化施工方式，实现平行作业

（1）顶锚杆支护与帮底部锚杆平行作业

为方便施工，两帮煤岩体相对完整时，两帮底部两根锚杆滞后顶锚杆 3～4 排进行。掘进机切割后，在施工顶锚杆的同时，自上而下由外向里施工两帮滞后锚杆。顶锚杆与帮锚杆支护平行作业，减少了支护占用时间。

（2）延长胶带与施工锚杆平行作业

掘进机与胶带输送机之间通过桥式胶带转载机形成连续运输系统。桥式胶带转载机安设滑靴在可伸缩胶带机尾上滑行，实现准确卸煤矸。当掘进机切割完后，在打顶、帮锚杆同时，将机尾延长，延长机尾一般需要 20min。

（3）在保证安全生产情况下尽量安排平行作业。

割煤、补后部锚杆、运料、胶带调整平行作业；打顶帮锚杆、延长胶带机尾、皮带机检修、机电设备检修、延长电缆、维护掘进机平行作业；交接班与接风水管平行作业。这样，每个工序互不影响，保证了正规循环的进行。

3. 配套完善综掘工作面后部运输系统，提高施工效率

（1）根据 21603 下平巷现有生产条件，掘进煤炭直接进入-380 煤仓，矿车供应不及时时，煤炭可在煤仓中存储，从而保证了综掘机施工不受后部系统影响，提高了掘进机工作效率；形成了比较完善的综掘机机械化作业线，最大限度发挥了综掘机效能，提高了施工效率；

（2）在快速掘进中，由于掘进速度太快，对各种支护材料消耗量很大，采用人力扛运体力消耗大、效率低，无法满足快速掘进的要求。应用双向胶带输送机，使煤矸运输与支护材料运输合为一体，上胶带运煤矸，通过底胶带将支护材料轻松地运到迎头，充分发挥了机械化作用，减轻了工人的体力消耗，促进了快速掘进；

（3）加强后路辅助运输设备的检修质量，保证运输设备的正常运行。

4. 加强设备的维修保养，保证设备的正常运转

（1）加强设备管理是保证开机率的重要保证。坚持正常的设备维护和检修，严格执行班检、日检、旬检、月检制度，对综掘机、转载机、皮带机等设备进行强制检修，保证机械设备在完好状态下运行，从而保证快速掘进，不发生中断事故，改变了过去出现事故现抢修的方法，为提高日进尺，保全月生产起到了决定性作用。

（2）加强油脂管理，对变质油脂立即更换，定期清理油箱、过滤器和液压系统的污染物，油箱口应密封好，由专职机修人员每天清理掘进机卫生，定期对掘进机各部注油孔加油，以增加其润滑性。

（3）对各种设备实行包机制管理，确定一名专职机电副区长全面负责，每个生产班配备三名专职司机，司机直接受机电副区长管理，掘进机司机及维修工的工作量、维修质量与个人的收入直接挂钩考核。在月施工结束后，整体进行考核，根据事故的影响程度，在工资分配上给予适当的调整，事故影响最少司机、维修人员和事故影响多的司机、维修人员的工资给予大差额的浮动。由于责任明确、奖罚分明，杜绝了设备故障影响生产的现象。

（4）专职机修人员每天要主动向司机及跟班维修工询问综掘机运行情况，有针对性的重点检修，消除事故隐患，将事故控制在萌芽状态。

（5）建立完善的综掘机管理制度，掘进机司机和跟班维修工在生产结束后，认真填写设备日志，并将当班设备运转情况向接班司机交代清楚，存在问题共同处理，严禁设备带故障运行，以保证综掘机效能的发挥。

（6）项目部制定了管理人员点检制。要求每名管理人员，根据“设备点检、运行日志、交接班记录”上的内容，每天对设备点检情况检查一遍；并将岗位点检执行情况、排查的设备隐患填入各自的“管理人员精细化管理 A 卡”，发现问题及时处理。

5. 加强人员培训

（1）针对综掘司机及维修技术人员少，且素质较低的实际，加大对司机及维修人员的安全技术培训力度，有针对性地对职工进行系统的、正规的、理论知识和基本技能的培训，特别是选派责任心强、有上进心的职工到安培中心进行综掘机司机等特殊工种培训，区队也充分利用每周1、3、5安全学习日加强对机电维修工、班组长、综掘机司机的操作技能培训。

（2）提高其现场操作技能及处理事故的能力，针对技术人员少的情况，及时把新分的技校生充实到检修班组，充分发挥传、帮、带的作用，增加区队的技术力量，缓解因技术人员匮乏造成影响单进水平的现象发生。

（3）配备机电技术员，专职负责综掘机的维护和安装、配件管理，有力地保证了综掘机的正常使用，同时专门要求技术员每周开展一次关于综掘机的专题培训，提高职工的素质。

6. 引入竞争激励机制

（1）21603下平巷施工前，专门组织各掘进项目部进行了竞标活动。本着公开、公平、公正的原则，矿建各项目部经理、包队经理助理、甚至班组长代表参与竞标，为充分调动中标单位积极性，逐级传递压力落实责任，确保竞标方式不流于形式，专业实行缴纳创水平抵押金制度。通过竞标方式创新专业管理，充分调动各项目部干部职工积极性，增强夺标后组织生产的压力感、使命感和荣誉感，确保了创水平地点规划进尺的完成。

（2）施工班组实行班组长全面现场负责制。完成小班安全生产计划任务时给予补贴。小班班长、副班长同时不请假不上班时，进行相应的罚款。连续三天不请假者取消班长、副班长职务，部分视为试用员工重新定岗再安排工作。

（3）每天施工班组举行一次“三工”评选工作。评选出当日的合格员工、优秀员工、试用员工。当日评为优秀员工者，工资上浮20%；合格员工，工资为100%；试用员工，工资下调50%。

（4）工区、班组实行定额单价公开民主、上墙公布。激励机制运作资金做到取之于工作量，同时全部用于完成工作量的分配支付上，做到人尽其能，能者多挣，形成比学赶超机制。

（5）所有工程项目的结算工资实行班组长自行分配。区队监督管理，做到民主、透明。定额员、办事员对班组当班工资做到日清日结，月底兑现。让员工干明白活、挣明白钱，提高广大员工工作积极性。

五、实施效果

平均月进尺560m以上，月份最高进尺达631m，日最高进尺28.8m。

4.4　深厚表土冻结法施工技术

4.4.1　深厚表土工程特征

冻结法凿井是在井筒开凿之前，用人工制冷的方法，将井筒周围的岩土层冻结成封闭的圆筒——冻结壁，以抵抗水、土压力，隔绝地下水和井筒的联系，然后在冻结壁的保护下进行掘砌工作的一种特殊的凿井方法。

自1883年德国工程师波茨舒发明冻结法以来，冻结法施工技术在世界上得到了广泛的应用，成为通过含水不稳定地层建设井筒的有效手段。一般冻结深度（特别是冻结冲积层的深度，因凿井的难度主要与冲积层厚度有关）标志着冻结凿井技术的水平。英国、德国、波兰、加拿大、比利时和前苏联的最大冻结深度均超过了600m，其中英国博尔比钾盐矿的冻结深度达到了930m，国外冻结冲积层的最大深度为571m。

自我国1955年首次在河北省开滦矿务局林西煤矿风井采用冻结法凿井技术以来，截至2001年年底，施工立井420多个，总延米达60km以上；穿过表土厚度超过350m的井筒只有6个，最大为376m（山东省济宁矿区金桥煤矿副井），最大冻结深度为435m（河南省永夏矿区陈四楼煤矿副井）；最大掘进直径、井壁厚度、冻结壁厚度分别为10.5m、2.0m和6.66m。自2002年年初到2012年8月底，据不完全统计，十年来共建成表土厚度超过400m的井筒62个（其中24个井筒的表土层厚度超过了500m），其冻结总长度达34526m，冻结表土最深达587.5m（郭屯煤矿主井），创世界纪录。在建的山东龙固煤矿北风井冻结表土深度达675m，至2012年9月初已完成表土段外壁冻结井壁掘砌工作，成功在望。

在冻结法凿井技术中，冻结壁理论与技术和井壁设计理论与技术是其两个关键技术，主要涉及冻结温度场和冻结壁变形规律及施工关键技术、井壁设计理论和井壁与冻结壁的相互作用以及施工关键技术。经过十年的努力，实现了我国深厚表土中冻结法凿井理论和技术的重大突破，达到国际领先水平；突破了特厚表土下固体资源开发的技术瓶颈。

目前，我国深厚表土冻结工程的特点主要表现为：冲积层厚度大；第三系、第四系黏土层厚，具有强膨胀性；土层含水量低，冻土强度低；掘进直径大；地温高，冷量需求大，冻结壁发展慢；井壁结构复杂，施工难度大。

4.4.2 深厚表土冻结关键技术

一、冻结壁变形规律

冻结壁是凿井的临时支护结构物，其功能是隔绝井内外地下水的联系和抵抗水土压力。当冻结壁完全交圈后，封闭的冻结壁即可起到隔绝地下水的作用；但是要起到抵抗水土压力的作用，冻结壁必须有足够的土体强度和稳定性。冻结壁是冻结工程的核心，土体强度和稳定性关系到工程的成败与经济效益。冻结壁变形规律是冻结壁设计的依据。由于冻结土体的体积随冻结壁的厚度成平方关系增长，因此冻结壁的设计牵涉到巨额的冻结费用和工程的安全，是冻结施工技术中关键且困难的问题。

实际的冻结壁，从物理、力学性质方面看，是一个非均质、非各向同性、非线性体，随着地压的逐渐增大，由弹性体、黏弹性体向弹黏塑性体过渡；从几何特征看，它又是一个非轴对称的不等厚筒体。当盐水温度和冻结管布置参数一定时，代表冻结壁强度和稳定性的综合指标是厚度，而反映冻结壁整体性能的综合指标是冻结壁的变形。冻结壁变形过大会导致冻结管断裂，盐水漏失融化冻结壁；还会使外层井壁因受到过大的冻结壁变形压力而破裂。当掘砌工艺和参数一定，以及盐水温度和冻结管间距一定时，控制冻结壁的厚度是控制冻结壁变形的最主要手段。

关于如何确定冻结壁的厚度，国内外有许多公式（中国矿业学院，1981），一般深度小于100m左右时，将冻结壁视为无限长弹性厚壁圆筒，按拉麦公式计算；当深度在200m左右时，将冻结壁视为无限长弹塑性厚壁圆筒，按多姆克公式计算；当深度在200m以上时，将冻结壁视为有限长的塑性（或黏塑性）厚壁圆筒，用里别尔曼公式、维亚洛夫公式等进行计算。但是，随着冻结深度的加大，地压增大，上述简单的引用弹性理论或弹塑性理论并作若干假设所得的解析解已不适用于深冲积层中冻结壁计算的需要。因此自 20 世纪 70 年代以来，开展了大规模的工程实测、模拟试验和数值模拟研究，并取得了长足的进展。

特厚冲积层中竖向地压随深度增加几乎线性增大，水平地压也相应增加。相比之下，受冻结站制冷能力限制，人工冻土降温（目前冻结壁平均温度很难降至－30℃以下）及其强度增长幅度有限。事实上，人工冻土的强度与温度仅在一定温度范围内接近于线性关系，当温度下降至某一定值，土中弱结合水全部冻结后，继续降温时，冻土的强度将难以继续大幅度增长。由此可以预计：随着冲积层厚度的增加，尤其是对于特厚冲层冻结凿井工程，井筒开挖后冻结壁大范围甚至全面进入塑性状态几乎不可避免，采用强度条件将无法完成冻结壁的设计。

尽管经历了漫长地质历史时期的固结过程，深部天然土体及由此形成的人工冻土在未开挖条件下不再发生流变，然而，一旦井筒掘砌导致应力状态改变，深部未冻土及人工冻土必然在高地压作用下发生流变。当冻土的长时强度高于蠕变应力门槛值时，冻结壁将发生稳定蠕变，由于自身具有一定的承载能力，冻结壁将与外壁一起承担外部水平地压。事实上，随着深度增加及地压增大，与瞬时强度类似，冻土长时强度的增长也往往远低于外部压力的增长，导致冻结壁更易发生非稳定蠕变。由于非稳定蠕变冻结壁无法自稳，因而冻结壁将不具有长时承载能力，外部永久水平地压最终只能由冻结井外层井壁承载。由此可见，对于特厚冲积层冻结凿井工程，冻结壁作为一种临时支护结构，对于冻结凿井工程的作用更主要地体现为：延缓外壁外载（即冻结压力）的增长，为井筒开挖与支护、外壁早期强度及早期承载力的增长赢得一定的时间。

基于上述分析，认为：特厚冲积层中的冻结壁设计，应基于具体的冻结凿井工艺，以“控制一定时间段内的冻结壁变形，确保冻结管的安全”为目标开展。相应地，地层冻结工程的主要目标应在于：提高人工冻土的长时强度，降低人工冻土的流变性，而非单纯地着眼于提高人工冻土（或冻结壁）的强度。

显然，与采用“强度条件”开展冻结壁设计相比，上述冻结壁设计思想的区别在于：设计的出发点（冻土作为流变介质）、目标（控制冻结壁变形）发生了改变。

冻结壁能达到的有效厚度、发展速度和平均温度是冻结施工中必须确定的重要数据。目前对于深厚表土中的冻结工程多采用多圈管冻结方式，在不同冻结管布置圈径、冻结管间距、冻结管直径、初始地温、地层导热系数、土层含水率、多圈管冻结条件下冻结壁厚度与平均温度计算方法如下：

1. 冻结壁厚度计算方法

在特厚表土层中，深部冻结壁的厚度可表示为

$$E = R_W - R_J + E_W \tag{4-1}$$

式中 E——冻结壁厚度；

R_W——最外圈冻结管布置圈半径；

R_J——掘进半径；

E_W——外圈管外侧冻结壁厚度，可按外圈管单独冻结的情况（即单圈管冻结）计算，按单圈管冻结的经验或测温孔测温结果推算。一般冻结 540d 内，就常

见的冻结壁发展影响因素取值范围而言，$E_W=2.8\sim4.0$m，地温高、导热系数低、冻结时间短时取低值，反之取高值。

2. 冻结壁平均温度计算方法

井帮位移，随着冻结壁平均温度的降低、冻结壁厚度的增大而减小；随掘砌施工段高的增大、地层深度（地压）的增大而增大。地压值对于冻结壁变形影响最为显著。井帮位移与上述因素间均呈现为非线性关系特征，且各因素间存在相互影响。此外，上述 4 个因素对于"井筒工作面底鼓变形"具有相同的影响规律。在"冻结壁厚度为 10～14m，冻结壁平均温度为－15～－25℃"的前提下，与增加冻结壁厚度相比，降低冻结壁平均温度对于减小井筒开挖过程中的井帮变形更有效。

在特厚表土层中，具有 n 圈冻结管的深部冻结壁的平均温度可表示为

$$t_m=\frac{A_W t_{mW}+A_N t_{mN}+\sum_{i=1}^{n-1}A_i t_{mi}}{A_W+A_N+\sum_{i=1}^{n-1}A_i} \tag{4-2}$$

$$A_W=\pi\left[(R_W+E_W)^2-R_W^2\right] \tag{4-3}$$

$$A_i=\pi(R_{i+1}^2-R_i^2) \tag{4-4}$$

$$A_N=\pi(R_i^2-R_J^2) \tag{4-5}$$

式中 t_m——有效冻结壁的平均温度（℃）；

t_{mW}——最外圈管外侧冻结壁的平均温度，一般为－11～－14℃，在去回路盐水温度平均值不低于－30℃的条件下，盐水温度低、冻结时间长、地温低时则取下限值，反之取上限值；常规情况下可取为－12.5℃；

t_{mN}——最内圈管内侧冻结壁的平均温度，一般为－14～－20℃，在井帮温度低于－10℃的条件下，井帮温度低时取下限值，反之取上限值；

t_{mi}——由内向外数第 i 圈冻结管与第 $i+1$ 圈冻结管之间冻土的平均温度，一般为－21～－24℃，盐水温度低、冻结时间长时平均温度低，故取下限值；反之取上限值；

A_W——最外圈管外侧冻土的面积；

A_N——最内圈管至井帮范围内冻土的面积；

A_i——第 i 圈冻结管与第 $i+1$ 圈冻结管之间冻土的面积；

R_i——第 i 圈冻结管的布置圈半径，$i=1$ 时为最内圈冻结管布置圈半径；$i=n$ 时为最外圈冻结管布置圈半径，$R_n=R_W$。

3. 特厚表土中冻结壁设计理论和方法

以往在确定冻结壁厚度时，国内一般按如下方法：冻结深度小于 100m 时，将冻结壁视为无限长弹性厚壁圆筒，按拉麦公式计算；冻结深度 100～200m 时，将冻结壁视为无限长弹塑性厚壁圆筒，按多姆克公式计算；冻结深度在 200～400m 时，仍按多姆克公式计算，但将安全系数取大，也可将冻结壁视为无限长塑性厚壁圆筒，按维亚洛夫等公式计算。

对于深厚表土冻结壁的设计计算，国外采用施工监测、有限元计算和模拟试验相结合的方法进行研究，而有限元计算更得到相当的重视。我国经过多年的深厚表土冻结井的实

践，借鉴国外工程实例，加上深入的理论研究，得出冻结温度场和冻结壁厚度的理论计算方法，再和施工监测结合起来，逐步得到优化的冻结壁设计方法。

尽管对有些土层，由于冻结锋面析冰产生的冻胀力使得在开挖前冻结壁受到被动土压力的作用，但是对于特厚冲积层来讲，随着冻结壁向井心的变形，冻结锋面上的被动土压力减小，向静止土压力和主动土压力转变，最终的外载不会大于原始水平土压力，可见，取冻结壁的外载为原始水平土压力是略偏于安全的。

因此，冻结壁的外载应取为

$$p=0.012H \tag{4-6}$$

式中　p——冻结壁的外载（MPa），为原始水平土压力；

H——土层计算深度（m）。

二、冻结井壁设计理论

1. 外层井壁径向外载

所谓"冻结压力"，泛指冻结凿井过程中外层井壁浇筑后所受到的冻结壁的侧向压力。作为施工期的主要外载，冻结压力的大小及增长规律是冻结井外壁设计、施工及外壁安全稳定性分析的重要依据。对冻结压力增长规律的认识不足，是我国冻结凿井历史上外壁压坏事故屡屡出现的重要原因。冻结压力增长规律的研究，对井壁结构的设计与施工具有重要的理论指导意义。

中国矿业大学的研究成果表明：特厚表土层深部井壁受到的冻结压力趋于永久地压。这一结论对确定外层井壁的关键外载——冻结压力的大小有重要理论与实用价值。冻结井外壁设计时，井壁外载（即冻结压力）应按永久水平地压取值。

2. 特厚表土中冻结井壁结构形式

井壁结构形式选择是深冻结井中关键技术难题之一，井壁结构形式的确定关系到井筒施工工艺的选择、冻结壁的设计、井筒施工安全和经济合理性。对于冻结井筒，带夹层的复合井壁解决了冻结井壁的承载和密封问题，是我国目前最成熟的井壁结构形式，国内外深冻结井内、外层井壁可行的井壁结构形式主要有：

（1）现浇钢筋混凝土结构；

（2）现浇钢骨混凝土结构；

（3）钢板—现浇混凝土组合结构；

（4）铸钢（铁）丘宾块—现浇混凝土组合结构；

（5）混凝土弧板或铸钢（铁）丘宾块装配式结构。

3. 外层井壁和冻结壁温度场的相互影响

冻结井外层井壁浇筑后，其水泥水化热温度场与冻结壁温度场发生相互影响。一方面，随着混凝土水化热的释放，养护初期井壁温度迅速升高，为混凝土的强度增长提供了正温养护条件的同时，也会透过泡沫板向冻结壁内传递，导致壁后冻土的局部升温或融化，进而加剧冻结壁变形及冻结压力的增长。另一方面，混凝土水化热释放高峰过后，冻结壁冷量的传导将逐渐占主导地位，不仅容易导致井壁内外的较大温差，诱发温度裂缝，而且将对井壁混凝土的后期强度增长造成不利影响。

该问题应与冻结壁设计与维护、井壁混凝土配置技术、井壁混凝土早期强度增长控制技术等综合考虑。

4. 外层井壁混凝土早期强度增长规律

外层井壁（简称“外壁”）混凝土的早期强度增长不仅关系到井壁自身的安全，甚至影响整个冻结凿井工程的成败。我国冻结凿井历史上，外层井壁被压坏的事故曾屡屡出现，至今仍时有发生。研究表明：“混凝土早期强度增长缓慢，难以抵挡急剧增长的冻结压力”是外壁压坏的根本原因。

外层井壁混凝土与内层井壁混凝土相比，前者处于更恶劣的温度与受力环境下，外层井壁现浇混凝土的早期强度能否满足井壁抵抗冻结压力的要求，是井壁设计和施工必须回答的问题。可通过以下方式确定其具体井筒的外层井壁混凝土早期强度规律，结合具体情况，提出合理的强度要求。首先采用模型试验方法模拟“外壁浇筑后井壁内混凝土的强度增长环境”，开展“外壁混凝土早期强度增长规律的室内试验研究”；而后结合具体的冻结凿井工程，开展“同条件养护下外壁混凝土早期强度增长规律的现场试验研究”。

5. 高强混凝土冻结井壁力学特性

对于现浇高强混凝土井壁来说，井壁的力学特性决定了井壁承载的安全性。目前，我国已开始应用C80及以上的高强混凝土和高强钢纤维混凝土。在厚度不超过600m的冲积层中，采用现浇钢筋混凝土井壁仍是可行的，是优选方案。但是，由于井筒是地下结构，而不是构件，有其特殊性，特别是井壁高强混凝土的强度等级与其极限承载能力间的关系尚不清楚，故在设计井壁时无法确定井壁的安全度。《混凝土结构设计规范》GB 50010对于混凝土在井筒中的适应性没有作强制性的规定。

对于现浇高强混凝土井壁，如何进行设计？目前尚没有一种公认的设计计算理论。现行的设计规范落后于工程实践，对于高强混凝土井壁没有出台相应的规范。而且《高强混凝土结构技术规程》CECS 104：99对C80以上的混凝土结构设计未作规定。由于高强混凝土有其自身的特殊性，不可能将普通混凝土的一些规定直接应用于高强混凝土中来，尤其是无法与高强混凝土井壁建立起一个直接的关系，所以必须研究高强混凝土井壁结构的力学特性。

6. 特厚表土中冻结井壁设计理论与方法

长期以来，我国冻结井壁设计理论和方法的要点如下：

（1）冻结井壁为带夹层的双层复合井壁。外层井壁不防水，前期主要起抵抗冻结压力的作用，后期承受有效土压力作用。内层井壁主要承受水压作用。计算中不考虑井壁自重的作用。

（2）将井壁视为无限长筒体，按平面应变问题处理。

（3）井壁为理想弹塑性体，井壁内缘为最危险点。

（4）用第三或第四强度理论进行强度验算。

尽管我国先后出台了《混凝土结构设计规范》GBJ 10—89和《混凝土结构设计规范》GB 50010，但是由于煤炭行业主管部门的频繁变迁和行业效益一度陷入低谷，在井壁设计理论和设计方法的研究方面未有大的投入，致使在钢筋混凝土结构方面国内外近30年来的研究成果未能反映在井壁设计计算中，使特厚表土中的井壁设计计算面临诸多困难。在深厚表土中，如何合理引用和借鉴《混凝土结构设计规范》GB 50010，考虑冻结法凿井的特点，经济合理、安全可靠地设计冻结井壁是冻结法凿井技术的关键之一。

对带夹层的双层冻结复合井壁的设计理论和方法开展了系统研究，提出了合理的设计井壁计算模型和计算公式，主要结论如下。

(1) 按传统的第三或第四强度理论进行井壁强度校核，在某些应力状态下井壁混凝土材料的承载性能不能得到充分发挥；应采用《混凝土结构设计规范》GB 50010—2010 规定的多轴强度理论进行校核，既能充分发挥井壁的承载力，又能保证井壁的安全。

(2) 提出了合理的内层井壁力学模型——轴对称广义平面应力模型，并得到了内层井壁厚度的计算公式。利用该公式设计内层井壁，不会高估或低估井壁承载力。

内层井壁厚度计算公式为

$$E_d = r_0\left(\sqrt{\frac{f_z}{f_z - 5\gamma_0\gamma_G p_w/3}} - 1\right) \tag{4-7}$$

因荷载分项系数 $\gamma_G = 1.35$，$\gamma_0 = 1.1$，故上式变为

$$E_d = r_0\left(\sqrt{\frac{f_z}{f_z - 2.475 p_w}} - 1\right) \tag{4-8}$$

$$f_z = f_c + \mu f'_y \tag{4-9}$$

式中 p_w——计算深度处内层井壁受到的水压力（MPa）；

f_z——计算深度处内层井壁材料的综合设计强度（MPa）；

f_c——混凝土的强度设计值，按《混凝土结构设计规范》GB 50010—2010 的规定取值；

f'_y——钢筋的强度设计值，按《混凝土结构设计规范》GB 50010—2010 的规定取值；

μ——配筋率。

(3) 提出了合理的外层井壁力学模型——轴对称平面应力模型，并得到了外层井壁厚度的计算公式。利用该公式设计外层井壁，不会高估或低估井壁承载力。

外层井壁厚度的计算公式为

$$E_d = r_0\left(\sqrt{\frac{f_z}{f_z - 2\gamma_0\gamma_G p_d}} - 1\right) \tag{4-10}$$

因荷载分项系数 $\gamma_G = 1.05$，$\gamma_0 = 0.9$，故上式变为

$$E_d = r_0\left(\sqrt{\frac{f_z}{f_z - 1.89 p_d}} - 1\right) \tag{4-11}$$

$$f_z = f_c + \mu f'_y \tag{4-12}$$

式中 p_d——计算深度处外层井壁受到的冻结压力（MPa）。

4.4.3 冻结法施工技术及难点

一、特厚表土中高垂直度超深冻结孔施工技术

冻结法凿井的核心技术（有时是难题）可归纳为“两壁一钻一机”，其中“一钻”主要是指冻结孔施工技术问题。冻结孔施工技术重要性和难度由此可见一斑。

国内外深冻结井的施工经验表明，冻结的成功与否很大程度上取决于冻结孔的施工质量。因此，各国均把造孔质量作为衡量深井冻结工程成败的主要指标。随着我国煤炭开发向地层深部进军，巨野、聊城等具有特厚表土层的矿区的开发。在这些矿区，表土层厚度达 450～600m，甚至更多，因此井筒建设多采用冻结法。由于需要的冻结深度大，冻结孔深度将达 500～800m，属超深冻结孔。由此可见，对于具有特厚表土的深冻结井来说，要

确保其冻结工程的成功，首先要解决的是高垂直度冻结孔的施工技术问题。

目前，我国通过特厚表土中高垂直度超深冻结孔施工技术研究与实践，解决了特厚表土条件下高垂直度钻孔的精确定向纠偏问题，使我国深厚表土中冻结孔的纠偏技术由定性阶段进入了量化控制阶段；解决了超深冻结孔施工中的有效防偏问题，将我国冻结孔施工的防偏技术推向了一个新的高度；解决了超深冻结孔下管过程中泥浆吸卡管和缩径卡管的预防问题，使其冻结管的安全、顺利下放有了可靠的保障。

二、特厚表土冻结壁形成与维护技术

根据掌握的冻结壁位移规律、冻结温度场发展规律和冻结壁理论研究成果，从冻结效果、井帮温度、井帮位移（重点是黏土层井帮温度、冻结壁厚度和平均温度）、冻结管安全、外层井壁施工质量与安全等方面分析，运用信息化施工技术，根据井帮温度和测温孔温度实测资料进行温度场反演分析，及时反馈，控制冻结壁厚度和平均温度，使得冻结壁具有很高的强度与稳定性。针对具体工程的工程条件与地层条件，控制和维护冻结壁有效厚度和平均温度。

三、特厚表土冻结段井壁施工技术

对于特厚表土冻结段井壁施工技术，主要表现为：

（1）高强、早强、大厚度混凝土井壁施工技术问题。随着冻结井使用的混凝土强度等级越来越高。由于冻结壁可能变形大，来压早，故井壁混凝土必须具有早强性能，以确保井壁不会被压裂。大体积混凝土易出现温度裂缝，在冻结井筒具体条件下如何防止井壁开裂是一个不能回避的问题。另外，由于井帮温度低，混凝土是否会因受冻而影响强度增长也是必须回答的问题。外层井壁混凝土的养护条件可概括为："先热后冷，边硬化边承载"。在冻结井筒这样恶劣的条件下，高强、早强、大厚度井壁的施工是一个具有很大难度的课题。

（2）冻结壁变形控制问题。冻结壁变形过大会导致冻结管断裂，从而可能引发恶性事故。除了要从冻结方面提高冻结壁的整体承载力外，在掘砌过程中也必须采取措施控制冻结壁的变形，主要从控制冻结壁暴露段高、暴露时间和保证井壁质量几方面着手。

（3）冻土掘进问题。由于掘进荒径大，冻土进入井内多，甚至会冻实，而且冻土的温度低，这势必给掘进带来难度。

针对上述难题，应通过模型试验、现场实测和数值计算等手段，采用信息化施工技术及时掌握井壁与冻结壁的温度、变形、位移、应力等信息，与冻结单位密切配合，及时调整施工段高及冻结壁暴露时间，保证工程施工安全，不出现任何井壁压裂、冻结管断裂事故。

四、困难条件下高强高性能混凝土施工技术

对冻结井筒困难条件下，要求配方和施工工艺满足现场高强高性能混凝土井壁施工要求。新拌混凝土的坍落度大，便于施工；井壁混凝土的早期强度增长快，可满足抵抗冻结压力的要求；井壁不会因径向温度差产生环向温度裂缝；所采用的配方易于现场配制，且经济性好。

为保证外层井壁的安全和方便施工，一般对混凝土的要求为：

（1）坍落度不小于15～18cm；经30min坍落度不低于12～15cm。

（2）强度增长要求：1天、3天和7天强度应分别达到设计强度的30%、70%

和90%。

（3）脱模时间为8h，脱模强度不小于1MPa。

（4）不产生温度裂缝。

（5）砂、石均采用经检验合格的当地材料。

（6）矿物、化学掺加剂分开掺加，且方便计量。

五、特厚表土中冻结井筒掘砌信息化施工技术

信息化施工技术在厚表土冻结井筒中的应用发挥了无可替代的重要作用，为科学决策奠定了基础，科学地指导了井筒施工，保障了工程安全与质量。冻结井筒信息化施工技术是以获取信息、分析信息、反分析计算、预测预报和信息反馈为主要内容的一整套技术。信息化施工技术为我国特厚表土中冻结井筒的安全、科学施工提供了强有力的支撑；为有效地评估冻结壁发展状况，分析冻结壁、井壁的安全与稳定性提供依据。监测数据用于开展冻结温度场、冻结壁受力与变形的反演与预测预报研究，为井筒施工提供指导或参考。

4.5　冻结井筒单层井壁结构及其施工技术

4.5.1　立井井筒单层井壁结构形式

一、传统立井井筒单层井壁结构

传统的立井井筒单层井壁结构形式主要有以下三种：

1. 砌块井壁

砌块井壁适用于含水砂层埋深小于50m。砌块井壁施工工艺简单，产生水化热少，壁后冻土融化范围小，砌筑后即可承受较大地压，但砌体的强度低，封水性能差，施工机械化水平低。我国开滦西风井，冲积层厚65m，采用缸砖井壁（图4-13），解冻后漏水严重，达$100m^3/h$，经过三次注浆，漏水量仍达$10m^3/h$。该种井壁结构形式已被淘汰。

2. 现浇混凝土或钢筋混凝土单层井壁

砂层埋深小于50m，井筒直径小，采用素混凝土井壁（图4-14）；砂层埋深50～100m

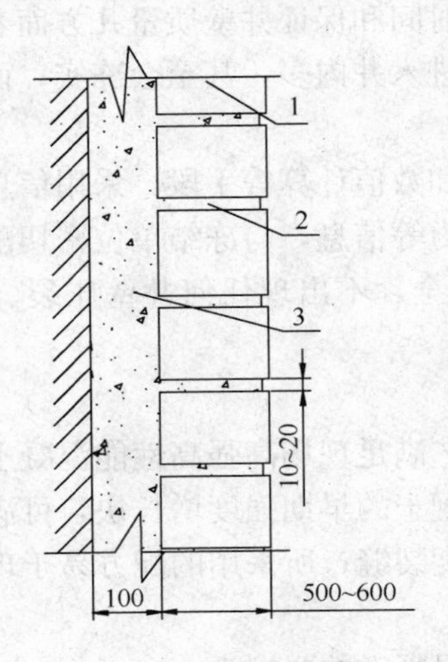

图4-13　砌块单层井壁

1—缸砖、料石或混凝土预制块；2—水泥砂浆；3—充填层

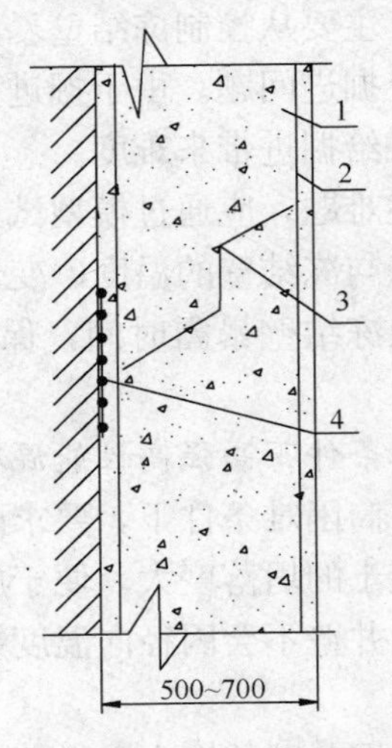

图4-14　混凝土或钢筋混凝土井壁

1—混凝土；2—竖向钢筋；3—井壁接茬缝；4—塑料止水带

时采用钢筋混凝土井壁。这种井壁施工工艺简单，速度快，一次成井，分段施工，井壁自重大，接茬缝容易漏水，同时，以前的混凝土浇筑初期强度低，抵抗不了大的冻结压力，所以在施工时主要采取：一是在冻结壁强度允许的情况下，尽可能加大段高，减少接茬；二是采用台阶双斜面接茬，在接茬处设置塑料止水带，减少接茬漏水。

3. 铸铁或铸钢丘宾筒单层井壁

这种丘宾筒井壁（图4-15）强度大，安装后即能承受较大地压，但制造复杂，耗钢量大，成本高，解冻过程容易造成丘宾筒破坏。德国、荷兰通常采用铸钢丘宾筒，前苏联、波兰通常采用铸铁丘宾筒。另外，丘宾块接触面及连接螺栓处密封用铅垫随时间推移会产生松弛现象，常导致井壁漏水。因此，这种主要以丘宾筒承载和密封的单层井壁在国外也已被淘汰。

这种井壁的进一步的发展是：丘宾筒与现浇混凝土联合承载以减薄井壁；主要靠混凝土进行封水，但接茬处易漏水。

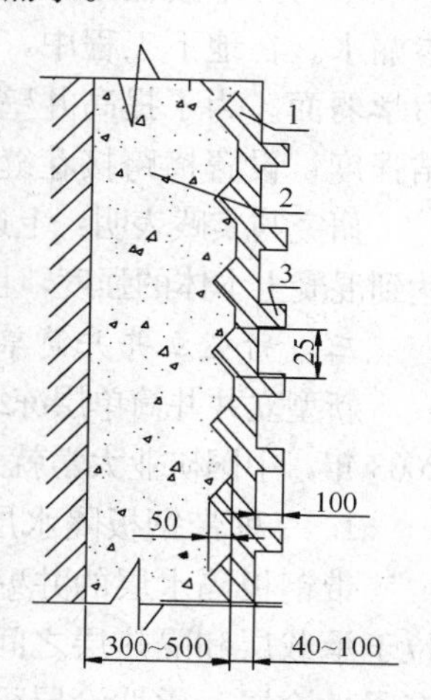

图4-15　铸铁或铸钢丘宾筒井壁
1—铸铁或铸钢丘宾筒；2—混凝土；3—接缝处密封铅板

二、传统混凝土单层井壁漏水的原因与对策

20世纪50年代至60年代初，冻结井壁多采用单层钢筋混凝土或素混凝土井壁支护。单层井壁自上而下分段掘砌，优点是井壁厚度小，施工工艺简单，掘砌速度快；缺点是易漏水，每100m长度井筒漏水量一般为15～30m^3/h（注浆前）或3～10m^3/h（注浆后）。混凝土井壁漏水只有三个可能的渠道：一是从混凝土本体渗漏，二是从裂缝渗漏，三是从井壁接茬渗漏。

1. 混凝土本体渗漏的原因与对策

导致单层冻结井壁混凝土本体渗漏的原因有：混凝土本体疏松、受冻害、振捣效果差等。

相应的对策是：

加入减水剂降低混凝土的水灰比，提高其坍落度；加入硅粉、粉煤灰、磨细矿渣等矿物添加剂；加入适量膨胀剂；加入引气剂等。另外可以控制井帮温度与新拌混凝土入模温度，保证井壁混凝土在正温下养护；采用大坍落度混凝土并加强振捣，保证振捣密实。

2. 井壁混凝土开裂的原因与对策

混凝土收缩开裂分为早期塑性收缩、干缩、冷缩和自收缩4种。在冻结井筒混凝土施工中，井壁混凝土如无贯穿性裂缝，则井壁不会从裂缝渗漏。一般情况下，引起井壁混凝土产生贯穿性裂缝的原因主要有：

(1) 温度变化引起开裂。井壁内温差大，井壁因温度变形受围岩约束而开裂。

(2) 外力引起开裂。井壁因强度不足，在外力作用下开裂。

相应的对策是：

(1) 采用低水化热混凝土，控制井帮温度，以减小井壁温差。另外，还可采取的措施包括：在井壁混凝土达到一定强度时对井壁施加一定的预压应力；在井壁混凝土中掺入适量的膨胀剂，使混凝土具有一定的膨胀性能，克服混凝土井壁段高中部由于收缩引起的开裂。

(2) 提高混凝土的早期强度，使之满足抵抗外载增长的需要。另外，还可采取的措施包括：强化冻结和合理设计冻结壁，控制冻结壁的变形速度；针对生产期间井壁承载力不足的问题，改进基岩段井壁设计理论，保证井壁不但在围岩变形压力作用下不开裂，而且在地下水渗透力作用下也不开裂。

3. 井壁混凝土接茬渗漏的原因与对策

因为井壁接茬是井壁最薄弱的环节，如果此处新老混凝土结合的不好，就会引起井壁渗漏水。在地下工程中，新、老混凝土的接茬缝往往是渗漏水的主要通道之一，也是一个力学弱面。为了提高井壁接茬的密封性能，已有的办法是：提高新、老混凝土结合部的粘结强度；设置横跨接茬缝的止水带。

研究与实践表明：上述各种提高新、老混凝土接茬粘结强度的方法，均难以使界面的强度达到混凝土本体的强度，且很难适用于冻结井筒施工；止水带方法只适用于浅部井壁。

三、新型立井井筒单层冻结井壁结构

新型立井井筒单层冻结井壁结构是伴随立井井筒冻结施工技术的发展而发展起来的，早在2003年，中国矿业大学就开展了单层冻结技术研究，针对井壁结构提出了多项发明专利。

1. 一种带钢板隔水层的井壁

带钢板隔水层的井壁结构如图4-16所示，由承载层、隔水层和隔热层组成。隔水层位于承载层和隔热层之间，隔热层紧靠于井帮。隔水层由钢板焊接而成，钢板的内表面上有柔性涂层。柔性涂层可以是具有防水和密封作用的沥青涂层，也可以是油漆或是橡胶涂层。隔热层由泡沫塑料或泡沫橡胶等低密度隔热材料铺设而成。该井壁主要用承载层抵抗各种荷载的作用；用钢板隔水层封水；用隔热层隔热、让压、匀压，为形成合格的承载层提供有利的温度与荷载环境。

2. 一种带柔性隔水层的井壁

带柔性隔水层的井壁结构如图4-17所示，由承载层、柔性隔水层和隔热层组成，柔

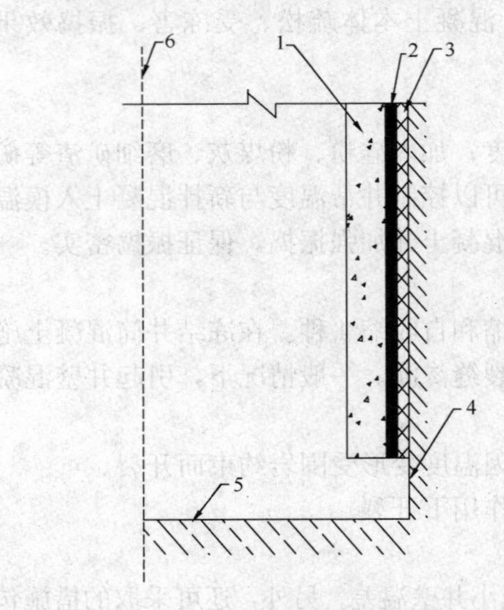

图4-16　一种带钢板隔水层的单层冻结井壁示意图

1—主要承载层；2—隔水层；3—隔热层；4—井帮；5—掘砌工作面；6—井筒中心线

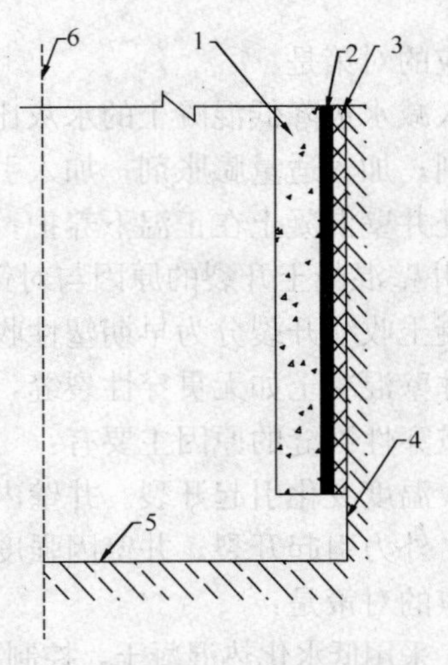

图4-17　一种带柔性隔水层的单层冻结井壁示意图

1—承载层；2—柔性隔水层；3—隔热层；4—井帮；5—掘砌工作面；6—井筒中心线

性隔水层位于承载层和隔热层之间。该种井壁主要用承载层抵抗各种荷载的作用；用柔性隔水层封水；用隔热层隔热、让压、匀压，并为形成合格的承载层和柔性隔水层提供有利的温度与荷载环境。采用公知的岩石、金属、混凝土等承载材料用公知的方法形成承载层，常见的承载层有（钢筋）混凝土结构、钢板混凝土结构、钢骨混凝土结构、铸铁（铸钢）弧形板混凝土结构、预制弧形板组合筒结构等结构形式。以沥青为主材，由沥青、石粉、粉煤灰、磨细矿粉等公知材料按公知方法配制成所需的柔性隔水层材料。实验结果表明：控制柔性隔水层材料的软化点在20～55℃范围内可保证柔性隔水层材料板能在井帮变形压力和水泥水化热作用下实现相互粘结，在承载层外表面形成一个连续的隔水层，达到隔水的目的。通过控制隔水层的容重不小于12kN/m³，可保证隔水层不会被挤出地面。隔热层可采用公知的低密度隔热材料铺设而成，如泡沫塑料等。

3. 带接茬板的单层井壁

带接茬板的单层冻结井壁如图4-18所示，通常可由混凝土、连接杆、接茬板、钢筋、钢板、钢骨架和铸钢（铁）弧形板等构成。

混凝土主要起粘结、固化成形和承载作用，充填于上、下接茬板之间的井壁空间。混凝土可以是水泥混凝土，也可以是聚合物混凝土，还可以是含纤维的水泥混凝土或聚合物混凝土。为补偿混凝土的收缩变形和在井壁竖向产生一定预压应力，在混凝土中加入占总胶凝材料0～15%的膨胀剂。

连接杆用于悬吊混凝土和接茬板，并用于约束混凝土的竖向变形。当井壁内配有钢筋时，可用部分竖向钢筋作为连接杆。连接杆的材料为金属（或塑料，或纤维）。

接茬板主要起接茬止水作用。在上、下段井壁接茬处，利用接茬板，部分或全部地变上、下段井壁的新、老混凝土直接接触为混凝土与接茬板接触，提高了接茬的止水性能。同时，接茬板也配合连接杆悬吊混凝土和约束混凝土的变形。接茬板的横断面形状为“┣━”形（或“━”形，“┃”或波纹形）。接茬板的材料为金属（或塑料，或纤维）。

连接杆与接茬板构成对混凝土的竖向约束体系，约束混凝土在竖向不产生拉应力，并提高接茬板与混凝土间的结合力。

根据提高井壁承载力和增加井壁延性的需要有选择地设置钢筋、钢板、钢骨架和铸钢（铁）弧形板，则形成（钢筋）混凝土井壁、钢板混凝土井壁、钢骨混凝土井壁和铸钢（铁）弧形板混凝土复合井壁（图4-18）等。图4-18*a*～图4-18*d*示出了分别设置钢筋、钢板、钢骨架和铸钢（铁）弧形板的四种单层冻结井壁的实例。

4.5.2 立井井筒单层冻结井壁施工工艺

一、基本要求

1. 单层冻结井壁厚度及配筋

单层冻结井壁设计要特别注意井壁的厚度及配筋要求。

2. 对冻结设计的要求

冻结基岩段井壁产生温度裂缝的主要原因是：井壁与围岩直接浇筑在一起，井壁内温差大，井壁因温度变形受围岩约束而开裂。为控制井壁产生温度裂缝，对冻结设计的要求为：

（1）200m深度以下冻结孔至井帮最近距离不小于3.0m；

（2）150m深度以下井帮温度不低于3℃。

3. 对混凝土配制的要求

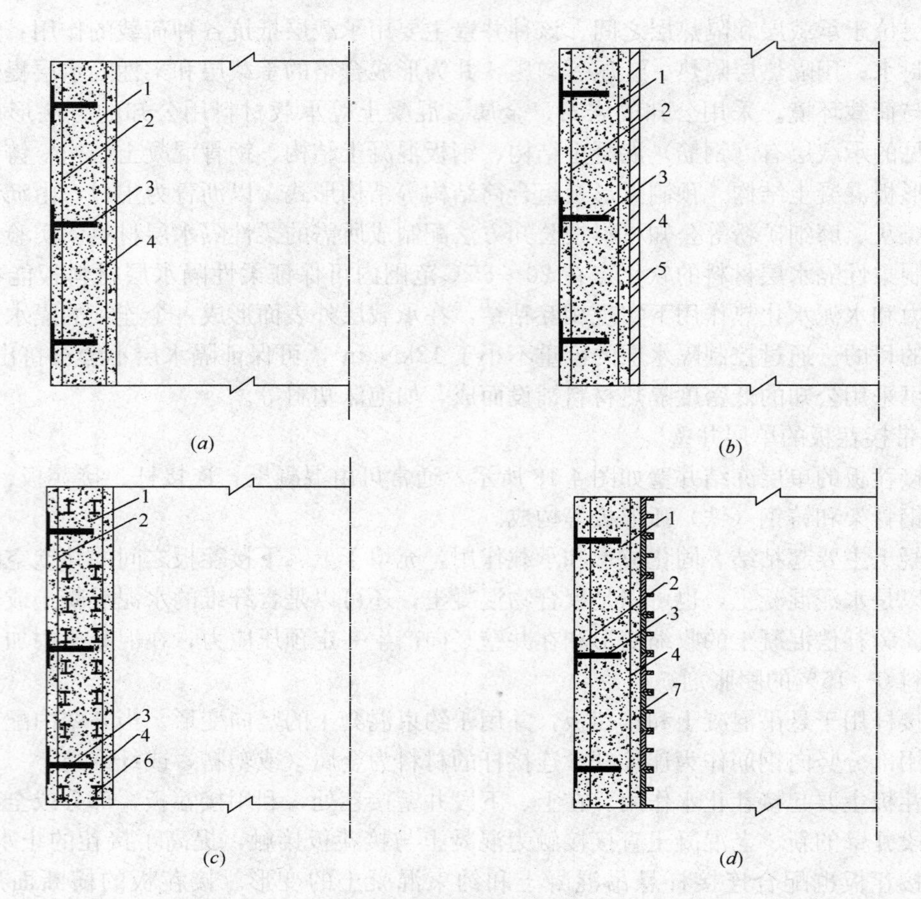

图 4-18　一种带接茬板的单层冻结井壁示意图

1—混凝土；2—连接杆；3—接茬板；4—钢筋；5—钢板；6—钢骨架；7—铸钢（铁）弧形板

为保证单层冻结井壁的封水性，针对井帮温度较低的实际情况，对该井筒单层冻结井壁段混凝土配制有如下要求：

(1) 混凝土试块配制强度：标养 28d 强度不小于设计强度的 1.12 倍。

(2) 混凝土试块强度增长要求：8h 强度不小于 1MPa；1d 强度不小于井壁设计强度的 30%；7d 强度不小于井壁设计强度的 70%。

(3) 胶凝材料总用量一般不大于 570kg/m³。要求新拌混凝土的绝热温升不超过 40℃（为测试所得最高温度减去初始温度）。

(4) 标养 28 天时试块膨胀应变不小于 400×10^{-6}。

(5) 新拌混凝土的坍落度不小于 18～21cm，经半小时坍落度损失不大于 4cm。

(6) 所提供化学与矿物掺加剂应便于现场实施混凝土配制工作。

(7) 入模温度不低于 20℃。

(8) 其他方面应符合现行有关规范和规程要求。

4. 单层冻结井壁钢板接茬形式及钢板参数

单层冻结井壁接茬采用“斜钢板接茬”方式，见图 4-19，接茬处井壁结构示意图见图 4-20。

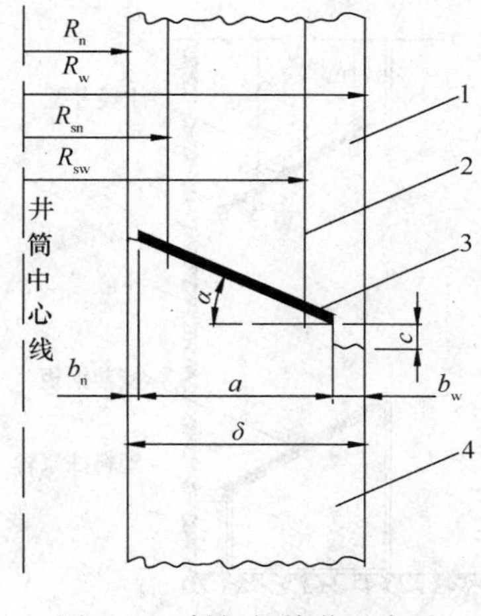

图 4-19 斜钢板接茬示意图

1—上段高井壁；2—竖筋；3—接茬钢板；4—下段高井壁

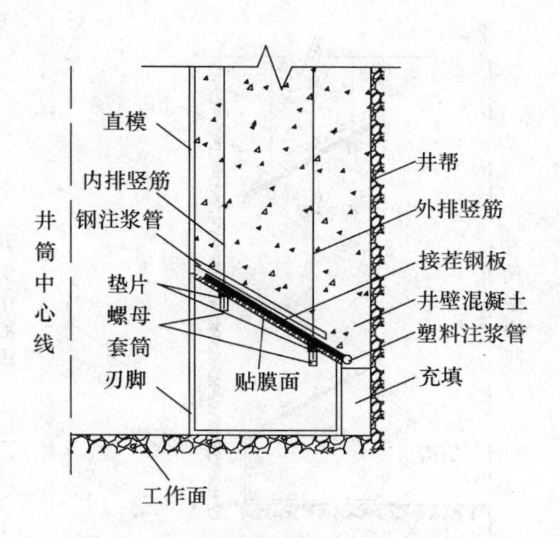

图 4-20 接茬处井壁结构示意图

在每段高接茬钢板附近预埋检漏及注浆管路系统。检漏及注浆管路系统由环向塑料注浆管和径向钢注浆管组成。施工时通过检漏及注浆管路系统对接茬进行抗渗检查，并对接茬进行注浆。

为便于接茬钢板施工，将接茬钢板沿环向分为若干块，井下施工时相邻块接茬钢板留缝对接。

二、施工工艺流程

单层冻结井壁施工工艺流程见图 4-21。主要工序示意图见图 4-22～图 4-26。

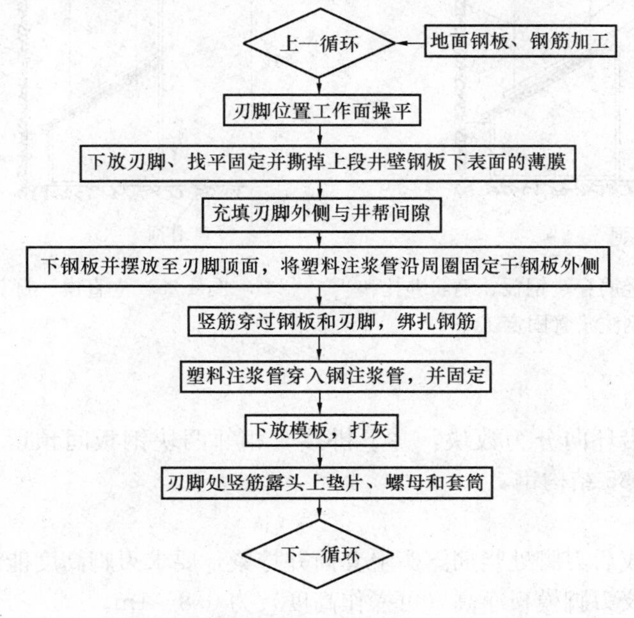

图 4-21 单层冻结井壁施工工艺流程图

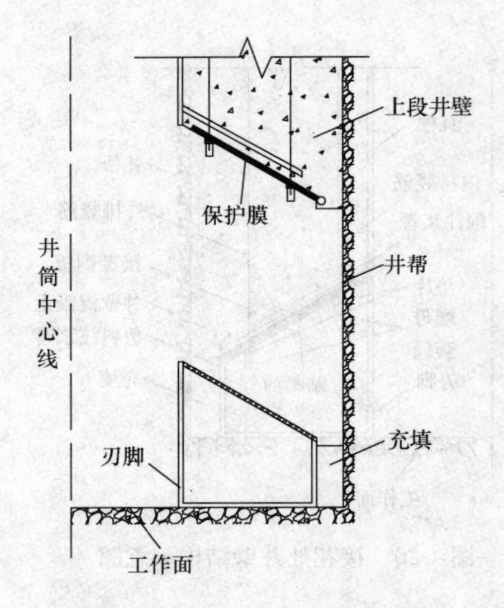

图 4-22 刃脚下放固定，撕保护膜和间隙充填工序

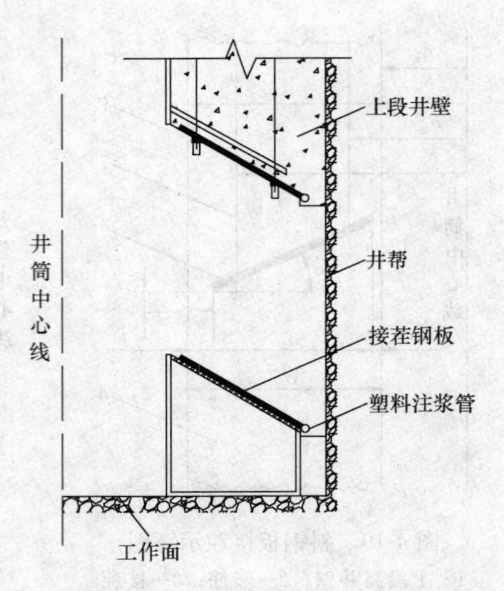

图 4-23 接茬钢板摆放、塑料注浆管固定工序

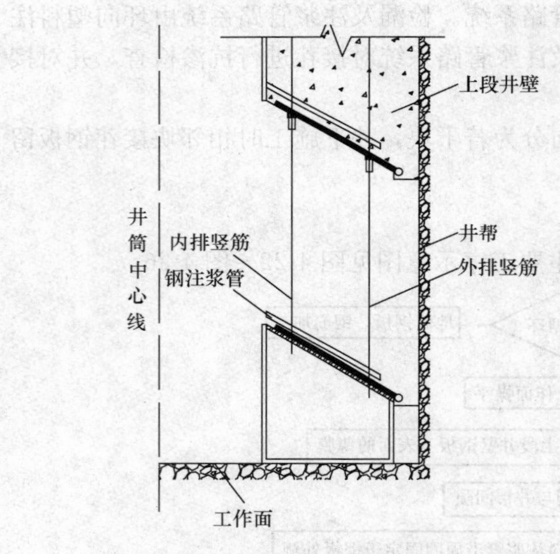

图 4-24 竖筋穿过钢板、钢筋绑扎和钢注浆管固定工序

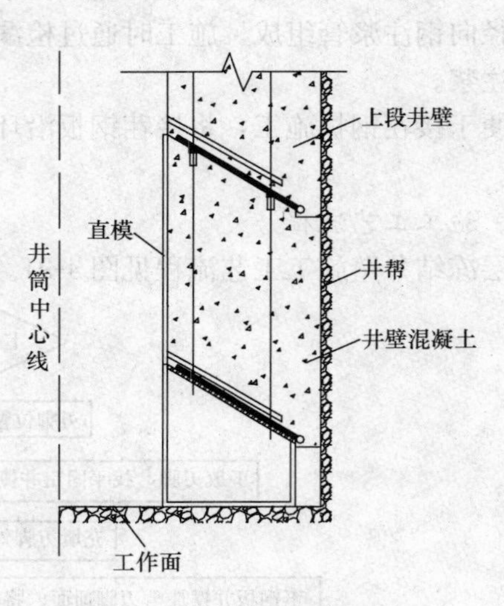

图 4-25 立直模、打灰工序

1. 接茬钢板加工

接茬钢板一般沿环向分为数块，井下拼接时相邻两块钢板间预留 3～5mm 的间隙。钢板材质为普通 Q235 结构钢。

2. 刃脚结构

为便于打灰完成后刃脚处竖筋露头上套筒并拧紧，要求刃脚高度能满足井下上套筒的操作空间要求，建议刃脚模板净高（可操作高度）为 0.8～1m。

为方便井下各块接茬板的定位，模板顶面需根据接茬钢板分块情况环向分割成“格子”

状，一块接茬板对应一个“格子”，井下摆放接茬钢板时直接将钢板放入“格子”即可完成定位。

3. 预紧力施加

在打灰完成之后，需用紧固件通过穿过接茬钢板的竖筋露头对接茬钢板施加预紧力。

当钢板竖筋露头长度及丝长均合适时，则可直接使用套筒和带斜面的硬塑料垫片固定接茬钢板，施加预紧力；当钢板竖筋露头长度略长，丝长合适时，可增加平垫并使用套筒固定钢板，施加预紧力；当钢板竖筋露头长度过长，丝长合适时，可先使用螺母固定钢板施加预紧力，之后上套筒用于竖筋连接。

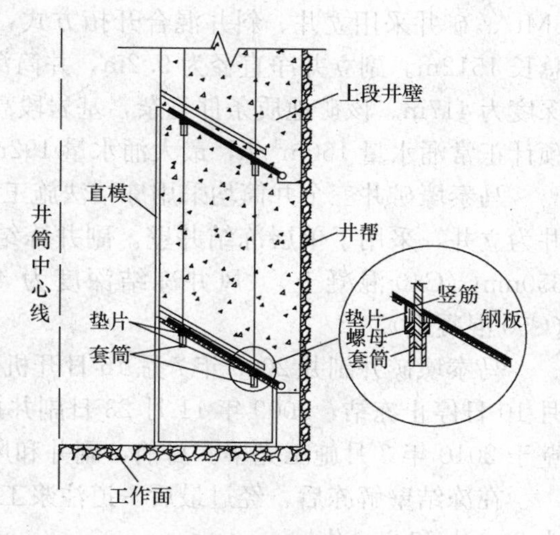

图 4-26 装垫片，拧紧螺母和上套筒工序

4. 检漏与注浆管路系统

接茬检漏与注浆管路系统的组成：穿井壁钢管＋环形塑料花管＋穿井壁钢管。

塑料花管：用 ϕ25×2.3mm PE-RT 地板辐射采暖管制成，每隔 15cm 在管壁上打 4 个 ϕ6mm 十字花孔。

穿井壁钢管：采用 ϕ20×3.0mm 无缝钢管。

塑料花管和穿井壁钢管连接采用套接固定方式，即塑料花管套入穿井壁钢管一定长度（建议不小于 50mm），然后用铁丝将套接部分绑扎牢固。

塑料花管在地面加工完成后用胶带将花孔处封死。塑料花管与穿井壁钢管连接在地面完成。

塑料管下到井下后待接茬钢板摆放完成后通过钢板上预留 ϕ6mm 小孔沿环向绑扎固定于钢板外侧。

三、新型单层冻结井壁应用情况

1. 在河南永夏矿区新桥煤矿的应用

新桥煤矿主井筒净直径为 5.0m，穿过表土厚度为 392m，井筒冻结深度为 602m（全深冻结）；副井净直径为 6.5m，穿过表土厚度为 390m，井筒冻结深度为 553m。新桥煤矿主、副井井筒工程自 2004 年 12 月开工，至 2005 年 9 月完成冻结段井壁施工。

在主井井筒垂深 442～584m（为井筒底深）冻结基岩段采用了单层井壁，在 584m 深度处井壁厚度为 650mm（C60 混凝土）；在副井井筒垂深 452～553m 冻结基岩段采用了单层井壁，在 540m 深度处井壁厚度为 650mm（C60 混凝土）。

目前主井井筒的涌水量仅为 0.43m^3/h，副井井筒的涌水量仅为 2.3m^3/h，井壁封水效果非常好；节省工期 4 个月，早出煤取得经济效益 13600 万元；采用单层井壁使井壁厚度比双层复合井壁减小 50%以上，节省掘砌费用 1122 万元。

2. 在内蒙古鄂尔多斯新街矿区马泰壕煤矿的应用

鄂尔多斯永煤矿业投资有限公司所属马泰壕矿井位于内蒙古自治区鄂尔多斯新街矿区，井田面积为 123.32km^2，地质储量为 20 亿 t，可采储量 12 亿 t。矿井设计生产能力为

5Mt/a，矿井采用立井、斜井混合开拓方式，设计主、副、风三个井筒。主斜井倾角16°，总长1512m。副立井净直径为9.2m，井筒深度为457m。回风立井净直径为6.5m，井筒深度为417m。该矿地质条件复杂，基岩段高角度裂隙发育，裂隙度小，且连通性不均匀，预计正常涌水量160m³/h，最大涌水量192m³/h。

马泰壕矿井三个井筒均采用冻结法施工。主井是斜井，采用单层冻结井壁；副井和风井为立井，采用了单层冻结井壁。副井冻结深度为242m，242m深度处冻结井壁厚度为650mm（C40混凝土）。风井冻结深度为423m，410m深度处冻结井壁总厚度700mm（C50混凝土）。

马泰壕矿井副井2009年7月16日开机冻结，2009年8月24日正式开挖，2009年11月10日停止冻结，2009年11月23日副井掘至马头门水平。马泰壕矿井风井单层冻结井壁于2010年3月施工完毕。目前，副井和风井单层冻结井壁段已完全解冻，涌水量很小。

在冻结壁解冻后，经过最后一道注浆工序，马泰壕矿井副井、风井井筒的涌水量分别为3m³/h和2m³/h。

3. 在内蒙古鄂尔多斯新街矿区察哈素煤矿的应用

国电建投内蒙古能源有限公司察哈素矿井的设计煤炭产能为15Mt/a。矿井采用混合开拓方式，设主井、副井及风井三个井筒，其中主井为斜井，副井和风井为立井。井筒穿过的地层分别为：第四系地层、白垩系岩层和侏罗系岩层。

根据察哈素矿井副井井筒实际工程条件，国电建投内蒙古能源有限责任公司决定在副井垂深393～435.5m段采用单层冻结井壁专利技术。该段单层冻结井壁厚度为900mm，混凝土强度等级为C50。

4. 在内蒙古鄂尔多斯呼吉尔特矿区葫芦素煤矿的应用

中天合创能源有限责任公司葫芦素矿井设计年产煤炭1300万t。矿井采用立井开拓方式，设主井、副井及风井三个井筒。主井、副井和风井井筒的净直径分别为9.6m、10.0m和8.0m，井筒深度分别为667.8m、702.8m、681.29m。主井、副井、风井均采用冻结法通过表土层、白垩系地层和侏罗系地层上部含水层，冻结深度分别为525m、525m和545m。原设计在冻结段采用传统的双层复合井壁结构，主井、副井、风井井壁的最大厚度分别达到1.95m、2.00m和1.70m（C65混凝土）。

由于冻结基岩段井壁总厚度大，造价高，工期长，为节省投资和加快凿井速度，中天合创能源有限责任公司于2009年3月23日在北京市组织召开了“立井冻结段单层井壁专家论证会”。根据专家论证意见，中天合创能源有限责任公司决定，在白垩系中下段及侏罗系含水层段，采用单层冻结井壁专利技术，确定主井、副井和风井井筒采用单层冻结井壁的深度范围分别为：140～520m、140～520m和140～540m。

采用单层冻结井壁技术后，主井、副井、风井井壁的最大厚度分别变为0.90m、0.95m和0.80m（C65混凝土），少掘进岩石约39500m³，少使用C60、C65高强混凝土分别为8400m³、31100m³，节省1.5mm厚聚乙烯塑料板54170m²，节省50mm厚聚苯乙烯泡沫塑料板1500m³，节省钢筋约4000t。采用单层冻结井壁技术预计共节省材料与施工费用约8000余万元。

5. 在内蒙古鄂尔多斯呼吉尔特矿区门克庆煤矿的应用

中天合创能源有限责任公司门克庆矿井设计年产煤炭1200万t。矿井采用立井开拓方式，设主井、副井及风井三个井筒。主井、副井和风井井筒的净直径分别为 9.6m、10.0m 和 8.0m，深度分别为 785m、755m、735m。主井、副井、风井均采用冻结法通过表土层、白垩系地层和侏罗系地层上部含水层，冻结深度均为 540m。原设计在冻结段采用传统的双层复合井壁结构，主井、副井、风井井壁的最大厚度分别达到 2.00m、2.10m 和 1.80m（C65 混凝土）。

为节省投资和加快凿井速度，中天合创公司决定，在白垩系中下段及侏罗系含水层段，采用单层冻结井壁专利技术，确定门克庆煤矿主井 260～535m、副井 260～535m 和风井 260～535m 深度范围内采用单层冻结井壁。

采用单层冻结井壁技术后，主井、副井、风井井壁的最大厚度分别变为 0.90m、0.95m 和 0.80m（C65 混凝土），预计共节省材料与施工费用约 7000 余万元。

4.6 立井可缩井壁结构及其施工技术

4.6.1 立井井壁破裂特征、危害及机理

自 1987 年以来，淮北、大屯、徐州、永夏、兖州、枣庄、鹤壁、东荣等矿区已有 103 个立井井筒相继发生了井壁破裂灾害（表 4-6），造成了巨大的经济损失，严重地威胁着矿井的安全与生产。

部分已破坏井筒 表 4-6

序号	井筒名称	序号	井筒名称	序号	井筒名称
1	海孜主井	21	前岭北风井	41	孔庄南风井
2	海孜副井	22	前岭中风井	42	姚桥主井
3	海孜中央风井	23	祁南副井	43	姚桥副井
4	海孜西风井	24	张双楼主井	44	徐庄主井
5	临涣副井	25	张双楼副井	45	徐庄副井
6	临涣东风井	26	张双楼南风井	46	徐庄风井
7	临涣西风井	27	三河尖主井	47	小茅山铜矿主井
8	童亭主井	28	三河尖副井	48	小茅山铜矿风井
9	童亭副井	29	三河尖风井	49	付村主井
10	童亭中央风井	30	张集主井（徐州）	50	付村副井
11	芦岭主井	31	张集副井（徐州）	51	鲍店主井
12	芦岭副井	32	沛城主井	52	鲍店副井
13	芦岭中央风井	33	沛城副井	53	鲍店北风井
14	芦岭西风井	34	龙固副井（徐州）	54	鲍店南风井
15	桃园主井	35	龙固主井（徐州）	55	兴隆庄主井
16	桃园副井	36	龙东主井	56	兴隆庄副井
17	桃园风井	37	龙东副井	57	兴隆庄西风井
18	任楼主井	38	龙东风井	58	兴隆庄东风井
19	任楼副井	39	孔庄主井	59	杨村主井
20	任楼风井	40	孔庄副井	60	杨村副井

续表

序号	井筒名称	序号	井筒名称	序号	井筒名称
61	杨村南风井	76	杨庄副井济宁	91	陈四楼主井
62	杨村北风井	77	杨庄风井济宁	92	陈四楼副井
63	南屯风井	78	田庄主井	93	陈四楼中风井
64	济宁三号矿主井	79	田庄副井	94	鹤壁二矿新副井
65	济宁三号矿风井	80	金桥副井	95	东荣一矿主井
66	济宁三号矿副井	81	岱庄煤矿主井	96	东荣一矿副井
67	泗河主井	82	葛店主井	97	东荣一矿风井
68	泗河副井	83	葛店副井	98	东荣二矿主井
69	横河主井	84	葛店风井	99	东荣二矿副井
70	横河副井	85	新庄主井	100	东荣二矿风井
71	太平副井（济宁）	86	新庄副井	101	东荣三矿主井
72	太平主井（济宁）	87	车集主井	102	东荣三矿副井
73	鹿洼主井	88	车集副井	103	东荣三矿风井
74	鹿洼副井	89	车集南风井		
75	杨庄主井济宁	90	车集北风井		

一、立井井壁破裂特征

1. 井壁竖向压裂

深厚表土层中的立井井壁发生破裂时，内壁混凝土成块剥落，纵筋向内弯曲，横向裂纹、裂缝在水平方向交圈，破裂处漏水、甚至涌砂，严重时，混凝土掉块砸坏设备和井筒装备。此外，罐梁向上弯曲，罐道、排水管、压风管等发生纵向弯曲，严重时会扭曲变形，造成卡罐事故。可见，井壁破裂灾害对人身安全和煤矿的安全生产都构成了严重威胁。

2. 破裂时间集中

均发生于每年的4～10月份，大多集中于6～8月份。

3. 破裂位置集中

多在第四系深厚表土层与基岩交界面附近，伴随有地表沉降。

4. 地表明显下沉

伴随着下部含水层水位下降，破坏矿井工业广场地表均有不同程度的下沉，下沉幅度达100～500mm；沉降速率为10～50mm/a；沉降率（地表下沉量与表土层厚度之比）为1.5～2‰。

5. 地质条件相近

破坏井筒都穿过较厚的第四系表土层，层厚大多在100m以上，表土层含水层的水位均有下降，下降量30～150m不等，下降速率多在0.03～0.12MPa/a之间。

二、立井井壁破裂危害

井壁破裂灾害具有突发性，其危害有：

1. 对井壁造成损害，降低了井壁抵抗地压的能力；

2. 使井内管路、罐梁、罐道失稳变形；

3. 破裂下来的大混凝土块会砸坏井内和井底装备和设施；

4. 罐道变形可能导致产生卡罐事故，掉落的混凝土块可能危及人员的安全；

5. 破裂处的涌水如处理不好，可能导致水土涌入井内的灾难性事故；

6. 井壁破裂范围越大，修复的难度越大，造成的经济损失也越大。

这种立井井壁破裂灾害影响范围之大，造成的后果之严重，在国内外都是前所未有的。因井壁破裂而停产进行抢险加固所造成的直接和间接经济损失就达数亿元；而且临时加固使得井筒净直径减小，限制了矿井的提升能力，影响矿井的正常生产；然而更重要的是抢险加固后的井壁埋藏着隐患，井壁时有继续破坏的可能。

三、井壁破裂机理

通过大型模拟试验，中国矿业大学和大屯煤电公司于 1989 年首次证实了特殊地层含水层疏排水时井壁竖直附加力的存在，提出了井壁破裂机理（图 4-27）：表土含水层疏水，造成水位下降，含水层的有效应力增大，产生固结压缩，引起上覆土体下沉。土体在沉降过程中施加于井壁外表面一个以往从未认识到的竖直附加力。竖直附加力增长到一定值时，混凝土井壁不能承受巨大的竖直应力而破坏。竖直附加力是导致井壁破裂的主要因素。

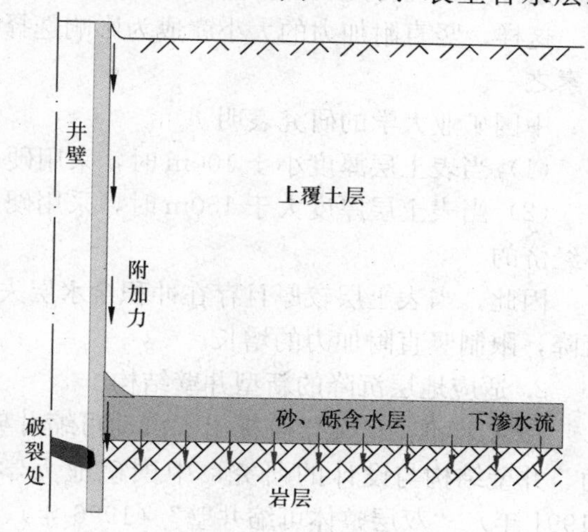

图 4-27　井壁破裂机理示意图

传统的表土层井壁结构与设计视井壁受力为静态、平面问题。在设计井壁时，认为井壁自重的 3/4 由地层围抱力所抵消；但当表土含水层失水时，地层不但不能承担一部分井壁自重，反而对井壁作用有向下的、随时间增长的竖直附加力。这说明此种情况下井壁受力问题是一个动态、空间问题，而不是静态、平面问题。这一观念是对井壁受力工况认识上的一次飞跃。在此认识的基础上，提出了新的井壁设计原则和方法，开发出了新的井壁结构形式以及井壁破裂灾害的防、治技术。

在新的井壁设计中，应该充分认识井壁——地层的相互作用；充分考虑特殊地层对井壁所造成的竖直附加荷载；考虑全部井壁自重、井筒装备重量和井塔重量；考虑温度变化可能造成的附加荷载，按空间问题理论进行设计计算。

4.6.2　井壁破裂防治技术

一、防治井壁破裂灾害的技术路线

竖直附加力主要与以下两组参数有关：

1. 井壁结构及其几何、物理、力学参数；

2. 地层的几何、物理、力学参数。

与此相对应，防、治井壁破裂灾害的技术路线有：

1. 针对井壁采取措施，如：提高井壁竖向承载力、改变井壁结构等；

2. 针对地层采取措施，如：注浆加固、抬升地层，保持井筒周围含水土层水位不变等。

上述两条技术路线虽有很大差别，但是其原理是相同的，可谓殊途同归，都是为了减小井壁与地层间的相对位移量。其中，技术路线1较易实施，且效果可预见，特别适用于新井预防井壁破裂灾害。

二、预防新建井筒发生井壁破裂灾害的技术措施

1. 井壁结构是"抗"还是"让"?

预防新建井筒发生井壁破裂灾害，采用新型井壁结构是上策，可分为如下两种策略：

(1)"抗"：增大井壁厚度，提高井壁材料强度，承受附加力。

(2)"让"：采用新型井壁结构，适应地层沉降。

竖直附加力随疏排水降压量的增大而增大，因此是一个动态荷载。当存在冲积含水层疏水条件时，应将井壁受力从传统的按静态、二维问题处理转变为按动态、三维问题处理。这样，竖直附加力的大小就成为影响选择井壁结构形式、确定井壁材料和尺寸的决定因素之一。

中国矿业大学的研究表明：

(1) 当表土层厚度小于100m时，采用硬"抗"的策略是可行的，有时也是经济的；

(2) 当表土层厚度大于150m时，采用硬"抗"的策略有时虽是可行的，但是肯定是不经济的。

因此，当表土层较厚且存在冲积含水层失水的条件时，应采用新型井壁结构适应地层沉降，限制竖直附加力的增长。

2. 适应地层沉降的新型井壁结构

1990年淮南矿业学院提出了滑动可缩井壁结构。基于多年来对深厚表土层中井壁受力、井壁结构与设计的研究，中国矿业大学开发出了适用于冻结井筒的"滑动井壁"(1991年)、"双层整体可缩井壁"(1996年)，"内层可缩井壁"(2003年)结构形式，以及适用于钻井井筒的"单层整体可缩井壁"(1993年)结构形式。其中，内层可缩井壁中国矿业大学申请了发明专利，并获得了专利授权。

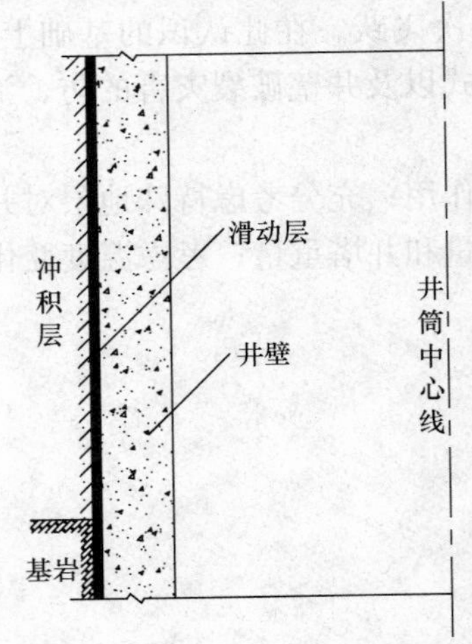

图4-28　滑动井壁示意图

对于冻结井筒，目前均采用带夹层的双层复合井壁。针对此种井壁，主要有四种能适应地层沉降的新型井壁结构：滑动井壁、滑动可缩井壁、双层整体可缩井壁和内层可缩井壁。

3. 滑动井壁

滑动井壁(图4-28)在井壁与地层之间设置了滑动层(滑动层材料常用沥青)。地层沉降时通过滑动层传递给井壁一个竖向附加力，这个附加力的数值不会超过滑动层材料的长时抗剪强度。通过控制滑动层材料的长时抗剪强度就可以来控制井壁所承受的最大竖向附加力，这样在设计阶段就可以确定最大附加力，将其作为井壁外载进行井壁设计，从而保证井壁安全。这种井壁结构需要在整个表土段井筒深度上设置滑动层，施工工程量和难度都比较大，

而且成本也高。但是，这种井壁不需要设置可缩层，这样就不需要井筒装备可缩。

4. 滑动可缩井壁

滑动可缩井壁（图 4-29）在外壁设置一个或多个可缩层，同时在内外壁之间设置滑动层。当地层沉降时，施加在外壁上一个竖向附加力，当附加力达到一定数值时，可缩层开始工作，产生较大的竖向压缩，使得外壁与地层之间的相对位移减小，从而保证外壁安全。在外壁由于可缩层的竖向压缩而产生较大的竖向位移时，外壁通过内外壁之间的滑动层施加给内壁一个竖向附加力，但是和滑动井壁一样，这个附加力不会超过滑动层的长时抗剪强度。通过控制滑动层的长时抗剪强度就可以控制内壁所受到的竖向附加力，从而保证内壁的安全。和滑动井壁一样，滑动可缩井壁需要在井筒表土段全深设置滑动层，因而施工工作量大，难度高。但是，它同样不要求井筒装备可缩。

5. 双层整体可缩冻结井壁

这种井壁结构（图 4-30）在内外壁均设置可缩装置，两个可缩装置相隔一定高度，之间设置一层局部滑动层。与滑动可缩井壁相同，外壁可缩装置主要是保证外壁安全工作，同时也起到一个“缓冲”的作用，使得地层通过外壁施加到内壁上的竖向附加力减小一部分。对于这种井壁结构，其内壁的保护与滑动可缩井壁不同，并不是通过滑动层来控制内壁所承受的附加力，而是通过内壁可缩装置，使得内壁和外壁一样，能够在一定的竖向荷载下产生较大的竖向位移，从而限制自身承受的附加力不超过设定值，保证井壁不受破坏。这种井壁不用设置滑动层或只在内外壁间设置局部滑动层，相对前两种井壁施工难度和工程造价都较低，但是由于在内壁设置了可缩装置，所以要求井筒装备也可缩。

6. 内层可缩冻结井壁

鉴于滑动井壁、滑动可缩井壁和双层整体可缩井壁等已有井壁结构技术存在的问题，中国矿业大学于 2003 年发明了一种能有效防止内层井壁破裂，且施工简便、成本低的轴向可伸缩井壁——内层可缩井壁。

在双层复合冻结井壁的内层井壁上至少设有一个可缩装置（图 4-31）；可缩装置随内

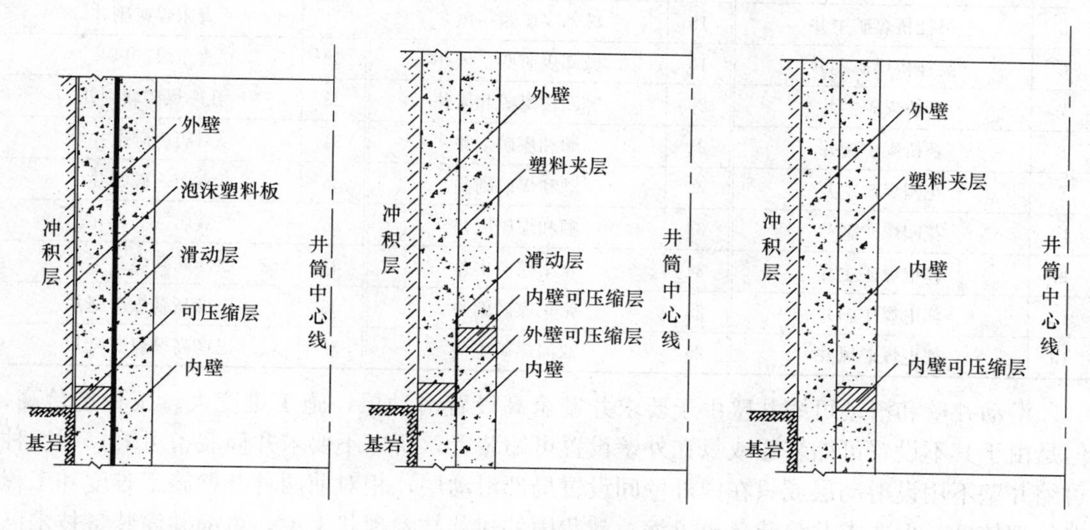

图 4-29 滑动可缩井壁示意图 图 4-30 双层整体可缩井壁示意图 图 4-31 内层可缩井壁示意图

层井壁一起施工。当井壁轴向受力达到一定值时，可缩装置会产生较大的轴向变形，从而控制内层井壁轴向应力的增长，能有效地防止内层井壁因土层沉降而破坏。与双层可缩井壁相比，降低了施工难度和造价；而且可充分利用外层井壁这一临时支护结构的竖向承载力，大大降低了轴向可伸缩环的设计难度。

当地层沉降时，内层可缩冻结井壁利用外壁来抵抗附加力，当附加力比较大时外壁与内壁可缩层相对应部分的井壁会首先发生破坏，卸去部分附加力。由于实际工程中外壁不起防水作用，且是临时支护，所以允许外壁发生局部破坏，不会影响到整个井筒的正常使用。

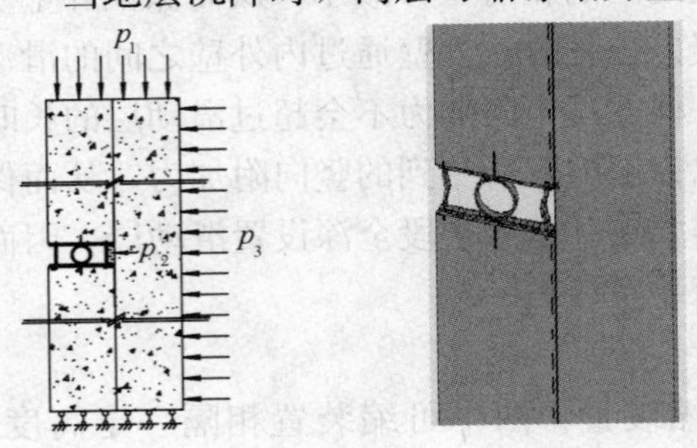

图 4-32　内层可缩井壁结构计算简图及受力可缩装置变形示意图

内层可缩井壁结构计算简图及受力可缩装置变形示意图见图 4-32。中国矿业大学对内层可缩井壁开展了大量研究，并提出了内层可缩井壁的设计理论与设计方法。

自 2003 年中国矿业大学发明内层可缩井壁以来，该种井壁结构已在 39 个新建井筒中得到应用（表 4-7），其中，于 2004 年 8 月首次成功应用于河南省永夏矿区城郊煤矿东风井（表土深 357m），于 2006 年在目前我国穿过表土层最深的山东省巨野矿区郭屯煤矿主井（表土深度为 587.5m）应用。

内层可缩井壁应用情况　　**表 4-7**

序号	井筒名称	序号	井筒名称	序号	井筒名称
1	城郊煤矿东风井	14	李堂煤矿主井	27	双河煤矿副井
2	丁集煤矿主井	15	李堂煤矿副井	28	龙祥煤矿主井
3	丁集煤矿副井	16	霄云煤矿副井	29	龙祥煤矿副井
4	丁集煤矿风井	17	霄云煤矿主井	30	青东煤矿主井
5	吴桂桥煤矿主井	18	城郊煤矿西一风井	31	青东煤矿副井
6	吴桂桥煤矿副井	19	城郊煤矿西二风井	32	青东煤矿风井
7	新桥煤矿主井	20	陈四楼煤矿北风井	33	孔庄煤矿新副井
8	新桥煤矿副井	21	顺和煤矿主井	34	袁店一矿主井
9	花园煤矿主井	22	顺和煤矿副井	35	袁店一矿副井
10	花园煤矿副井	23	顺和煤矿风井	36	袁店一矿风井
11	郭屯煤矿主井	24	张集煤矿主井	37	巴彦高勒煤矿主井
12	郭屯煤矿副井	25	张集煤矿副井	38	巴彦高勒煤矿副井
13	郭屯煤矿风井	26	双河煤矿主井	39	巴彦高勒煤矿风井

滑动井壁和滑动可缩井壁由于要求井壁全高设置滑动层，施工难度大、工程造价高，但是由于其不设置可缩装置或只在外壁设置可缩装置，所以不要求井筒装备可缩；后三种可缩井壁不用设滑动层或只在内外壁间设置局部滑动层，相对前两种井壁施工难度和工程造价都较低，但要求井筒装备也可缩。就我国的建井技术现状来说，可缩井筒装备技术已经比较成熟，所以后三种可缩井壁比前两种井壁有更好的应用前景。对于冻结井壁，内层

可缩井壁不需要在外壁设置可缩层，而又能够实现保证内壁安全，井筒正常使用的目的，所以它比整体可缩井壁更简便，更实用。

4.6.3 立井可缩井壁装置

一、井壁可缩装置的要求

可缩井壁结构都是基于“让”的思路，利用设置在井壁中的可缩层（可缩装置）的“可压缩”性能，来达到减小井壁和土层间的竖向相对位移，限制作用在井壁上的竖直附加力的增长，从而保障井壁安全的目的。所谓“可缩”是指当作用于可缩装置上的竖向荷载达到某个设计值时，可缩装置可以产生很大的竖向位移。这样，就可以使其上方井壁能向下移动以削减与土层之间的相对位移。由此可见，井壁可缩装置是可缩井壁结构的关键。

可缩装置一般应满足以下要求：

1. 可缩量的要求

可缩装置可根据需要设置一个或多个，所有可缩装置累积的竖向可缩总量与井壁结构自身允许压缩量之和应大于地层可能的下沉量。

2. 强度和刚度的要求

可缩装置本身应具有足够的强度和刚度，以便在竖向屈服前能承受住设定的竖向与水平荷载，同时可缩装置应在受力增大到一定数值后，通过产生显著的压缩变形，限制井壁附加力的增长，保证内层井壁（对冻结井筒）或井壁（对钻井井筒）不发生破坏。

3. 防水要求

可缩装置在整个工作过程中以及其残余结构（达到设计可缩量之后的结构），都应具备良好的防渗水性能。

4. 其他要求

还应满足结构简单、易加工、防腐、施工方便、造价低廉等特点。

二、管板组合式可缩井壁装置

为了解决可缩井壁装置漏水问题，中国矿业大学于2002年发明了一种管板组合式可缩井壁装置。

该种井壁可缩装置见图4-33～图4-35，由中间钢管1、内壳体2、外壳体3、上下面板4组成。中间钢管1和上下面板4焊接在一起，构成封闭环形结构；内壳体2、外壳体3和上下面板4垂直焊接在一起，构成封闭腔环形结构，使结构的受力和变形均匀对称。

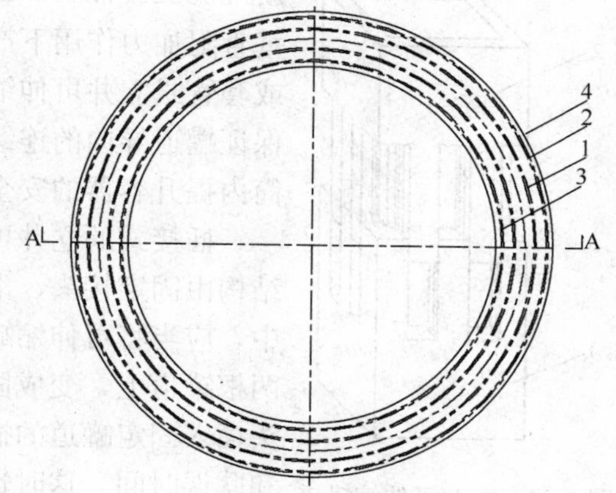

图4-33 可缩装置俯视图

1—中间钢管；2—内壳体；3—外壳体；4—上下面板

该型可缩接头具有如下优点：

（1）压缩量大。主要利用钢管和立板的屈曲变形实现可缩，压缩率可达70%以上，为木质可缩装置的2倍以上。

（2）防水性能好。装置本身的密封主要靠上下面板与中间钢管间的焊接实现，由于钢管与面板间的焊缝始终受压，不会炸缝，

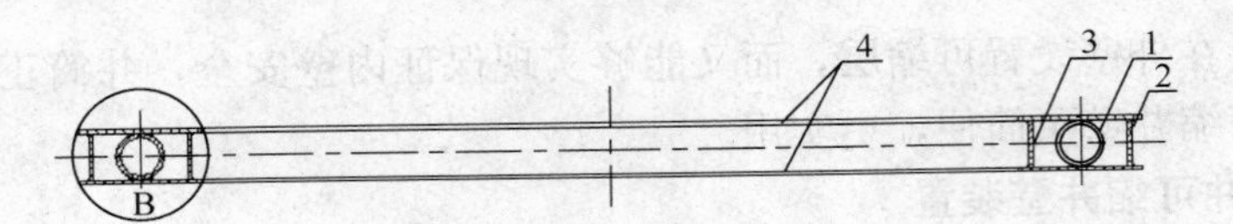

图 4-34 可缩装置 A-A 剖面图

1—中间钢管；2—内壳体；3—外壳体；4—上下面板

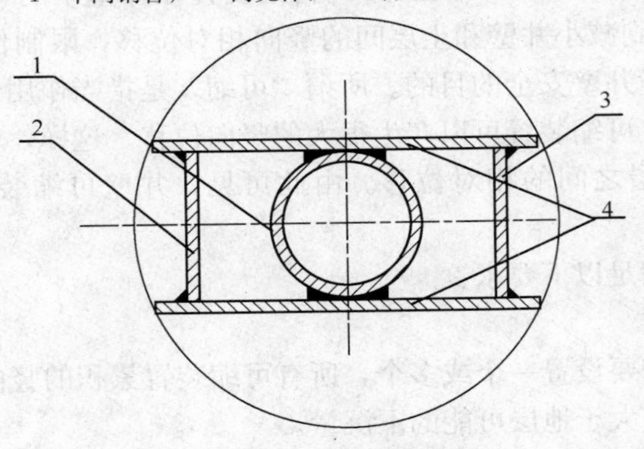

图 4-35 可缩装置局部放大图

1—中间钢管；2—内壳体；3—外壳体；4—上下面板

因此屈曲变形过程中其密封性能可得到保证。

管板组合式井壁可缩装置自提出以来，已在 60 余个新建或已建井筒的破裂灾害防治工程中得到应用。

4.6.4 立井可伸缩罐道

一、立井可伸缩罐道简介

在竖直附加力作用下，井壁可缩必然要求罐道可缩。对目前国内普遍采用的型钢组合罐道、整体轧制罐道和钢—玻璃钢复合材料罐道，中国矿业大学研制出了一种插接式的立井可伸缩罐道接头连接方式（专利号：ZL 03258874.7），该连接方式可独立进行使用，安设在上下两根罐道的接头处，也可与罐道组合制造成套管式立井可伸缩罐道（专利号：ZL 200520078196.2），与普通罐道一样进行安设。当立井井壁在垂直附加力作用下产生变形时，采用这种插接式可伸缩罐道接头或套管式立井可伸缩罐道，插接式连接结构会随之产生伸缩变形，保证罐道导向的连续性，罐道的垂直度和平行度不变，确保了井筒内提升容器的安全运行。

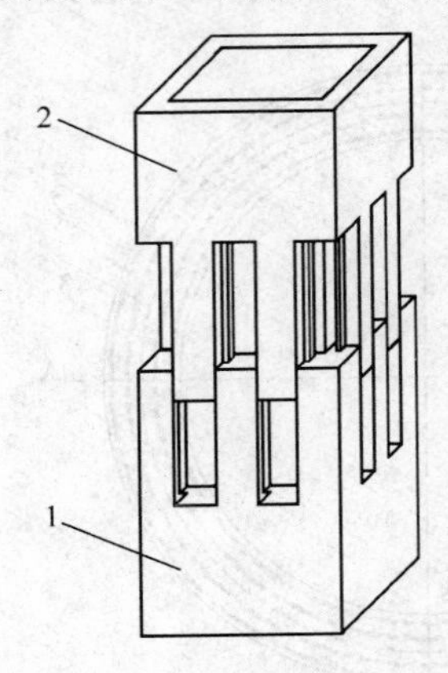

图 4-36 立井可伸缩罐道接头的基本结构

1—罐道插座；2—罐道插头

插接式的立井可伸缩罐道接头的基本结构如图 4-36 所示，该结构由固定接头、滑动接头和可伸缩接头组成。在工程实施过程中，应当将可伸缩罐道接头的插座和插头分别焊接在上下相邻的两根罐道上，变成固定罐道和活动罐道，安装时将活动罐道的插头插入固定罐道的插座中，但遇到插齿变形时会造成安装的困难和耽误时间。这时也可将可伸缩罐道接头焊接在一根罐道上，考虑到罐道必须在一个固定层间距内连续，且应具有足够的强度和刚度，因此可在罐道内部加设套管，由此制作出套管式立井可伸缩罐道，其结构如图 4-37 所示。这种套管式立井可伸缩罐道外形尺寸和规格与普通罐道完全一致，但可在一个固定层间距内进行伸缩变形量的调整。

二、立井可伸缩罐道接头及套管式立井可伸缩罐道的应用

对于新建矿井，可以根据预测的井壁变形量和变形部位，设计可缩性井壁结构，在设置可缩井壁结构对应位置安装可伸缩接头或可伸缩罐道，伸缩量根据要求进行确定。

对于已建矿井，应首先分析井壁出现垂直变形的部位，并预测可能的变形量，然后在该预测部位的上下一定距离内安装可伸缩罐道接头或可伸缩罐道，以适应井壁发生变形时罐道可随之协调变形。对于伸缩变形量和承载能力，可根据各矿井井筒装备的实际情况进行具体设计和安装使用。

立井可伸缩式罐道接头与套管式可伸缩罐道在实际工程中的应用比较方便，对于新建矿井，可以根据预测的井壁变形量和变形部位，设计可缩性井壁结构，在设置可缩井壁结构附近设置安装可伸缩式罐道接头或套管式立井可伸缩罐道。

可伸缩式罐道接头分开使用时，需要制作成上下两根罐道，即活动罐道和固定罐道，并在安装时将他们进行组合，如图 4-38a。而套管式立井可伸缩罐道将可伸缩罐道接头及罐道组合成一根罐道，尺寸与一般罐道一致，见图 4-38b，这时的安装工作可大大简化，技术经济效益比较明显。

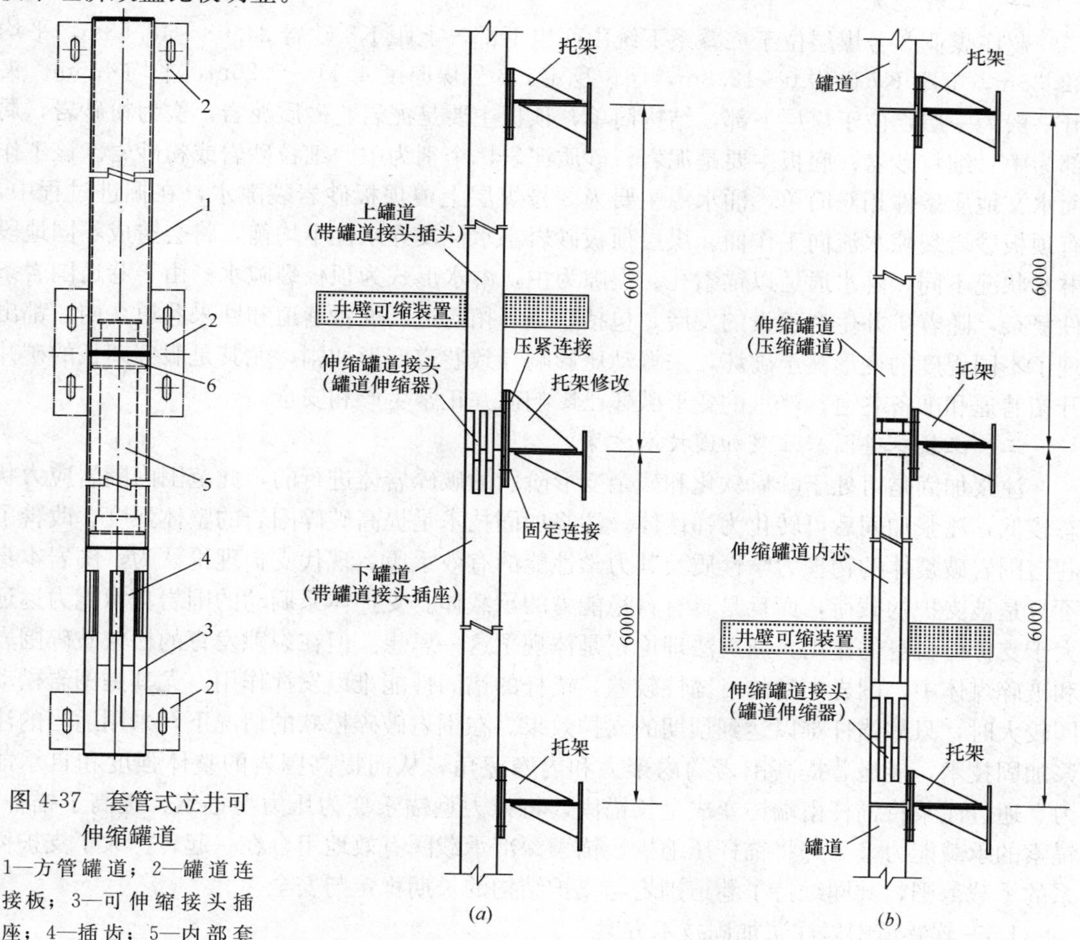

图 4-37　套管式立井可伸缩罐道

1—方管罐道；2—罐道连接板；3—可伸缩接头插座；4—插齿；5—内部套管；6—滑动套

图 4-38　立井可伸缩罐道接头及套管式伸缩罐道的安设方法

4.7 矿用注浆堵水与加固新技术

注浆技术目前已成为我国岩土工程技术领域的一个重要分支，是一门实用性强、应用广泛的工程技术。注浆（灌浆）是指将具有填充胶结性能的材料配成浆液，以泵压力为动力源，用注浆设备通过注浆管将其注入地层，浆液以渗透、充填、劈裂和挤密等方式扩散，赶走土颗粒间或岩体裂隙中的水分和空气后占据其位置，由于浆液的凝结、硬化，将原来松散的土粒或裂隙胶结成一个整体，形成一个结构新、强度大、防水抗渗性能高和化学稳定性良好的“结石体”，达到对地层加固或堵水的目的，改善受注地层的水文地质和工程地质条件。它具有施工设备简单、投资小、损耗少，操作工人少，工期短、见效快，施工中产生的噪声和振动小、对环境影响小，在狭窄的场地和矮小的空间均可施工，加固深度可深可浅、易于控制等许多优点。因而这种方法在土建、市政工程、水利电力、交通能源、隧道、地下铁道、矿井、地下建筑等众多领域被广泛的应用，且具有很好的经济效益和社会效益。

4.7.1 三软地层巷道围岩注浆加固技术

一、工程概况

赵庄煤业3号煤层位于二叠系下统山西组下部，上距K8砂岩24.08～48.53m，平均32.35m，下距K7砂岩0～12.8m，层位稳定。3号煤厚度4.11～5.26m，平均4.6m。夹矸一般为一层，位于煤层下部，结构简单，顶板主要是泥岩、砂质泥岩，次为粉砂岩，局部为中、细粒砂岩；底板主要是泥岩、砂质泥岩，个别为中、细粒砂岩或粉砂岩。该工作面水文地质条件相对简单，涌水源主要为3号煤层上覆顶板砂岩裂隙水，在掘进过程中，有顶板砂岩裂隙水流向工作面。煤层顶板砂岩富水性及导水性不均衡，将会造成不同地段淋水状况不同，淋水通道以锚索孔、裂隙为主，淋水形式为顶板裂隙水。由于巷道围岩条件复杂，随着矿井生产建设的发展，包括矿井开拓巷道、准备巷道和回采巷道在内，都出现了不同程度的变形甚至破坏，采掘动压影响导致巷道变形加剧，尤其是服务期长的矿井开拓巷道和准备巷道，严重的变形破坏已影响矿井正常生产和安全。

二、三软巷道围岩注浆加固技术方案

注浆加固是对处于峰后软化和残余变形阶段的破碎岩体进行的，此范围内围岩应力状态较低，注浆加固后可转化为弹性体。注浆加固技术是提高破碎围岩的整体强度、改善了巷道围岩破裂体的物理力学性质及其力学性能的有效手段。现代支护理论认为，围岩本身不只是被支护的载荷，而且是具有自稳能力的承载体。支护体系调动的围岩自承能力远远大于支护体自身的作用，新奥法理论正是体现了这一思想。但在裂隙发育的松软破碎围岩和破碎煤体中，围岩本身的可锚性较差，锚杆的锚固性能难以发挥作用。尤其是围岩松动圈较大时，只靠锚杆难以达到预期的支护效果。在围岩破碎松软的情况下，采用适当的注浆加固技术，能显著提高围岩的内聚力和内摩擦角，从而提高围岩的整体强度和自承能力。通过注浆将锚杆由端锚变成全长锚固，将拉力型锚索变为压力型锚索，提高了锚杆、锚索的承载能力，另外将锚杆压缩拱、锚索深部承载圈有效地组合在一起，扩大了支护体系的承载范围，共同维持了巷道围岩与支护结构的长期稳定与安全。

1. 三软巷道围岩注浆加固技术方案

西翼北辅运巷主要采用初次高性能锚固支护与二次注浆加固相结合的技术方案，以保证巷道围岩和支护结构的长期稳定。可采用预留变形量基础上实施初次锚网（索）喷支护和二次加固的方式。

(1) 全断面低压浅孔注浆

在一次全断面锚网喷支护的基础上，采用低压浅孔充填注浆的方式对巷道进行加强支护，配合锚网对巷道全断面围岩进行加固。通过高预应力锚索的锚固作用和二次注浆加固，可以将前期施工的锚索变成全长锚固，全长锚固锚索与围岩形成整体结构，从而实现与巷道围岩的共同承载，提高了支护结构的整体性和承载能力，能够保证巷道围岩和支护结构较长时间内的稳定。

注浆管布置在初次支护的两排锚索之间，注浆管排距1200mm。低压浅孔注浆施工注浆管使用ϕ35mm钢管制作，规格为ϕ35mm×1000mm，孔口封孔长度400～500mm，采用风钻打眼，孔径ϕ45mm，孔深2000mm。为保证注浆质量，必须对注浆孔口封闭密实，注浆管可同初次锚索支护同时施工，以便利用喷射混凝土形成对注浆孔的有效封堵。低压浅孔充填注浆浆液采用单液水泥－水玻璃浆液，水泥使用42.5级普通硅酸盐水泥，水灰比控制在0.8～1.0，水玻璃的掺量为水泥用量的3%～5%。浆液结石率不低于92%，浆液固结体强度不低于20MPa，注浆压力控制在2.0MPa以内，保证喷层不发生开裂。低压浅孔注浆管布置断面如图4-39所示。

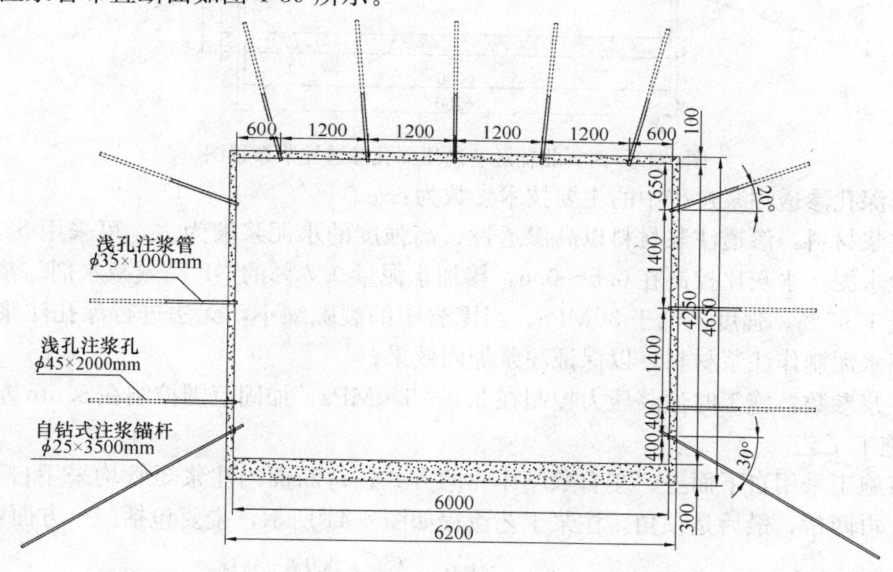

图4-39 西翼北辅运巷低压浅孔注浆布置图

底角锚注加固采用自钻式中空内注浆锚杆，自钻式中空内注浆锚杆由中空特种钢制成，规格为ϕ28mm×3500mm，极限拉断力150kN，延伸率10%～15%，配拱形高强度托板，规格为150mm×150mm×8mm，自钻锚杆一次性钻头规格为ϕ28mm，注浆锚杆同注浆管设置在同一断面。为防止注浆锚杆注浆过程中发生跑浆，巷道底角向下挖100mm喷射混凝土封闭围岩，注浆压力控制在2MPa。

(2) 全断面高压深孔注浆

高压深孔渗透注浆及低压浅孔注浆采用同一注浆管，注浆前可采用ϕ27mm钻头进行扫孔，扫孔深度控制在5.0m左右。高压深孔渗透注浆就是在低压浅孔注浆加固后形成一定厚度的加固圈（梁、柱）基础上，布置深孔，采用高压注浆加固，一方面可扩大注浆加固范围，另一方面高压注浆可提高浆液的渗透能力，改善注浆加固效果，而不会导致喷网层的变形破坏，并可对低压浅孔注浆加固体起到复注补强的作用，从而显著提高注浆加固体的承载性能。深孔注浆管的布置如图 4-40 所示。

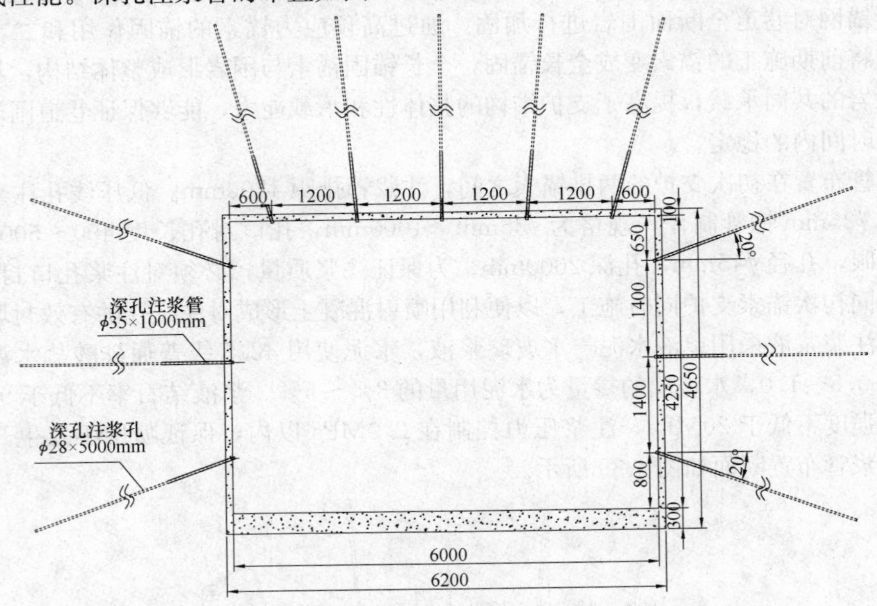

图 4-40 西翼北辅运巷高压深孔渗透注浆布置图

高压深孔渗透注浆过程中的主要技术参数为：

①注浆材料：渗透注浆材料以高渗透性、高强度的水泥浆液为主，可采用 52.5 级普通硅酸盐水泥，水灰比控制在 0.5～0.6，掺加水泥量 0.7 %的 NF 高效减水剂。浆液的结石率不低于 95%，强度不低于 30MPa。当围岩中的裂隙细小，无法进行深孔注浆时，可采用超细水泥制作注浆材料，以保证注浆加固效果；

②注浆参数：施工时注浆压力控制在 3.0～5.0MPa，加固范围控制在 5.0m 左右。

2. 施工工艺

注浆施工采用自下而上、左右顺序作业的方式；每断面内注浆短管均采用自下而上，先底角，再两帮，最后是顶角。注浆工艺流程如图 4-41 所示，主要包括三个方面：

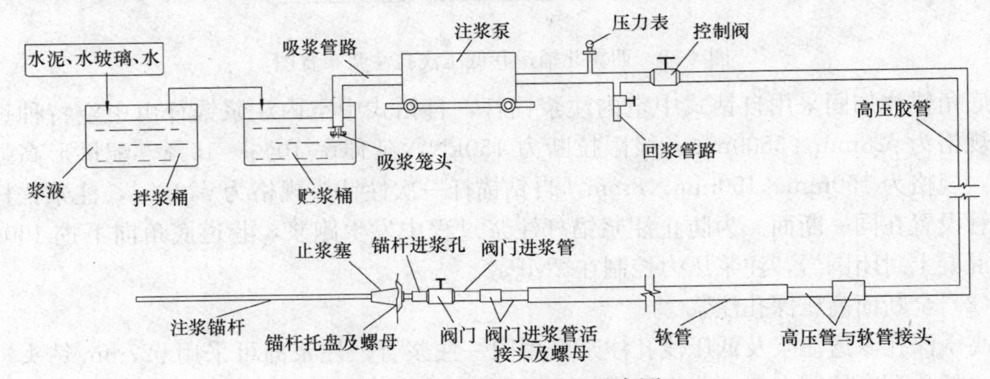

图 4-41 注浆工艺流程示意图

(1) 运料与拌浆：即将水泥与水按规定水灰比拌制成水泥浆，并保证在注浆过程中不发生吸浆龙头堵塞及堵管等现象，并应根据需要及时调整浆液参数。

(2) 注浆泵的控制：根据巷道实际注浆情况的变化，即时开、停注浆泵，并时刻注意观察注浆泵的注浆压力：以免发生管路堵塞及崩管等现象。

(3) 孔口管路的连接，应注意观察工作面注浆情况的变化，及时发现漏浆、堵管等事故，并掌握好注浆量及注浆压力的控制，及时拆除和清洗注浆阀门。

4.7.2 巷道过断层及破碎带注浆加固技术

一、工程概况

马钢集团姑山矿业公司白象山铁矿位于安徽省当涂县境内，矿区位于宁芜断陷盆地南段，长江东岸，南部为长江冲积一级阶地，地势平坦；北部为低山丘陵剥蚀堆积地形，山脊发育方向与区域构造基本一致，呈 NNE 向。区内地表水系十分发育，东有石臼湖，西有长江，南有长江的支流水阳江与姑溪河。矿区内的青山河南与水阳江、北与姑息河相连，由南向北流经区内。在白象山铁矿的建设过程中，由于矿区地质构造极其复杂，存在大量断裂构造，且多数断裂构造存在导水性，从而导致在巷道与硐室的掘进施工过程中存在突水的可能性，给安全生产形成极大威胁。

断层及其破碎带是巷道开挖过程中常见的不良地质现象，它的分布区段是巷道围岩不稳定区段之一。在多数情况下，断层破碎带是作为一个低强度、易变形、透水性大、抗水性差的软弱带存在的，与其两侧岩体在物理力学特性上具有显著的差异，巷道穿越断层破碎带地段时，地质条件具有复杂性和突变性，围岩变形的空间分布受断层控制作用明显，依靠常规的巷道支护技术和施工方法很难克服开挖期的冒顶、突水等地质灾害和运行期大变形引起的支护结构破裂失稳。因此，除了遵守一般技术要求外，还应采取针对性较强的辅助方法。

二、巷道过断层及破碎带注浆加固技术方案

针对巷道过断层过程中地质构造与加固情况不明等问题，通过超前地质探测与分析，确定掘进前方地层结构特性与潜在突水可能性，根据探测结果指导确定巷道掘进与支护初步技术方案，结合理论与数值模拟分析后确定实施方案与参数；并针对存在潜在渗（突）水或冒顶的地段，采用合理的超前预加固（通过超前注浆、超前锚杆、超前管棚与小导管等方法实现）措施，然后采用合理的掘进与初次支护技术，保证掘进过程中围岩的稳定与施工安全；并针对支护结构后期承载和高抗渗能力的要求，及时采用合理的二次支护结构形式与防渗加固措施，保证围岩与支护结构的长期稳定与安全的需要。

1. 超前管棚注浆加固技术设计方案

风井-470 中段巷道过 F5 断层采用超前管棚进行超前预加固。首先通过巷道沿开挖轮廓线布置超前钻孔，该超前钻孔可起到多个方面的作用，首先通过钻孔揭露待掘地段岩层及超前预加固效果，然后可在超前钻孔内安装超前管棚，喷浆封闭后，再利用超前管棚进行注浆加固，最后在形成的超前管棚结构维护作用下进行巷道的掘进和支护施工，可有效防止过 F5 断层可能出现的顶板垮落问题。

超前管棚采用直径 ϕ63.5mm 的地质钻杆，ϕ75mm 的复合片钻头，管棚间距 500mm 左右。管棚过断层设计为一个施工段（57～87m 位置），长度 30m。设计底板向上 1.5m 位置处的拱部施工管棚，外倾角 1.5°，间距 500mm。超前管棚布置如图 4-42 所示。

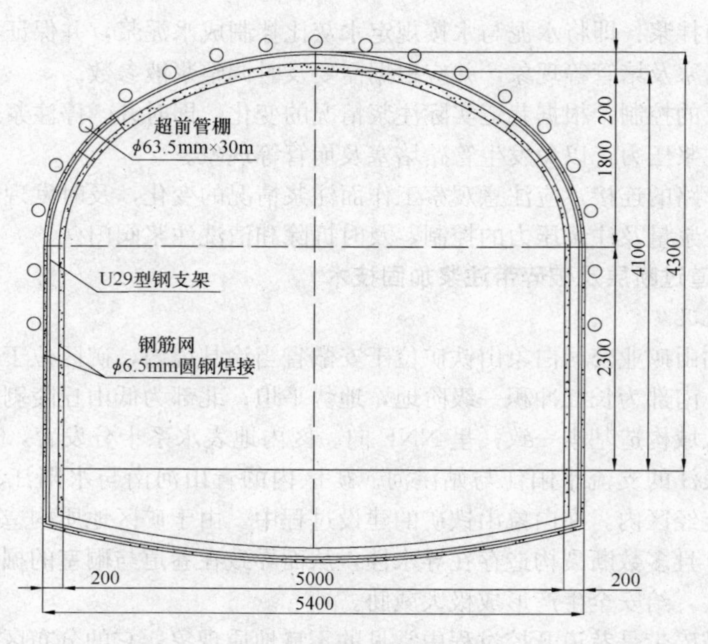

图 4-42 超前管棚布置示意图

若围岩非常破碎，则尽可能采用台阶法分层掘进达到一定进尺后，再采用超前管棚配合超前小导管进行超前探测和预加固，然后再进行掘进与支护施工，直至穿越断层破碎带一定距离（5～8m），进入稳定地层为止。

超前小导管要求沿拱部开挖轮廓线外 100mm 施作，初步确定小导管间距为 200mm 左右，长度 3000～4500mm，搭接长度不小于 1.0m，外插角为 10°～15°，具体倾角根据型钢支架的排距确定。采用 YT-28 型风动凿岩机（配 ϕ50mm 大钻头）钻孔，人工将小导管打入孔内，尾部与型钢钢架焊接固定，高压注浆泵进行注浆作业。ϕ42mm × 3500mm 超前小导管前端做成尖锥形，尾部焊接 ϕ8mm 钢筋加劲箍，管壁上每隔 200～300mm 按梅花形交错布置注浆孔，孔眼直径为 6～12mm；后端 1.0m 范围不设溢浆孔。

安装好小导管后及时喷浆封闭，然后进行超前注浆加固。如果钻孔中有水渗出，则采用单液水泥-水玻璃浆液进行超前注浆加固，如果无水渗出，可采用双液水泥-水玻璃浆液进行充填注浆，以尽快产生强度，便于提前施工。

2. 施工工艺

超前管棚注浆施工工艺示意图如图 4-43 所示。

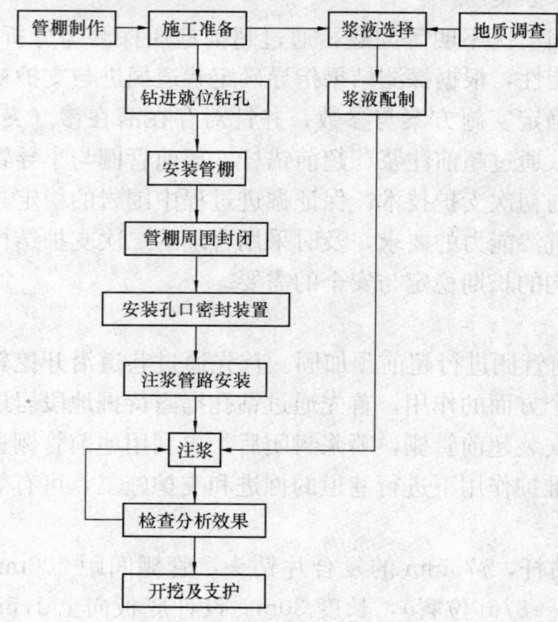

图 4-43 超前管棚注浆施工工艺示意图

4.7.3 斜井井筒穿越流砂层注浆加固技术

一、工程概况

宁夏李家坝煤矿隶属于国网能源宁夏煤电有限公司，位于宁夏回族自治区银川市东南约120km处，行政区划属盐池县管辖，设计生产能力为90万t/a。矿井采用斜井开拓方式，布置主、副、风三条斜井，主副斜井坡度20°，回风斜井古近系段坡度24°。

李家坝煤矿的主、副斜井及回风斜井穿越第四系表土层、古近系地层和侏罗系延安组地层等。其中第四系主要为风积砂；古近系地层主要由浅红色呈半固结状态细砂、黏土组成；侏罗系延安组地层主要由各粒级砂岩、粉砂岩、泥岩及煤层组成，煤岩层的力学性能极软弱。且穿越地层存在三个主要含水层组，即第四系、古近系及基岩风化带裂隙～孔隙含水层组（Ⅰ）、侏罗系中统延安组12煤以上砂岩孔隙～裂隙承压含水层组（Ⅲ）及侏罗系中统延安组12～18煤砂岩孔隙～裂隙承压含水层组（Ⅳ），特别是古近系地层主要是黏土与砂层互层组成，而砂层若含水则极易形成流砂层。在井筒掘进过程中若遇到较厚的含水砂层（流砂层）时，若处理不当将使斜井井筒围岩难于控制，极易出现冒顶、涌水、冒砂等严重事故，轻则延误工期，重则造成重大安全与生产事故。

二、斜井井筒穿越流砂层注浆加固技术方案

根据斜井井筒穿越流砂层的垂深，将斜井井筒过流砂层技术方案进行分类研究，针对斜井井筒过薄层流砂层（即斜井井筒穿越流砂层的垂深$h\leqslant 3$m）的掘进技术，采用超前小导管注浆加固技术方案。超前小导管注浆加固技术方案是在斜井井筒开挖前，先喷射混凝土将斜井井筒开挖面与一定范围内的井筒周边围岩封闭，然后沿斜井井筒轮廓线向前方流砂层内打入带孔小导管，并通过小导管向流砂层内注入起充填胶结作用的脲醛树脂化学浆液，待浆液扩散、凝结、硬化后，在斜井井筒周边形成一定厚度的注浆加固帷幕，达到流砂层加固和堵水的目的，起着止水防砂及承受地层荷载的作用。

超前小导管注浆加固机理分析：注浆加固作用，通过小导管上的溢浆孔向流砂层内注入浆液，小导管充当了浆液通道的作用，借助于注浆泵的压力，浆液通过填充、渗透、劈裂或挤密注浆等作用渗透到流砂层中，在流砂层中形成止水防砂注浆加固帷幕；棚架作用，小导管施做完成后，进行斜井井筒开挖施工时，小导管以靠近工作面的U形钢支撑和前方未开挖的部分流砂层或黏土层为支点，在纵向支撑起中间部分的流砂层，起纵向梁作用；锚杆桩作用，小导管的一端与U形钢支架固定连接，通过注浆，小导管全长与流砂层胶结咬合，并且形成“壳状”加固圈，当加固圈承受流砂层松散压力时，小导管便起到锚杆桩的作用。

1. 超前小导管注浆加固技术设计方案

回风斜井井筒设计开挖荒断面宽×高为5600mm×5500mm，在回风斜井井筒过流砂层段超前小导管分为两段施工，每段布置1排超前小导管共25个，两段共布置50个；小导管拱顶间距0.5m，帮部间距0.6m；小导管长度为6.0m，直径为ϕ32mm，外插角为6°，钻孔直径为ϕ45mm，小导管布置断面图及布置详图如图4-44～图4-46所示。

纵向相邻两段小导管之间，应有不少于1.0m的搭接长度，采用超前小导管搭接长度为1.2m；根据理论分析和针对流砂层等特殊地层条件，控顶距应确定在0.6～1.2m；针对流砂层等特殊地层条件，采用脲醛树脂类浆液，加浓度为2%的草酸溶液作为固化剂，脲醛树脂溶液和草酸溶液配比一般为10∶2～10∶3（体积比）；综合多种因素，确定注浆

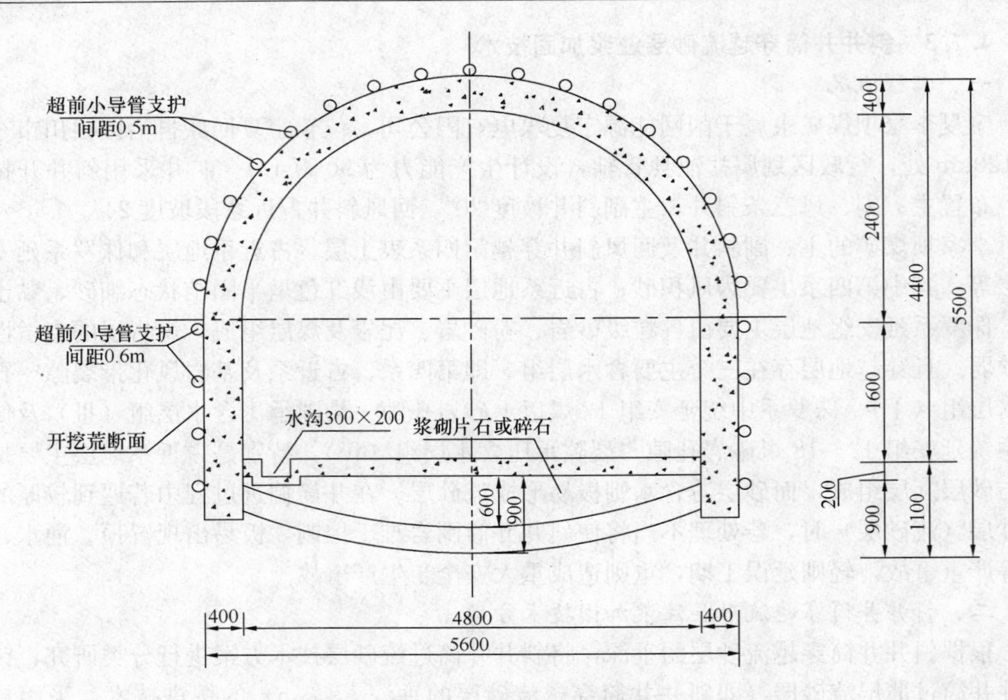

图 4-44 回风斜井超前小导管布置断面图

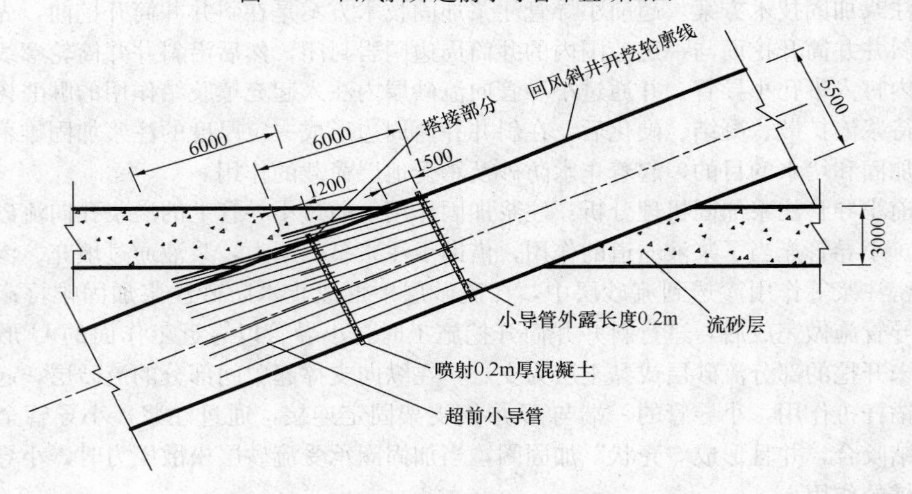

图 4-45 回风斜井超前小导管布置剖面图

压力应为 0.5～1.0MPa，注浆终压为 2.0～2.5MPa。

2. 施工工艺

超前小导管施工工艺示意图如图 4-47 所示。

4.7.4 立井工作面大段高注浆堵水技术

一、工程概况

安居煤矿副井井筒施工至垂深 630m 时，井筒施工过火成岩后因岩层竖向裂隙发育而造成井筒东北部出水，探水孔涌水量达 $110m^3/h$ 以上；根据钻孔资料可知，井筒垂深 630～765m 段穿过的基岩主要为侏罗系 J31、J32、J33 段和二叠系石盒子组上段，岩性主

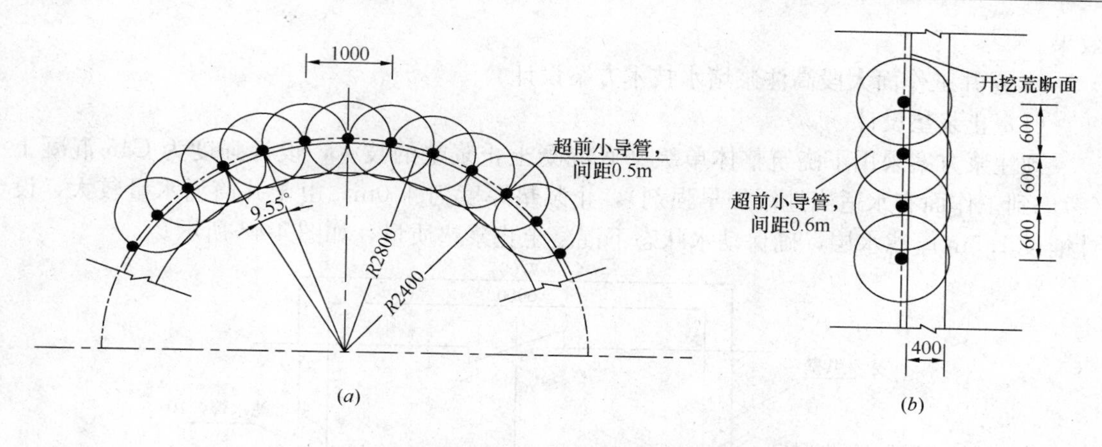

图 4-46 回风斜井超前小导管布置详图

(a) 拱顶；(b) 帮部

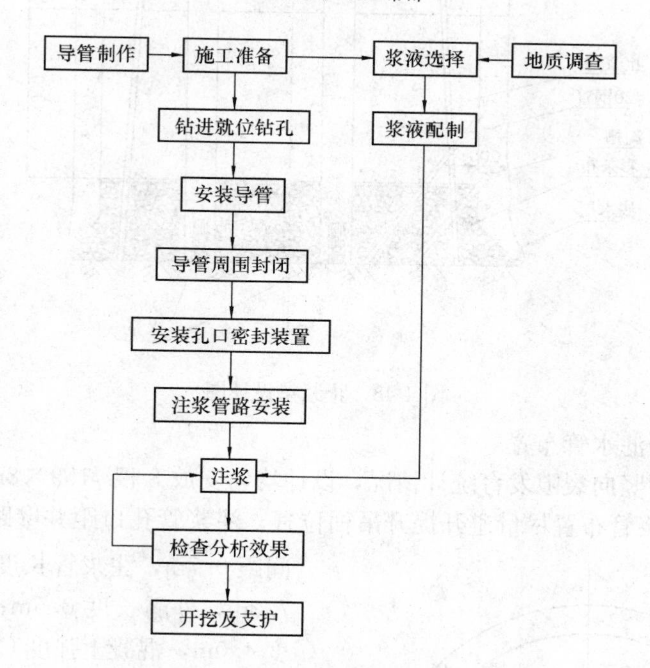

图 4-47 超前小导管施工工艺示意图

要为细砂岩、粉砂岩以及含砾砂岩，含承压裂隙水、孔隙水，预计井深 630m 以下地层为含水层，涌水来源主要是侏罗系三段中细砂岩水，岩石竖向裂隙发育。为彻底治理井筒工作面涌水，确保注浆堵水效果和井壁质量，研究决定在井筒工作面浇筑混凝土止浆垫，利用该止浆垫进行工作面长段注浆堵水，以达到有效控制井筒涌水的效果。

二、立井工作面大段高注浆堵水技术方案

为根本治理工作面涌水，确保注浆堵水效果和井壁质量，通过对各种井筒涌水治理方案的反复论证，结合生产现状、设备情况和人员队伍素质，研究决定采用大段高复合浆液预注浆进行立井工作面堵水。即在井筒工作面浇筑混凝土止浆垫，利用该止浆垫进行工作面长段注浆堵水，以达到缩短建井工期、减少基本建设投资和有效控制井筒工作面涌水的

效果。

1. 立井工作面大段高注浆堵水技术方案设计

(1) 止浆垫设计

预注浆方案采用了浇筑整体单级平底混凝土止浆垫的技术，设计强度为C45混凝土(考虑到工作面有水适当地添加早强剂)，止浆垫厚度为4.0m，由于井筒涌水量较大，设计铺设1.5m厚滤水层，确保动水状态下混凝土止浆垫质量，如图4-48所示。

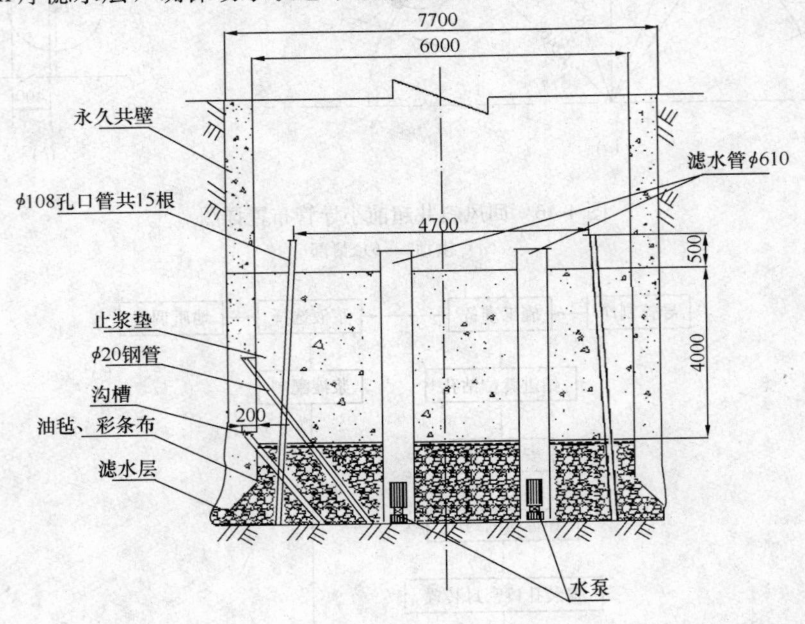

图4-48 止浆垫设计图

(2) 注浆管及滤水管布置

针对复杂地层竖向裂隙发育统计情况，设计均匀安放8根φ159×8mm、11根φ108×7mm注浆管，注浆管布置尽量避开提升吊桶位置；注浆管孔口距井壁距离为650mm，孔间距0.7m，注浆管长度7.5m，埋入深度7.0m，外露长度0.5m；混凝土止浆垫厚度4.0m，混凝土强度C45，注浆孔布置如图4-49所示。

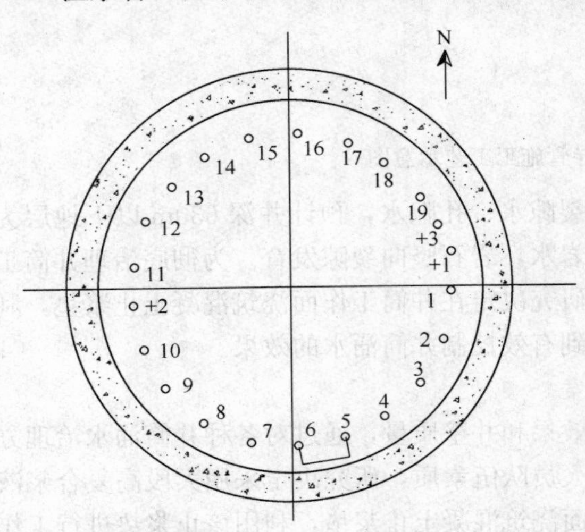

图4-49 副井井筒注浆孔布置图

滤水管采用2根长度6.5m、φ600×10mm无缝钢管加工而成，将地面预制好的滤水管整体吊装下至工作面，用大抓绳夺钩放至泵窝内，利用井壁打锚杆的方式固定方位，待滤水管整体固定牢固后松开大抓绳，将泵体放入滤水管，将水面降至1.5m滤水层以下，考虑到静水压力和注浆终压对滤水管的影响，对滤水管控制法兰盘进行加固处理。

(3) 注浆参数的确定

采取大段高复合浆液井筒工作面注浆，注浆段高取为135～180m；设计注浆终压为静水压力的3倍，为14.3～30MPa；浆液扩散半径按6～8m设计，以满足深井注浆堵水需要。

(4) 浆液选取原则及浆液配比

主要使用单液水泥浆，当在裂隙不发育或单液水泥浆注浆效果不理想时，采用化学浆液。

(5) 注浆站

使用井口南侧的注浆站，施工2个浆液搅拌桶，浆液分2次搅拌，安装2台注浆泵（一台备用），注浆系统示意图如图4-50所示。

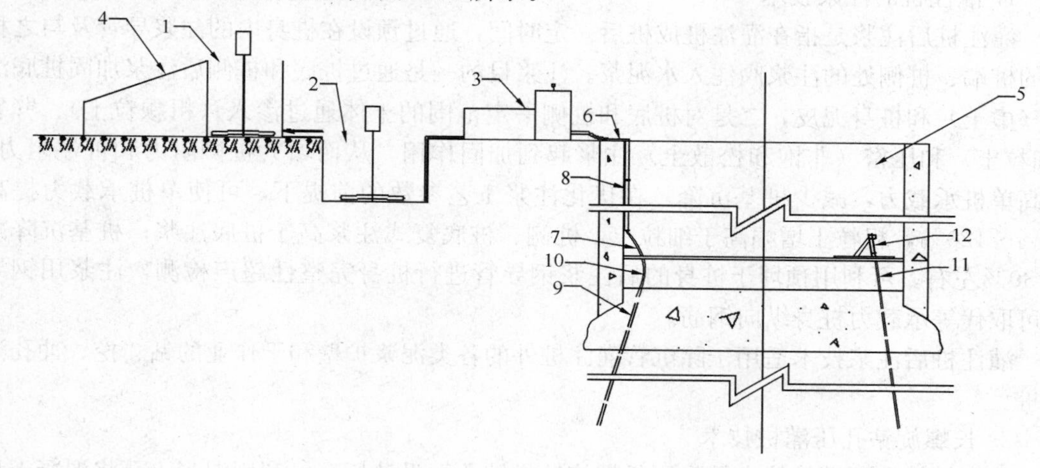

图4-50　注浆系统布置示意图

1、2—拌灰桶；3—注浆泵；4—水泥台；5—井筒；6—注浆软管；7—注浆软管；
8—井壁固定注浆钢管；9—注浆孔口管；10—注浆三通；11—打钻孔球阀；12—钻机

(6) 探水、注浆设备选型

钻机选用ZDY650（MK-4）型煤矿用全液压坑道钻机，选用1台2TGZ-60/210型注浆泵和2台XPB-90无级调速注浆泵，其中2TGZ-60/210注浆泵主要用于井下壁后注浆。

2. 施工工艺

(1) 现根据钻孔出水量、注浆量、注浆压力、止浆垫预埋注浆管19个，注浆管孔口距井壁距离为650mm，孔间距0.7m，径向角1.7°，终孔间距2.08m，注浆管长度7.5m，埋入深度7.0m，外露长度0.5m。

(2) 混凝土止浆垫厚度4.0m，混凝土强度C45。

(3) 探水注浆设备选型：钻机选型和注浆泵选型。

(4) 施工准备包括以下几方面：

①掘砌至井深630m处，停止砌壁，迎头空帮3m左右，准备浇筑止浆垫；工作面利用风镐及手镐将迎头浮矸清至实底，将模板下方井帮刷成锅底形式；收拢整体液压金属模板，将模板下放至迎头，拆除模板刃脚，将刃脚打至井上。

②将模板上提超过最下模井壁5m；如井壁淋水过大，考虑利用模板操作台安设截水

圈，按照井筒的周长设计一道300mm高的截水圈，截水圈分成24块加工，用射钉进行固定，截水圈上焊接2寸拔哨，用于接导水管，通过导水管连接截水圈内的水导致工作面集水箱，通过风泵排至吊盘上的水箱中，通过中层盘卧泵排至腰泵房，然后通过设置在腰泵房内的卧泵排至地面。

③各种注浆施工机具、排水设备和注浆材料准备充分，检修试运转可靠。组织各种专业操作人员学习本措施，考核合格后上岗，劳动保护配备齐全。

4.8　地面工程施工新技术

一、地基基础工程新技术

1. 灌注桩后注浆技术

灌注桩后注浆是指在灌注桩成桩后一定时间，通过预设在桩身内的注浆导管及与之相连的桩端、桩侧处的注浆阀注入水泥浆。注浆目的一是通过桩底和桩侧后注浆加固桩底沉渣（虚土）和桩身泥皮，二是对桩底和桩侧一定范围的土体通过渗入（粗颗粒土）、劈裂（细粒土）和压密（非饱和松散土）注浆起到加固作用，从而增大桩侧阻力和桩端阻力，提高单桩承载力，减少桩基沉降。在优化注浆工艺参数的前提下，可使单桩承载力提高40%～120%，粗粒土增幅高于细粒土，桩侧、桩底复式注浆高于桩底注浆；桩基沉降减小30%左右。可利用预埋于桩身的后注浆钢导管进行桩身完整性超声检测，注浆用钢导管可取代等承载力桩身纵向钢筋。

灌注桩后注浆技术适用于除沉管灌注桩外的各类泥浆护壁和干作业的钻、挖、冲孔灌注桩。

2. 长螺旋钻孔压灌桩技术

长螺旋钻孔压灌桩技术是采用长螺旋钻机钻孔至设计标高，利用混凝土泵将混凝土从钻头底压出，边压灌混凝土边提升钻头直至成桩，然后利用专门振动装置将钢筋笼一次插入混凝土桩体，形成钢筋混凝土灌注桩。后插入钢筋笼的工序应在压灌混凝土工序后连续进行。与普通水下灌注桩施工工艺相比，长螺旋钻孔压灌桩施工，由于不需要泥浆护壁，无泥皮，无沉渣，无泥浆污染，施工速度快，造价较低。

长螺旋钻孔压灌桩技术适用于地下水位较高，易塌孔，且长螺旋钻孔机可以钻进的地层。

3. 水泥粉煤灰碎石桩（CFG桩）复合地基技术

水泥粉煤灰碎石桩复合地基是由水泥、粉煤灰、碎石、石屑或砂加水拌合形成的高粘结强度桩（简称CFG桩），通过在基底和桩顶之间设置一定厚度的褥垫层以保证桩、土共同承担荷载，使桩、桩间土和褥垫层一起构成复合地基。桩端持力层应选择承载力相对较高的土层。水泥粉煤灰碎石桩复合地基具有承载力提高幅度大，地基变形小、适用范围广等特点。

CFG桩适用于处理黏性土、粉土、砂土和已自重固结的素填土等地基。对淤泥质土应按当地经验或通过现场试验确定其适用性。就基础形式而言，既可用于条形基础、独立基础，又可用于箱形基础、筏形基础。采取适当技术措施后亦可应用于刚度较弱的基础以及柔性基础。

4. 真空预压法加固软土地基技术

真空预压法是在需要加固的软黏土地基内设置砂井或塑料排水板，然后在地面铺设砂垫层，其上覆盖不透气的密封膜使软土与大气隔绝，然后通过埋设于砂垫层中的滤水管，用真空装置进行抽气，将膜内空气排出，因而在膜内外产生一个气压差，这部分气压差即变成作用于地基上的荷载。地基随着等向应力的增加而固结。抽真空前，土中的有效应力等于土的自重应力，抽真空一定时间的土体有效应力为该时土的固结度与真空压力的乘积值。

真空预压法加固软土地基技术适用于软弱黏土地基的加固。在我国广泛存在着海相、湖相及河相沉积的软弱黏土层。这种土的特点是含水量大、压缩性高、强度低、透水性差。该类地基在建筑物荷载作用下会产生相当大的变形或变形差。对于该类地基，尤其需大面积处理时，譬如在该类地基上建造码头、机场等，真空预压法是处理这类软弱黏土地基的较有效方法之一。

5. 复合土钉墙支护技术

复合土钉墙是将土钉墙与一种或几种单项支护技术或截水技术有机组合成的复合支护体系，它的构成要素主要有土钉、预应力锚杆、截水帷幕、微型桩、挂网喷射混凝土面层、原位土体等。复合土钉墙支护具有轻型，机动灵活，适用范围广，支护能力强，可作超前支护，并兼备支护、截水等效果。在实际工程中，组成复合土钉墙的各项技术可根据工程需要进行灵活的有机结合，形式多样，复合土钉墙是一项技术先进、施工简便、经济合理、综合性能突出的基坑支护技术。

复合土钉墙支护技术的适用范围有开挖深度不超过 15m 的各种基坑；淤泥质土、人工填土、砂性土、粉土、黏性土等土层；多个工程领域的基坑及边坡工程。

6. 型钢水泥土复合搅拌桩支护结构技术

型钢水泥土复合搅拌桩支护结构同时具有抵抗侧向土水压力和阻止地下水渗漏的功能。其主要技术内容是：通过特制的多轴深层搅拌机自上而下将施工场地原位土体切碎，同时从搅拌头处将水泥浆等固化剂注入土体并与土体搅拌均匀，通过连续的重叠搭接施工，形成水泥土地下连续墙；在水泥土硬凝之前，将型钢插入墙中，形成型钢与水泥土的复合墙体。

该技术的特点是：施工时对邻近土体扰动较少，故不至于对周围建筑物、市政设施造成危害；可做到墙体全长无接缝施工、墙体水泥土渗透系数 k 可达 10～7cm/s，因而具有可靠的止水性；成墙厚度可低至 550mm，故围护结构占地和施工占地大大减少；废土外运量少，施工时无振动、无噪声、无泥浆污染；工程造价较常用的钻孔灌注排桩的方法可节省 20％～30％。

型钢水泥土复合搅拌桩支护技术主要用于深基坑支护，可在黏性土、粉土、砂砾土使用，目前在国内主要在软土地区有成功应用。

7. 逆作法施工技术

逆作法是建筑基坑支护的一种施工技术，它通过合理利用建（构）筑物地下结构自身的抗力，起到支护基坑的目的。逆作法是将地下结构的外墙作为基坑支护的挡墙（地下连续墙）、将结构的梁板作为挡墙的水平支撑、将结构的框架柱作为挡墙支撑立柱的自上而下作业的基坑支护施工方法。根据基坑支撑方式，逆作法可分为全逆作法、半逆作法和部分逆作法三种。逆作法设计施工的关键是节点问题，即墙与梁板的连接，柱与梁板的连接，它关系到结构体系能否协调工作，建筑功能能否实现。

逆作法施工技术的特点是：节地、节材、环保、施工效率高，施工总工期短。适用于建筑群密集，相邻建筑物较近，地下水位较高，地下室埋深大和施工场地狭小的高（多）层地上、地下建筑工程，如地铁站、地下车库、地下厂房、地下贮库、地下变电站等。

8. 爆破挤淤法技术

爆破挤淤处理软土地基实质上是地基处理的置换法，即通过爆炸作用将填料沉入淤泥并将淤泥挤出，使地基达到设计承载力和满足地基在一定时间内的沉降要求的施工工艺，其主要技术为：在堆石体前沿淤泥中的适当位置埋置药包群，爆后堆石体前沿向淤泥底部坍落，形成一定范围和厚度的“石舌”，所形成的边坡形状呈梯形。当继续填石时，由于“石舌”上部的淤泥在爆炸瞬间产生的强大冲击力的作用下，产生超孔隙水压力，冲击作用使土的结构发生破坏，扰乱了正常的排水通道，土体的渗透性变差，超孔隙水压力难以消散，土体的强度降低，承载能力在短时间内丧失，因此抛石可以很容易地挤开这层淤泥并与下层“石舌”相连，形成完整的抛填体。采用爆炸和抛填循环作业，就可用石方置换掉抛填方向前方一定范围内一定数量的淤泥，达到软基处理的目的。

爆破挤淤重在“挤”，必须地处开阔地带，保证在爆炸后抛填体的重力作用下淤泥可以被挤出待处理地基范围，并且不会对环境造成污染和破坏。主要适用于港口工程的防波堤、护岸、码头等基础处理，公路铁路房建等地处海滩、河滩等开阔地带的地基处理。爆破挤淤法处理软土地基适宜深度为3～25m。

9. 高边坡防护技术

（1）对于自然高边坡：通过在坡体内施工预应力锚索、系统锚杆（土钉）或注浆加固对边坡进行处治。系统预应力锚索为主动受力，单根锚索设计锚固力可高达3000kN，是高边坡深层加固防护的主要措施。系统锚杆（土钉）对边坡防护的机理相当于螺栓的作用，是一种对边坡进行中浅层加固的手段。根据滑动面的埋深确定边坡不稳定块体大小及所需锚固力，一般多用预应力锚（索）杆有针对性的进行加固防护。为防治边坡表面风化、冲蚀或弱化，主要采取植物防护、砌体封闭防护、喷射（网喷）混凝土等作为坡面防护措施。

（2）对于堆积体高边坡：堆积体高边坡的加固主要采取浅表加固、混凝土贴坡挡墙加预应力锚索固脚、浅表排水和深层排水降压的加固处理等技术。浅表加固采用中空注浆土锚管加拱形骨架梁混凝土对边坡浅层滑移变形进行加固处理；边坡开挖切脚采用混凝土贴坡挡墙加预应力锚索进行加固；在边坡治理中采用浅表排水和深层排水降压相结合进行处置地表水和地下水的排放等。

高边坡防护技术的适用范围是：高度大于30m的岩质高陡边坡、高度大于15m的土质边坡、水电站侧岸高边坡、船闸、特大桥桥墩下岩石陡壁、隧道进出口仰坡等；适用于50～300m堆积体高边坡加固。

10. 非开挖埋管技术

非开挖埋管技术包括顶管法施工技术和定向钻进穿越技术。

（1）顶管法：直接在松软土层或富水松软地层中敷设中、小型管道的一种施工方法。施工时无须挖槽，可避免为疏干和固结土体而采用降低地下水位等辅助措施，从而大大加快施工进度。短距离、小管径类地下管线工程施工，广泛采用顶管法。近几十年，中继接力顶进技术的出现使顶管法已发展成为可长距离顶进的施工方法。顶管法施工包括的主要设备有：顶进设备、顶管机头、中继环、工程管及吸泥设备；设计的主要内容是顶力计算；施工技术主要包括顶管工作坑的开挖、穿墙管及穿墙技术、顶进与纠偏技术、陀螺仪激光导向技术、局部气压与冲泥技术及触变泥浆减阻技术。

顶管法适用于直接在松软土层或富水松软地层中敷设中、小型管道。

（2）定向钻进穿越：根据图纸所给的入土点和出土点设计出穿越曲线，然后按照穿越曲线利用穿越钻机先钻出导向孔、再进行扩孔处理，之后利用泥浆的护壁及润滑作用将已预制试压合格的管段进行回拖，完成管线的敷设施工。其主要技术包括：

①根据套管允许的曲率半径、工作场地及岩土工程条件，确定定向钻进的顶角、方位角、工具面向角、空间坐标，设计出定向钻进的轨迹草图。

②导向孔钻进是采用射流辅助钻进方式，通过定向钻头的高压泥浆射流冲蚀破碎旋转切削成孔的，以斜面钻头来控制钻孔方向。通过钻机调整钻进参数，来控制钻头按设计轨迹钻进。

③将导向孔孔径扩大至所铺设的管径以上，减少敷设管线时的阻力。

④用分动器将要敷设的管线与回扩头进行连接，在钻杆旋转回拉牵引下，将管线回拖入已成型的轨迹孔洞。

定向钻进穿越法适合的地层条件为岩石、砂土、粉土、黏性土。对仅在出土点或入土点侧含有卵砾石等不适合定向钻施工的地层条件，在采取得当措施后也可进行定向钻进行穿越施工。

11. 大断面矩形地下通道掘进施工技术

大断面矩形地下通道掘进施工技术是利用矩形隧道掘进机在前方掘进，而后将分节预制好的混凝土结构在土层中顶进、拼装形成地下通道结构的非开挖法施工技术。矩形隧道掘进机在顶进过程中，通过调节后顶主油缸的推进速度或调节螺旋输送机的转速，以控制搅拌舱的压力，使之与掘进机所处地层的土压力保持平衡，保证掘进机的顺利顶进，并实现上覆土体的低扰动；在刀盘不断转动下，开挖面切削下来的泥土进入搅拌舱，被搅拌成软塑状态的扰动土；对不能软化的天然土，则通过加入水、黏土或其他物质使其塑化，搅拌成具有一定塑性和流动性的混合土，由螺旋输送机排出搅拌舱，再由专用输送设备排出；隧道掘进机掘进至规定行程，缩回主推油缸，将分节预制好的混凝土管节吊入并拼装，然后继续顶进，直至形成整个地下通道结构。

大断面矩形地下通道掘进施工技术施工机械化程度高，掘进速度快，矩形断面利用率高，非开挖施工地下通道结构对地面运营设施影响小，能满足多种截面尺寸的地下通道施工需求。能适应 N 值在 10 以下的各类黏性土、砂性土、粉质土及流砂地层；具有较好的防水性能，最大覆土层深度为 15m；通过隧道掘进机的截面模数组合，可满足多种截面大小的地下通道施工需求。

12. 复杂盾构法施工技术

复杂盾构法施工技术为复杂地层、复杂地面条件下的盾构法施工技术，或大断面（洞径大于 10m）、异型断面形式（非单圆形）的盾构法施工技术。“盾”是指保持开挖面稳定性的刀盘和压力舱、支护围岩的盾型钢壳，“构”是指构成隧道衬砌的管片和壁后注浆体。由于盾构施工技术对环境影响很小而被广泛的采用，得到了迅速的发展。

复杂盾构法适用于各类土层或松软岩层中隧道的施工。

13. 智能化气压沉箱施工技术

智能化气压沉箱施工技术是指在沉箱下部设置一个气密性高的钢筋混凝土结构工作室，并向工作室内注入压力与刃口处地下水压力相等的压缩空气，使在无水的环境下进行无人化远程遥控挖土排土，箱体在本身自重以及上部荷载的作用下下沉到指定深度后，在沉箱结构面底部浇筑混凝土底板，形成地下沉箱结构的新型施工技术。

智能化气压沉箱在施工中，利用气体压力平衡箱体外水压力，沉箱底土体在无水状态下进行无人化远程遥控开挖，通过远程监视系统，沉箱在下沉过程中可以直接辨别并较方便地处理地下障碍物，同时避免了坑底隆起和流砂管涌现象。相比常规的沉井施工方法，智能化气压沉箱施工方法由于气压反力的作用，箱体容易纠偏和控制下沉速度，可以防止突沉、超沉，且周边地层沉降小，对环境影响小；相比地下连续墙施工方法，可显著减少围护结构的插入深度，具有可观的经济性。

智能化气压沉箱施工技术可适用于软土、黏土、砂性土和碎（卵）石类土及软硬岩等各种地质条件，适合在城市建筑密集区，周边环境复杂，地表沉降要求高，对周边建筑保护力度大的区域进行深基坑建设，以及旧城改造区域障碍物较多时采用，并可以向大深度、大面积的方向发展，满足城市地下空间的开发需求。目前开挖深度可达40m。

14. 双聚能预裂与光面爆破综合技术

双聚能预裂与光面爆破综合技术是将聚能爆破应用于预裂爆破和光面爆破的最新爆破技术。该项新技术能最大限度提高药柱爆炸的成缝能量，比普通预裂与光面爆破扩大孔距2～3倍，同时也减小了对保留岩体的爆破危害并提高了保留岩体的稳定性和安全度，提高了半孔残留率，爆后没有爆破再生裂隙。该项新技术不仅节能环保还可以降低施工成本50%以上。

双聚能预裂与光面爆破综合技术适用于水利水电、矿山、交通、房屋建筑、风电、核电等建筑行业各种岩性岩石的轮廓控制爆破设计与施工。

二、混凝土工程新技术

1. 高耐久性混凝土

高耐久性混凝土是通过对原材料的质量控制和生产工艺的优化，并采用优质矿物微细粉和高效减水剂作为必要组分来生产的具有良好施工性能，满足结构所要求的各项力学性能，耐久性非常优良的混凝土。

高性能高耐久性混凝土适用于各种混凝土结构工程，如港口、海港、码头、桥梁及高层、超高层混凝土结构。

2. 高强高性能混凝土

高强高性能混凝土（简称HS-HPC）是强度等级超过C80的HPC，其特点是具有更高的强度和耐久性，用于超高层建筑底层柱和梁，与普通混凝土结构具有相同的配筋率，可以显著地缩小结构断面，增大使用面积和空间，并达到更高的耐久性。

HS-HPC的水胶比≤28%，用水量≥200kg/m^3，胶凝材料用量650～700kg/m^3，其中水泥用量450～500kg/m^3，硅粉及矿物微细粉用量150～200kg/m^3，粗骨料用量900～950kg/m^3，细骨料用量750～800kg/m^3，采用聚羧酸高效减水剂或氨基磺酸高效减水剂。HS-HPC用于钢筋混凝土结构还需要掺入体积含量2.0%～2.5%的纤维，如聚丙烯纤维、钢纤维等。

HS-HPC适用于对混凝土强度要求较高的结构工程。

3. 自密实混凝土技术

自密实混凝土（Self-Compacting Concrete，简称SCC），指混凝土拌合物不需要振捣仅依靠自重即能充满模板、包裹钢筋并能够保持不离析和均匀性，达到充分密实和获得最佳的性能的混凝土，属于高性能混凝土的一种。自密实混凝土技术主要包括自密实混凝土流动性、填充性、保塑性控制技术；自密实混凝土配合比设计；自密实混凝土早期收缩控制技术。

自密实混凝土适用于浇筑量大，浇筑深度、高度大的工程结构；配筋密实、结构复杂、薄壁、钢管混凝土等施工空间受限制的工程结构；工程进度紧、环境噪声受限制或普通混凝土不能实现的工程结构。

4. 轻骨料混凝土

轻骨料混凝土（Lightweight aggregate concrete）是指采用轻骨料的混凝土，其表观密度不大于1900kg/m^3。所谓轻骨料是为了减轻混凝土的质量以及提高热工效果为目的而采用的骨料，其表观密度要比普通骨料低。人造轻骨料又称为陶粒。轻骨料混凝土具有轻质、高强、保温和耐火等特点，并且变形性能良好，弹性模量较低，在一般情况下收缩和徐变也较大。

轻骨料混凝土应用于工业与民用建筑及其他工程，可减轻结构自重、节约材料用量、提高构件运输和吊装效率、减少地基荷载及改善建筑物功能等。

轻骨料混凝土按其在建筑工程中的用途不同，分为保温轻骨料混凝土、结构保温轻骨料混凝土和结构轻骨料混凝土。此外，轻骨料混凝土还可以用作耐热混凝土，代替窑炉内衬。

5. 纤维混凝土

纤维混凝土是指掺加短钢纤维或合成纤维作为增强材料的混凝土，钢纤维的掺入能显著提高混凝土的抗拉强度、抗弯强度、抗疲劳特性及耐久性；合成纤维的掺入可提高混凝土的韧性，特别是可以阻断混凝土内部毛细管通道，因而减少混凝土暴露面的水分蒸发，大大减少混凝土塑性裂缝和干缩裂缝。

纤维混凝土适用于对抗裂、抗渗、抗冲击和耐磨有较高要求的工程。

6. 混凝土裂缝控制技术

混凝土裂缝控制与结构设计、材料选择、施工工艺等多个环节相关，其中选择抗裂性较好的混凝土是控制裂缝的重要途径。本技术主要是从混凝土材料角度出发，通过原材料选择、配合比设计、试验比选等选择抗裂性较好的混凝土，并提及施工中需采取的一些技术措施等。

混凝土裂缝控制技术适用于各种混凝土结构工程，如工业与民用建筑、隧道、码头、桥梁及高层、超高层混凝土结构等。

7. 预制混凝土装配整体式结构施工技术

预制混凝土装配整体式结构施工，指采用工业化生产方式，将工厂生产的主体构配件（梁、板、柱、墙以及楼梯、阳台等）运到现场，使用起重机械将构配件吊装到设计指定的位置，再用预留插筋孔压力注浆、键槽后浇混凝土或后浇叠合层混凝土等方式将构配件及节点连成整体的施工方法。具有建造速度快、质量易于控制、节省材料、降低工程造价、构件外观质量好、耐久性好以及减少现场湿作业，低碳环保等诸多优点。尤其预应力叠合梁、叠合板组成的楼盖结构，更具有承载力大、整体性好、抗裂度高、减少构件截面、减轻结构自重和节省钢筋等特点，完全符合“四节一环保”的绿色施工标准。其主要结构形式有：预制预应力混凝土装配整体式框架结构；预制预应力混凝土装配整体式剪力墙结构；预制预应力混凝土叠合梁、板、楼盖结构；预制钢筋混凝土框架结构；预制钢筋混凝土剪力墙结构等。

预制预应力混凝土装配整体式框架结构主要应用于抗震设防烈度7度及以下地区一般工业与民用建筑；预制预应力混凝土叠合板可用于抗震设防烈度不超过8度的一般工业与民用建筑楼盖和屋盖。

三、钢筋及预应力施工新技术

1. 高强钢筋应用技术

高强钢筋是指现行国家标准中规定的屈服强度为400MPa和500MPa级的普通热轧带肋钢筋（HRB）和细晶粒热轧带肋钢筋（HRBF）。普通热轧钢筋（HRB）多采用V、Nb或Ti等微合金化工艺进行生产，其工艺成熟、产品质量稳定，钢筋综合性能好。细晶粒热轧钢筋（HRBF）通过控轧和控冷工艺获得超细组织，从而在不增加合金含量的基础上提高钢材的性能，细晶粒热轧钢筋焊接工艺要求高于普通热轧钢筋，应用中应予以注意。经过多年的技术研究、产品开发和市场推广，目前400MPa级钢筋已得到一定应用，500MPa级钢筋开始应用。

高强钢筋应用技术主要有设计应用技术、钢筋代换技术、钢筋加工及连接锚固技术等。

400MPa和500MPa级钢筋可应用于非抗震的和抗震设防地区的民用与工业建筑和一般构筑物，可用作钢筋混凝土结构构件的纵向受力钢筋和预应力混凝土构件的非预应力钢筋以及用作箍筋和构造钢筋等，相应结构梁板墙的混凝土强度等级不宜低于C25，柱不宜低于C30。

2. 钢筋焊接网应用技术

钢筋焊接网是一种在工厂用专门的焊网机焊接成型的网状钢筋制品。纵、横向钢筋分别以一定间距相互垂直排列，全部交叉点均用电阻点焊，采用多头点焊机用计算机自动控制生产，焊接前后钢筋的力学性能几乎没有变化。

目前主要采用CRB550级冷轧带肋钢筋和HRB400级热轧钢筋制作焊接网，焊接网工程应用较多、技术成熟。主要包括钢筋调直切断技术、钢筋网制作配送技术、布网设计与施工安装技术等。

采用焊接网可显著提高钢筋工程质量，大量降低现场钢筋安装工时，缩短工期，适当节省钢材，具有较好的综合经济效益，特别适用于大面积混凝土工程。

3. 大直径钢筋直螺纹连接技术

钢筋直螺纹连接技术是指在热轧带肋钢筋的端部制作出直螺纹，利用带内螺纹的连接套筒对接钢筋，达到传递钢筋拉力和压力的一种钢筋机械连接技术。目前主要采用滚轧直螺纹连接和镦粗直螺纹连接方式。技术的主要内容是钢筋端部的螺纹制作技术、钢筋连接套筒生产控制技术、钢筋接头现场安装技术。

钢筋直螺纹机械连接技术可广泛应用于HRB335、HRB400和500MPa级钢筋的连接，用于抗震和非抗震设防的各类土木工程结构物、构筑物。不同等级的钢筋接头应用于结构的不同部位，接头的应用应符合《钢筋机械连接通用技术规程》JGJ 107 的规定。

4. 无粘接预应力技术

无粘结预应力筋由单根钢绞线涂抹建筑油脂外包塑料套管组成，它可像普通钢筋一样配置于混凝土结构内，待混凝土硬化达到一定强度后，通过张拉预应力筋并采用专用锚具将张拉力永久锚固在结构中。其技术内容主要包括材料及设计技术、预应力筋安装及单根钢绞线张拉锚固技术、锚头保护技术等，详细内容请见《无粘结预应力混凝土结构技术规程》JGJ 92。

施工工艺为：安装梁或楼板模板→放线→下部非预应力钢筋铺放、绑扎→铺放暗管、预埋件→安装无粘结筋张拉端模板（包括打眼、钉焊预埋承压板、螺旋筋、穴模及各部位马凳筋等）→铺放无粘结筋→修补破损的护套→上部非预应力钢筋铺放、绑扎→自检无粘结筋的矢高、位置及端部状况→隐蔽工程检查验收→浇灌混凝土→混凝土养护→松动穴模、拆除侧模→张拉准备→混凝土强度试验→张拉无粘结筋→切除超长的无粘结筋→安放封端罩、端部封闭。

该技术可用于多、高层房屋建筑的楼盖结构、基础底板、地下室墙板等，以抵抗大跨度或超长度混凝土结构在荷载、温度或收缩等效应下产生的裂缝，提高结构、构件的性能，降低造价。也可用于筒仓、水池等承受拉应力的特种工程结构。

5. 有粘接预应力技术

有粘结预应力技术采用在结构或构件中预留孔道，待混凝土硬化达到一定强度后，穿入预应力筋，通过张拉预应力筋并采用专用锚具将张拉力锚固在结构中，然后在孔道中灌入水泥浆。其技术内容主要包括材料及设计技术、成孔技术、穿束技术、大吨位张拉锚固技术、锚头保护及灌浆技术等。

有粘接预应力技术可用于多、高层房屋建筑的楼板、转换层和框架结构等，以抵抗大跨度或重荷载在混凝土结构中产生的效应，提高结构、构件的性能，降低造价。该技术可用于电视塔、核电站安全壳、水泥仓等特种工程结构。该技术还广泛用于各类大跨度混凝土桥梁结构。

6. 索结构预应力施工技术

以索作为主要结构受力构件而形成的结构称为索结构，索结构可分为索桁架、索网、索穹顶、张弦梁、悬吊索和斜拉索等，索结构一般通过张拉或下压建立预应力。其主要技术包括拉索材料及制作技术、拉索节点及锚固技术、拉索安装及张拉技术、拉索防护及维护技术等。

索结构预应力施工技术可用于大跨度建筑工程的屋面结构、楼面结构等，可以单独用索形成结构，也可以与网架结构、桁架结构、钢结构或混凝土结构组合形成杂交结构，以实现大跨度，并提高结构、构件的性能，降低造价。

7. 建筑用成型钢筋制品加工与配送

建筑用成型钢筋制品加工与配送是指在固定的加工厂，利用盘条或直条钢筋经过一定的加工工艺程序，由专业的机械设备制成钢筋制品供应给项目工程。钢筋专业化加工与配送技术主要包括：钢筋制品加工前的优化套裁、任务分解与管理；线材专业化加工——钢筋强化加工，带肋钢筋的开卷矫直，箍筋加工成型等；棒材专业化加工——定尺切断，弯曲成型，钢筋直螺纹加工成型等；钢筋组件专业化加工——钢筋焊接网，钢筋笼，梁，柱等；钢筋制品的科学管理、优化配送。

钢筋机械、钢筋加工工艺的发展是和建筑结构、施工技术的发展相辅相成的，我国钢筋制品加工成型与配送已经开始起步，最终将和预拌混凝土行业一样实现商品化。该项技术广泛适用于各种混凝土结构的钢筋工程加工、施工，特别适用于大型工程的现场钢筋加工，适用于集中加工短途配送的钢筋专业加工。

8. 钢筋机械锚固技术

钢筋的锚固是混凝土结构工程中的一项基本技术。钢筋机械锚固技术为混凝土结构中的钢筋锚固提供了一种全新的机械锚固方法，将螺帽与垫板合二为一的锚固板通过直螺纹连接方式与钢筋端部相连形成钢筋机械锚固装置。其作用机理为：钢筋的锚固力由钢筋与混凝土之间的粘结力和锚固板的局部承压力共同承担或全部由锚固板承担。

钢筋机械锚固技术适用于混凝土结构中热轧带肋钢筋的机械锚固，主要适用范围有：用钢筋锚固板代替传统弯筋，可用于框架结构梁柱节点；代替传统弯筋和箍筋，用于简支梁支座；用于桥梁、水工结构、地铁、隧道、核电站等混凝土结构工程的钢筋锚固；用作钢筋锚杆（或拉杆）的紧固件等。

四、模板及脚手架技术

1. 清水混凝土模板技术

清水混凝土模板是按照清水混凝土技术要求进行设计加工，满足清水混凝土质量要求和表面装饰效果的模板。

模板安装时遵循先内侧、后外侧，先横墙、后纵墙，先角模后墙模的原则。吊装时注意对面板保护，保证明缝、禅缝的垂直度及交圈。模板配件紧固要用力均匀，保证相邻模板配件受力大小一致，避免模板产生不均匀变形。

2. 钢（铝）框胶合板模板技术

钢（铝）框胶合板模板是一种模数化、定型化的模板，具有重量轻、通用性强、模板刚度好、板面平整、技术配套、配件齐全的特点，模板面板周转使用次数 30～50 次，钢（铝）框骨架周转使用次数 100～150 次，每次摊销费用少，经济技术效果显著。

3. 塑料模板技术

塑料模板是以聚丙烯等硬质塑料为基材，加入玻璃纤维、剑麻纤维、防老化助剂等增强材料，经过复合层压等工艺制成的一种工程塑料，可锯、可钉、可刨、可焊接、可修复，其板材镶于钢框内或钉在木框上，所制成的塑料模板能代替木模板、钢模板使用，既环保节能，又能保证质量，施工操作简单，节约成本，减轻工人劳动强度，减少钢材、木材用量，此材料最后还能回收利用。

塑料模板表面光滑、易于脱模、重量轻、耐腐蚀性好，模板周转次数多、可回收利用，对资源浪费少，有利于环境保护，符合国家节能环保要求。

4. 组拼式大模板技术

组拼式大模板是一种单块面积较大、模数化、通用化的大型模板，具有完整的使用功能，采用塔吊进行垂直水平运输、吊装和拆除，工业化、机械化程度高。组拼式大模板作为一种施工工艺，施工操作简单、方便、可靠，施工速度快，工程质量好，混凝土表面平整光洁，不需抹灰或简单抹灰即可进行内外墙面装修。

5. 早拆模板施工技术

早拆模板施工技术是指利用早拆支撑头、钢支撑或钢支架、主次梁等组成的支撑系统，在底模拆除时的混凝土强度要求符合《混凝土结构工程施工质量验收规范》GB 50204 表 4.3.1 规定时，保留一部分狭窄底模板、早拆支撑头和养护支撑后拆，使拆除部分的构件跨度在规范允许范围内，实现大部分底模和支撑系统早拆的模板施工技术。

6. 液压爬升模板技术

爬模装置通过承载体附着或支承在混凝土结构上，当新浇筑的混凝土脱模后，以液压油缸或液压升降千斤顶为动力，以导轨或支承杆为爬升轨道，将爬模装置向上爬升一层，反复循环作业的施工工艺，简称爬模。目前国内应用较多的是以液压油缸为动力的爬模。

7. 贮仓筒壁滑模托带仓顶空间钢结构整体安装施工技术

该项施工技术是利用钢结构同滑模装置同时安装，在贮仓筒壁采用滑升模板施工的同时，将仓顶空间钢结构整体托带上升，直至到达钢结构安装标高，当筒壁混凝土滑模施工完成，钢结构也就位完成。既节省了大直径贮仓滑模装置的平台结构材料，也解决了仓顶空间钢结构安装难题，是滑模施工与空间钢结构安装一体化施工、共同双赢的做法。

贮仓筒壁滑模托带仓顶空间钢结构整体安装施工技术适用于大型钢筋混凝土贮仓筒壁滑模施工与仓顶钢结构整体安装施工。

8. 插接式钢管脚手架及支撑架技术

插接式钢管脚手架及支撑架适应性强，除搭设一些常规脚手架外，还可搭设悬挑结构、悬跨结构、整体移动、整体吊装架体等。

9. 电动桥式脚手架技术

电动桥式脚手架（附着式电动施工平台）是一种大型自升降式高空作业平台。它可替代脚手架及电动吊篮，用于建筑工程施工，特别适合装修作业。电动桥式脚手架仅需搭设一个平台，沿附着在建筑物上的三角立柱通过齿轮齿条传动方式实现升降，平台运行平稳，使用安全可靠，且可节省大量材料。

10. 挂篮悬臂施工技术

挂篮悬臂施工技术是指从已建成的桥墩开始，沿桥梁跨径方向两侧对称进行逐段现浇梁段，待每段梁段混凝土达到设计强度后，通过张拉预应力束将各段连成整体，再移动挂篮浇筑下一段梁至全桥结束。挂篮是悬臂浇筑施工中的主要工艺设备。其优点主要有：在施工期间不影响桥下的水陆交通，不用或少用支架，节省施工费用，降低工程造价，适应性强、利用率高、加快施工进度、缩短工期，在施工中便于对各个节段的施工误差进行调整，保证悬臂浇筑施工的精度。

五、钢结构技术

1. 深化设计技术

深化设计是在钢结构工程原设计图的基础上，结合工程情况、钢结构加工、运输及安装等施工工艺和其他专业的配合要求进行的二次设计。其主要技术内容有：使用详图软件建立结构空间实体模型或使用计算机放样制图，提供制造加工和安装的施工用详图、构件清单及设计说明。

施工详图的内容有：①构件平、立面布置图，其中包括各构件安装位置和方向、定位轴线和标高、构件连接形式、构件分段位置、构件安装单元的划分等；②准确的连接节点尺寸，加劲肋、横隔板、缀板和填板的布置和构造、构件组件尺寸、零件下料尺寸、装配间隙及成品总长度；③焊接连接的焊缝种类、坡口形式、焊缝质量等级；④螺栓连接的螺孔直径、数量、排列形式，螺栓的等级、长度、初拧和终拧参数；⑤人孔、手孔、混凝土浇筑孔、吊耳、临时固定件的设计和布置；⑥钢材表面预处理等级、防腐涂料种类和品牌、涂装厚度和遍数、涂装部位等；⑦销轴、铆钉的直径加工长度及精度，数量及安装定位等。

构件清单的主要内容有：构件编号、构件数量、单件重量及总重量、材料材质等。构件清单尚应包括螺栓、支座、减震器等所有成品配件。

设计说明的主要内容有：原设计的相关要求、应用规范和标准、质量检查验收标准、对深化设计图的使用提供指导意见。

深化设计贯穿于设计和施工的全过程，除提供加工详图外，还配合制定合理的施工方案、临时施工支撑设计、施工安全性分析、结构变形分析与控制、结构安装仿真等工作。该技术的应用对于提高设计和施工速度、提高施工质量、降低工程成本、保证施工安全有积极意义。

2. 厚钢板焊接技术

在高层建筑、大跨度工业厂房、大型公共建筑、塔桅结构等钢结构工程中，应用厚钢板焊接技术的主要内容有：①厚钢板抗层状撕裂Z向性能级别钢材的选用；②焊缝接头形式的合理设计；③低氢型焊接材料的选用；④焊接工艺的制定及评定，包括焊接参数、工艺、预热温度、后热措施或保温时间；⑤分层分道焊接顺序；⑥消除焊接应力措施；⑦缺陷返修预案；⑧焊接收缩变形的预控与纠正措施。

3. 大型钢结构滑移安装施工技术

大跨度空间结构与大型钢构件在施工安装时，为加快施工进度、减少胎架用量、节约大型设备、提高焊接安装质量，可采用滑移施工技术。滑移技术是在建筑物的一侧搭设一条施工平台，在建筑物二边或跨中铺设滑道，所有构件都在施工平台上组装，分条组装后用牵引设备向前牵引滑移（可用分条滑移或整体累积滑移）。结构整体安装完毕并滑移到位后，拆除滑道实现就位。

滑移可分为结构直接滑移、结构和胎架一起滑移、胎架滑移等多种方式。牵引系统有卷扬机牵引、液压千斤顶牵引与顶进系统等。

4. 钢结构与大型设备计算机控制整体顶升与提升安装施工技术

计算机控制整体顶升与提升技术是一项先进的钢结构与大型设备安装技术，它集机械、液压、计算机控制、传感器监测等技术于一体，解决了传统吊装工艺和大型起重机械在起重高度、起重重量、结构面接、作业场地等方面无法克服的难题。采用该技术施工安全可靠、工艺成熟、技术先进、经济效益显著。该技术采用“柔性钢绞线承重、液压油缸集群、计算机控制同步提升”的原理。提升或顶升施工时应用计算机精确控制各点的同步性。

5. 型钢与混凝土组合结构技术

型钢与混凝土组合结构主要包括钢管混凝土柱，十字、H形、箱形、组合型钢骨混凝土柱，箱形、H形钢骨梁、型钢组合梁等。钢管混凝土可显著减小柱的截面尺寸，提高承载力；钢骨混凝土承载能力高，刚度大且抗震性能好；组合梁承载能力高且高跨比小。

钢管混凝土施工简便，梁柱节点采用内环板或外环板式，施工与普通钢结构一致，钢管内的混凝土可采用高抛免振捣混凝土，或顶升法施工钢管混凝土。关键技术是设计合理的梁柱节点与确保钢管内浇捣混凝土的密实性。

钢骨混凝土除了钢结构优点外还具备混凝土结构的优点，同时结构具有良好的防火性能。其关键技术是如何合理解决梁柱节点区钢筋的穿筋问题，以确保节点良好的受力性能与加快施工速度。组合梁是在钢梁上部浇筑混凝土，形成混凝土受压、钢结构受拉的截面合理受力形式，充分发挥钢与混凝土各自的受力性能。组合梁施工时，钢梁可作为模板的支撑。组合梁设计时要确保钢梁与混凝土结合面的抗剪性能，又要充分考虑钢梁各工况下从施工到正常使用各阶段的受力性能。

6. 住宅钢结构技术

采用钢结构作为住宅的主要承重结构体系，对于低密度住宅以采用冷弯薄壁型钢结构体系为主，墙体为墙柱加石膏板，楼盖为C形格栅加劲板；对于多层住宅以钢框架结构体系，楼板宜采用混凝土楼板，墙体为预制轻质板或轻质砌块。多层钢结构住宅的另一个方向是采用带钢板剪力墙或与普钢混合的轻钢结构；对于高层住宅，则以钢框架与混凝土筒体组合构成的混合结构或以带钢支撑的框架结构。

7. 高强度钢材应用技术

对承受较大荷载的钢结构工程，选用更高强度级别的钢材，可减少钢材用量及加工量，节约资源，降低成本。国家标准规定的低合金高强度结构钢有Q345、Q390、Q420、Q460、Q500、Q550、Q620、Q690八个牌号，桥梁用结构钢有Q235q、Q345q、Q370q、Q420q、Q460q、Q500q、Q550q、Q620q、Q690q九个牌号，高层建筑结构用钢有Q235GJ、Q345GJ、Q235GJZ、Q345GJZ四个牌号。而目前钢厂供货及工程设计使用较多的是Q345强度等级钢材，很少用到更高强度等级的钢材，还大有提高使用高强度级别钢材的空间。

8. 大型复杂膜结构施工技术

膜结构工程属较新的结构体系，按受力体系可分为整体张拉式膜结构、骨架式膜结构、骨架支承张拉式膜结构、索系支承式膜结构和空气支承膜结构五种基本类型。按照膜材性质划分为织物类和薄膜类膜结构两类膜结构。该技术主要包括以下几个方面：膜结构优化及深化设计技术；膜结构加工制作技术；膜结构安装技术；膜材及膜结构质量检查技术。

9. 模块式钢结构框架组装、吊装技术

模块式钢结构组装、吊装技术是指：将大型超高钢结构框架分割成若干个框架单元（模块）分别在地面进行各个框架单元（模块）的组装，在符合吊装能力的前提下，将框架内的设备和部分管道预先安装到位，减少了高空施工作业，然后选用符合工况条件的大型起重机分别进行各个框架单元（模块）的吊装就位。

六、绿色施工技术

1. 基坑施工封闭降水技术

基坑施工封闭降水技术是指采用基坑侧壁帷幕或基坑侧壁帷幕＋基坑底封底的截水措施，阻截基坑侧壁及基坑底面的地下水流入基坑，同时采用降水措施抽取或引渗基坑开挖范围内的现存地下水的降水方法。

在我国南方沿海地区宜采用地下连续墙或护坡桩＋搅拌桩止水帷幕的地下水封闭措施。北方内陆地区宜采用护坡桩＋旋喷桩止水帷幕的地下水封闭措施。河流阶地地区宜采用双排或三排搅拌桩对基坑进行封闭同时兼作支护的地下水封闭措施。

2. 施工过程水回收利用技术

（1）基坑施工降水回收利用技术

基坑施工降水回收利用技术，一般包含两种技术：一是利用自渗效果将上层滞水引渗至下层潜水层中，可使大部分水资源重新回灌至地下的回收利用技术；一是将降水所抽水体集中存放，用于生活用水中洗漱、冲刷厕所及现场洒水控制扬尘，经过处理或水质达到要求的水体可用于结构养护用水、基坑支护用水，如土钉墙支护用水、土钉孔灌注水泥浆液用水，以及混凝土试块养护用水、现场砌筑抹灰施工用水等的回收利用技术。

（2）雨水回收利用技术与现场生产废水利用技术

雨水回收利用技术是指在施工过程中将雨收集后，经过雨水渗蓄、沉淀等处理，集中存放，用于施工现场降尘、绿化和洗车，经过处理的水体可用于结构养护用水、基坑支护用水，如土钉墙支护用水、土钉孔灌注水泥浆液用水，以及混凝土试块养护用水、现场砌筑抹灰施工用水等的回收利用技术。

现场生产废水利用技术是指将施工生产、生活废水经过过滤、沉淀等处理后循环利用的技术。

3. 预拌砂浆技术

预拌砂浆是指由专业生产厂生产的，用于建设工程中的各类砂浆拌合物，预拌砂浆分为干拌砂浆和湿拌砂浆两种。湿拌砂浆是指由水泥、细骨料、矿物掺合料、外加剂和水以及根据性能确定的其他组分，按一定比例，在搅拌站经计量、拌制后、运至使用地点，并在规定时间内使用完毕的拌合物。干混砂浆是指由水泥、干燥骨料或粉料、添加剂以及根据性能确定的其他组分，按一定比例，在专业生产厂经计量、混合而成的混合物，在使用地点按规定比例加水或配套组分拌合使用。

4. 外墙体自保温体系施工技术

墙体自保温体系是指以蒸压加气混凝土、陶粒增强加气砌块和硅藻土保温砌块（砖）等制成的蒸压粉煤灰砖、蒸压加气混凝土砌块和陶粒砌块等为墙体材料，辅以节点保温构造措施的自保温体系。即可满足夏热冬冷地区和夏热冬暖地区节能50%的设计标准。

5. 粘贴保温板外保温系统施工技术

（1）粘贴聚苯乙烯泡沫塑料板外保温系统

粘贴保温板外保温系统施工技术是指将燃烧性能符合要求的聚苯乙烯泡沫塑料板粘贴于外墙外表面，在保温板表面涂抹抹面胶浆并铺设增强网，然后做饰面层的施工技术。聚苯板与基层墙体的连接有粘结和粘锚结合两种方式。保温板为模塑聚苯板（EPS板）或挤塑聚苯板（XPS板）。

（2）粘贴岩棉（矿棉）板外保温系统

外墙外保温岩棉（矿棉）施工技术是指用胶粘剂将岩（矿）棉板粘贴于外墙外表面，并用专用岩棉锚栓将其锚固在基层墙体，然后在岩（矿）棉板表面抹聚合物砂浆并铺设增强网，然后做饰面层，其特点是防火性能好。

6. 现浇混凝土外墙外保温施工技术

(1) TCC 建筑保温模板施工技术

TCC 建筑保温模板体系是一种保温与模板一体化的保温模板体系。该技术将保温板辅以特制支架形成保温模板，在需要保温的一侧代替传统模板，并同另一侧的传统模板配合使用，共同组成模板体系。模板拆除后结构层和保温层即成型。

(2) 现浇混凝土外墙外保温施工技术

现浇混凝土外墙外保温施工技术是指在墙体钢筋绑扎完毕后，浇灌混凝土墙体前，将保温板置于外模内侧，浇灌混凝土完毕后，保温层与墙体有机地结合在一起。聚苯板可以是 EPS，也可以是 XPS。当采用 XPS 时，表面应做拉毛、开槽等加强粘结性能的处理，并涂刷配套的界面剂。

7. 硬泡聚氨酯喷涂保温施工技术

外墙硬泡聚氨酯喷涂施工技术是指将硬质发泡聚氨酯喷涂到外墙外表面，并达到设计要求的厚度，然后作界面处理、抹胶粉聚苯颗粒保温浆料找平，薄抹抗裂砂浆，铺设增强网，再做饰面层。

8. 工业废渣及（空心）砌块应用技术

工业废渣及（空心）砌块应用技术是指将工业废渣制作成建筑材料并用于建设工程。工业废渣应用于建设工程的种类较多，本节介绍两种，一是磷铵厂和磷酸氢钙厂在生产过程中排出的废渣，制成磷石膏标砖、磷石膏盲孔砖和磷石膏砌块等；二是以粉煤灰、石灰或水泥为主要原料，掺加适量石膏、外加剂、颜料和集料等，以坯料制备、成型、高压或常压养护而制成的粉煤灰实心砖。粉煤灰小型空心砌块是以粉煤灰、水泥、各种轻重集料、水为主要组分（也可加入外加剂等）拌合制成的小型空心砌块，其中粉煤灰用量不应低于原材料重量的 20%，水泥用量不应低于原材料重量的 10%。

9. 铝合金窗断桥技术

隔热断桥铝合金的原理是在铝型材中间穿入隔热条，将铝型材断开形成断桥，有效阻止热量的传导，隔热铝合金型材门窗的热传导性比非隔热铝合金型材门窗降低 40%～70%。中空玻璃断桥铝合金门窗自重轻、强度高，加工装配精密、准确，因而开闭轻便灵活，无噪声，密度仅为钢材的 1/3，其隔音性好。断桥铝合金窗指采用隔热断桥铝型材、中空玻璃、专用五金配件、密封胶条等辅件制作而成的节能型窗。主要特点是采用断热技术将铝型材分为室内、外两部分，采用的断热技术包括穿条式和浇筑式两种。

10. 太阳能与建筑一体化应用技术

“建筑太阳能一体化”是指在建筑规划设计之初，利用屋面构架、建筑屋面、阳台、外墙及遮阳等，将太阳能利用纳入设计内容，使之成为建筑的一个有机组成部分。“太阳能与建筑一体化”分为太阳能与建筑光热一体化和光电一体化。

太阳能与建筑光热一体化是利用太阳能转化为热能的利用技术，建筑上直接利用的方式有：①利用太阳能空气集热器进行供暖；②利用太阳能热水器提供生活热水；③基于集热-储热原理的间接加热式被动太阳房；④利用太阳能加热空气产生的热压增强建筑通风。

太阳能与建筑光电一体化是指利用太阳能电池将白天的太阳能转化为电能由蓄电池储存起来，晚上在放电控制器的控制下释放出来，供室内照明和其他需要。光电池组件有多个单晶硅或多晶硅单体电池通过串并联组成，其主要作用是把光能转化为电能。

11. 供热计量技术

供热计量技术是对集中供热系统的热源供热量、热用户的用热量进行计量。包括热源和热力站热计量、楼栋热计量和分户热计量。热源和热力站热计量应采用热量计量装置进行计量，热源或热力站的燃料消耗量、补水量、耗电量应分项计量，循环水泵电量宜单独计量。

12. 建筑外遮阳技术

建筑遮阳是将遮阳产品安装在建筑外窗、透明幕墙和采光顶的外侧、内侧和中间等位置，以遮蔽太阳辐射：夏季，阻止太阳辐射热从玻璃窗进入室内；冬季，阻止室内热量从玻璃窗逸出，因此，设置适合的遮阳设施，节约建筑运行能耗，可以节约空调用电 25%左右；设置良好遮阳的建筑，可以使外窗保温性能提高约一倍，节约建筑采暖用能 10%左右。

根据遮阳产品安装的位置分为外遮阳，内遮阳，中间遮阳，中置遮阳。

13. 植生混凝土

植生混凝土是以多孔混凝土为基本构架，内部是一定比例的连通孔隙，为混凝土表面的绿色植物提供根部生长、吸取养分的空间，是一种植物能直接在其中生长的生态友好型混凝土。基本构造由多孔混凝土、保水填充材料、表面土等组成。主要技术内容可分为多孔混凝土的制备技术、内部碱环境的改造技术及植物生长基质的配制技术、植生喷灌系统、植生混凝土的施工技术等。

14. 透水混凝土

透水混凝土是既有透水性又有一定强度的多孔混凝土，其内部为多孔堆聚结构。透水的原理是利用总体积小于骨料总空隙体系的胶凝材料部分地填充粗骨料颗粒之间的空隙，及剩余部分空隙，并使其形成贯通的孔隙网，因而具有透水效果。

七、抗震加固改造技术

1. 消能减震技术

消能减震技术是将结构的某些构件设计成消能构件，或在结构的某些部位装设消能装置。在风或小震作用时，这些消能构件或消能装置具有足够的初始刚度，处于弹性状态，结构具有足够的侧向刚度以满足正常使用要求；当出现大风或大震作用时，随着结构侧向变形的增大，消能构件或消能装置率先进入非弹性状态，产生较大阻尼，大量消耗输入结构的地震或风振能量，使主体结构避免出现明显的非弹性状态，且迅速衰减结构的地震或风振反应（位移、速度、加速度等），保护主体结构及构件在强地震或大风中免遭破坏或倒塌，达到减震抗震的目的。

2. 建筑隔震技术

基础隔震系统是通过在基础和上部结构之间，设置一个专门的橡胶隔震支座和耗能元件（如铅阻尼器、油阻尼器、钢棒阻尼器、黏弹性阻尼器和滑板支座等），形成高度很低的柔性底层，称为隔震层。通过隔震层的隔震和耗能元件，使基础和上部结构断开，将建筑物分为上部结构、隔震层和下部结构三部分，延长上部结构的基本周期，从而避开地震的主频带范围，使上部结构与水平地面运动在相当程度上解除了耦连关系，同时利用隔震层的高阻尼特性，消耗输入地震动的能量，使传递到隔震结构上的地震作用进一步减小，提高隔震建筑的安全性。目前除基础隔震外，人们对层间隔震的研究和应用也越来越多。

3. 混凝土结构粘贴碳纤维、粘钢和外包钢加固技术

混凝土结构粘贴碳纤维和粘钢加固技术是采用专门配置的改性环氧胶粘剂将碳纤维片材或钢板粘贴在结构构件表面（多为构件受拉区），形成复合受力体系，使两者协同工作，以提高结构构件的抗弯、抗剪、抗拉承载能力，达到对构件进行加固补强的目的。

外包钢加固法是在钢筋混凝土梁、柱四周包型钢的一种加固方法，可分为干式和湿式两种。湿式外包钢加固法，是在外包型钢与构件之间采用改性环氧树脂化学灌浆等方法进行粘结，以使型钢与原构件能整体共同工作。干式外包钢加固法的型钢与原构件之间无粘结（有时填以水泥砂浆），不传递结合面剪力，与湿式相比，干式外包钢法施工更方便，但承载力的提高不如湿式外包钢法有效。

4. 线网片聚合物砂浆加固技术

钢绞线—聚合物砂浆加固技术是一项新型加固技术，它是在被加固构件进行界面处理后，将钢绞线网片敷设于被加固构件的受拉部位，再在其上涂抹聚合物砂浆。其中钢绞线是受力的主体，在加固后的结构中发挥其高于普通钢筋的抗拉强度；聚合物砂浆有良好的渗透性，对氯化物和一般化工品的阻抗性好，粘结强度和密实程度高，它一方面起保护钢绞线网片的作用，另一方面将其粘结在原结构上形成整体，使钢绞线网片与原结构构件变形协调、共同工作，以有效提高其承载能力和刚度。

钢绞线网片—聚合物砂浆加固技术除加固效果优异外，与传统加固技术相比，具有良好的环保、耐久、耐高温、防腐、防火性能，施工快捷方便，现场环境污染小，且由于加固层厚度薄，加固后不显著增加结构自重，对建筑物的外观风貌和使用空间及功能没有影响。

5. 无损拆除与整体移位技术

无损性拆除是通过金刚石切割工具在高速运转下对钢筋混凝土磨削，并依靠冷却水带走产生的粉屑，最终形成切割面，来实现构件分离的一种拆除方式。可以根据结构特点和周边场地状况，选用高空吊拆、分块切割、整体转运的施工方法。无损性拆除不存在振动，对保留结构无冲击，不会产生微裂纹破坏，不影响结构受力和使用寿命，同时它具有低噪声、无污染、无振动、效率高的特点。

6. 无粘结预应力混凝土结构拆除技术

无粘结预应力混凝土拆除是指将已张拉完、端头处理完的无粘结预应力混凝土梁、板中的无粘结预应力筋切断，然后再进行梁、板混凝土的拆除。其技术内容主要包括卸荷架搭设、确定预应力钢筋的位置、人工剔凿找出预应力钢筋、对预应力钢筋进行临时固定并放张卸锚、在指定范围进行混凝土切除、预应力筋重新张拉、封头。

7. 基坑施工监测技术

通过在工程支护（围护）结构上布设凸球面的钢制测钉作为位移监测点，使用全站仪定期对各点进行监测，根据变形值判定是否采取何种措施，消除影响，避免进一步变形并发生危险。监测方法可分为基准线法和坐标法。

8. 安全性监测（控）技术

结构安全性监测（控）技术是指，通过对结构安全控制参数进行一定期间内的量值及变化进行监测，并根据监测数据评估判断或预测结构安全状态，必要时采取相应控制措施以保证结构安全。监测参数一般包括定位、变形、应力应变、荷载、温度、结构动态参

数等。

监测系统包括传感器、数据采集传输系统、数据库、状态分析评估与预测显示软件等。

结构安全监测（控）过程一般分为施工期间监测与使用期间监测，施工期间的监测主要以控制结构在施工期间的安全和施工质量为主，使用期间的监测主要监测结构损伤累积和灾害等突发事件引起结构的状态变化，根据监测数据评估结构状态与安全性，以采取相应的控制或加固修复措施。

9. 爆破监测技术

在爆破作业中爆破震动对基础、建筑物自身、周边环境物均会造成一定的影响，无论从工程施工的角度还是环境安全的需要，均要对爆破作业提出控制，将爆破引发的各类效应量，列为控制和监测爆破影响的重要项目。

10. 天线 GPS 变形检测技术

GPS 测量平差后控制点的平面位置精度为 1～2mm，高程精度为 2～3mm，完全满足边坡或滑坡体监测精度要求。可以在监测点上建立无人值守的 GPS 观测系统，通过软件控制，实现实时监测和变形分析、预报，但由于每个监测点上都需要安装 GPS 接收机，设备费用非常昂贵。一机多天线 GPS 技术可以利用一台 GPS 主机控制多个 GPS 天线，从而实现多个监测点共用 1 台接收机，并采用 GPRS 通信技术，数据无线传输到控制中心，实现了系统的无人看守、自动运行，最终使得在监测的总体费用与传统方式相近的基础上，监测成果更加实时可靠。

八、信息化应用技术

1. 仿真施工技术

虚拟仿真施工技术是虚拟现实和仿真技术在工程施工领域应用的信息化技术。虚拟仿真技术在工程施工中的应用主要有以下几方面：施工工件动力学分析：如应力分析、强度分析；施工工件运动学仿真：如机构之间的连接与碰撞；施工场地优化布置：如外景仿真、建材堆放位置，施工机械的开行、安装过程；施工过程结构内力和变形变化过程跟踪分析；施工过程结构或构件及施工机械的运动学分析；施工过程动态演示和回放。

2. 自动测量控制技术

应用工程测量与定位信息化技术，建立特殊工程测量处理数据库，解决大型复杂或超高建筑工程中传统测量方法难以解决的测量速度、精度、变形等技术难题，实现对工程施工进度、质量、安全的有效控制。

3. 现场远程监控管理工程远程验收技术

利用远程数字视频监控系统和基于射频技术的非接触式技术或 3G 通信技术对工程现场施工情况及人员进出场情况进行实时监控，通过信息化手段实现对工程的监控和管理。该技术的应用不但要能实现现场的监控，还要具有通过监控发现问题，能通过信息化手段整改反馈并检查记录的功能。

工程项目远程验收是应用远程验收和远程监控系统，通过视频信息随时了解和掌握工程进展，远程协调与指挥工作能够实现将施工现场的图像、语音通过网络传输到任何能上网的地点，实现与现场完全同步、实时的图像效果，通过视频语音通讯客户端软件，对工程项目进行远程验收和监控，并能实现将现场图像实时显示并存储下来。

4. 工程量自动计算技术

工程量和钢筋量的计算是工程建设过程中的重要环节，其工作贯穿项目招投标、工程设计、施工、验收，结算的全过程。其特点是工作量大、内容繁杂，需要技术人员做大量细致、重复的计算工作。工程量自动计算技术是建立在二维或三维模型数据共享基础上，应用于建模、工程量统计、钢筋统计等过程，实现砌体、混凝土、装饰、基础等各部分的自动算量。

5. 项目管理信息化实施集成应用及基础信息规范分类编码技术

工程项目管理信息化实施或集成应用技术是指用信息化手段实现对项目的业务处理与管理，或进一步用系统集成的方法将项目管理的各业务处理与管理信息系统模块进行应用流程梳理整合或数据交换整合，形成覆盖项目管理主要业务的集成管理信息系统，实现项目管理过程的信息化处理和业务模块间的有效信息沟通。

统一的基础信息规范分类和编码技术是有效实施工程项目管理信息化及集成应用的基础。工程项目管理信息化的实施从过去的单项业务处理过程应用发展到管理信息系统应用或集成应用，必须首先实现工程基础信息的规范，才能使工程项目管理信息化和集成化处理有据可依。

6. 工程资源计划管理技术

该技术以管理的规范化为基础、管理的流程化为手段、项目财务成本处理的透明化为目标实现对建设工程资源的有效管理。

建设行业的管理基础是工程项目，无论管理面多宽、链条长短，最终都要落实到工程项目管理这一层级上来，因此如何实现各级管理层次对工程项目主要人、财、物等资源的分权管理，明确各方的责、权、利，实现项目管理的透明化，保障项目的工期，保障项目的投资成效，是建设工程项目管理技术的核心。

7. 多方协同管理信息化技术

项目多方协同管理信息化技术是以 Internet 为通信工具，以现代计算机技术、大型服务器和数据库技术、存储技术为支撑，以协同管理理念为基础，以协同管理平台为手段，将工程项目实施的多个参与方（投资、建设、管理、施工等各方）、多个阶段（规划、审批、招投标、施工、分包、验收、运营等）、多个管理要素（人、财、物、技术、资料等）进行集成管理的技术。

项目多方协同管理信息化技术是工程项目管理信息化技术应用领域最前沿的技术。

8. 起重机安全监控管理系统应用技术

塔式起重机是机械化施工中必不可少的关键设备。由于建筑业的快速发展，建筑起重机在数量上急剧上升，目前已达二十多万台。在起重机众多事故中，违章操作、超载所引发的事故占 60%以上。国际上早在 1998 年便实施了安全监控管理，并列入了强制性标准，使事故下降了 80%以上。

建筑起重机安全监控系统由工作显示系统、专用传感器、数据通信传输系统、安全软硬件、工作机构等组成。监控系统的应用可以从根本上改变塔机的管理方式，做到事先预防事故，变单一的行政管理、间歇性检查式的管理为实时的、连续的科技信息化管理；变被动管理为主动管理，最终达到减少乃至消灭塔机因违章操作和超载引起的事故的目的。

5 矿业工程施工案例分析

5.1 矿业工程建设施工准备及组织管理案例

【案例1】 矿井建设施工准备及施工组织

一、工程概况

某施工单位中标一进风井掘砌工程的施工。该立井净直径 6.0m，总深度 377.42m（表土段 6.7m，基岩段 368.72m）。井壁设计表土段及井颈段为钢筋混凝土井壁，壁厚 600mm，高 14.5m；基岩段为现浇混凝土，壁厚 400mm，高 360.92m。井壁混凝土标号 C20。井筒穿越的岩层为：二叠系下统黑色泥岩、砂质泥岩、浅灰色砂岩及 1～6 号煤、石炭系上统黑色泥岩、砂质泥岩、灰白色砂岩、3～5 层石灰岩及 6～7 层煤。本井田含煤 18 层其中 8 号、15 号为可采煤层。因无瓦斯详查和井筒检查钻孔资料，暂按高瓦斯矿井考虑。该井筒掘砌合同规定进点日期为 2008 年 7 月 1 日，竣工日期为 2009 年 3 月 31 日。井筒施工工期为 6 个月。

二、矿井施工准备安排

该矿井正式开工日期最迟应是 2008 年 10 月 1 日。正式开工前为施工准备期。应做好如下工作：

（1）组织准备工作应包括以下内容：确定项目建设组织机构；明确岗位职责。

（2）技术准备工作应包括以下内容：明确近井点；井筒施工图；井筒施工方案等。

（3）工程准备工作应包括以下内容：施工临时设施；道路、供排水、供电、通信及场地平整。

（4）完成施工总平面布置。

三、矿井施工的组织

该矿井施工组织安排存在问题，具体包括：

（1）由于没有瓦斯详查资料，暂按高瓦斯矿井考虑，因此在穿越煤层前应做好局部综合防突措施：工作面突出危险性预测；制定工作面防突措施；工作面措施效果检验；完善安全防护措施。

（2）由于没有井筒检查钻孔资料，无法确定岩层的准确位置，也无法了解是否存在断层和其他地质缺陷，因无井筒检查钻孔抽水资料，也无法判定井筒涌水量。因此给施工带来很大的不确定性和危险性。

该矿井编制绿色施工方案。应包括以下内容：

（1）构建绿色施工管理体系，制定相应的管理制度与目标，明确组织绿色施工职责。

（2）结合施工项目特点编制绿色施工方案，绿色施工方案应包括环境保护、节地、节水、节能、节材以及资源综合利用等保护措施。

（3）绿色施工应对整个施工过程实施动态管理，加强对施工策划、施工准备、资源组织、材料采购、现场施工、工程验收等各阶段的管理和监督。

（4）制订施工防尘、防毒、防辐射等职业危害的措施。

编制该矿井的施工组织设计应包括矿井概况，施工准备及施工总平面布置，施工方案及凿井装备，井筒及硐室施工，施工主要辅助生产系统，劳动组织及主要施工设备，施工进度计划及工期保证措施，质量、环境、职业健康安全管理及保证措施，绿色施工（文明施工）。应专门编制过断层、破碎带施工措施及方案，过煤层综合防突措施及方案，井筒防、治水措施及方案，以保证井筒施工质量及安全。

【案例2】 煤矿建设总承包项目

一、工程项目概况

（1）项目名称：宁鲁煤电有限责任公司任家庄煤矿选煤厂总承包工程。

（2）项目的规模：本选煤厂属矿井选煤厂，年处理能力2.40Mt/a。考虑今后可能的扩能，设备选型留有余量，最大规模可达3.40Mt/a。在煤炭行业属于大型的EPC总承包项目。

（3）总包单位：中煤国际工程集团北京华宇工程有限公司。

（4）合同范围及承包方式：新建设计能力2.4Mt/年选煤厂的主厂房、浓缩车间、矸石仓、主厂房经矸石仓至精煤仓、电煤仓栈桥等建筑工程施工及相应的机电设备采购、安装、设备的单机调试、承包范围内工程联合试运转、全厂的生产控制、生产监控、技术指导、技术服务等；直至选煤各项技术指标达到承包合同的要求。

本项目采用设计、采购、施工（EPC）交钥匙工程总承包方式建设。

（5）项目的工艺：设计根据煤质特点及产品结构要求，确定本选煤厂采用50～0mm级原煤不脱泥无压三产品重介旋流器分选＋煤泥浮选的联合生产工艺。

二、项目管理组织机构

该项目的组织结构如图5-1所示。

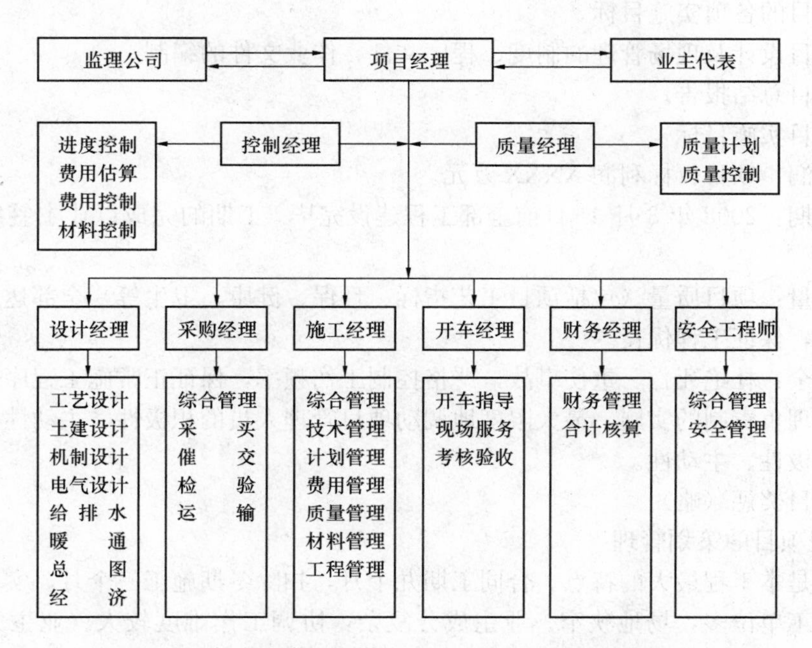

图5-1　任家庄煤矿选煤厂总承包工程项目组织结构图

三、主要管理经验

1. 公司的组织支持与保障

华宇公司与总承包相关的职能部门及其分工如下：

（1）报价咨询管理部

主要负责工程总承包投标报价管理工作。

（2）工程管理部

主要负责项目管理制度的建设；对工程所及项目部监督管理；组织总承包合同签订；组织分包招标；批准项目经理；代表公司签订项目管理目标责任书；负责项目考核、总结等。

（3）工程所

主要负责工程项目的设计以及项目的实施、工程款的回收；推荐项目经理和报价经理人选。成立由项目经理为首的项目部，下设项目施工部、项目采购部、项目开车部、项目设计部、项目控制部等部门，辅助项目经理全面筹划和进行项目过程中的管理。

（4）安全和生产技术部

负责对项目安全、环境管理工作进行监督、检查、指导。

（5）纪检监察审计部

负责监督总承包分包商的招标工作和项目审计工作。

2. 实行项目经理负责制

项目部按照国际通行的职能模式组建，实行项目经理负责制。

项目经理代表项目部与公司签订项目管理目标责任书，共三部分：

（1）项目部职责

完成项目EPC全过程管理、直至工程款回收完毕。

完成项目的各项实施目标。

完成项目设计及现场管理的制度、程序文件、作业文件的编制。

提交项目总结报告。

（2）项目实施目标

项目利润：项目目标利润XXXX万元。

建设工期：2008年3月31日前全部工程建设完毕。工期的完成以业主签发的报告或证书为准。

项目质量：项目质量（包括项目工艺指标、环保、健康、卫生等）全部达到总承包合同规定要求，保证工程优良。

项目安全：杜绝死亡、重伤事故，严格控制工伤频率，保证正常施工程序。

项目经理负责制的实施，最大限度地调动项目管理人员的积极性、主动性，尤其是设计人员的积极性、主动性。

（3）项目奖惩（略）

3. 重视项目的策划管理

工期紧是本工程最大的特点。合同工期九个月，扣除冬期施工三个月，实际有效工期六个月。施工单位多，场地狭窄。业主成分复杂，协调工作难度较大。业主为股份制公司，并且两家股东各占50%的股份，股东之间关系十分微妙，相应的增加了工程协调难度。选煤厂外围设施由另一家公司总承包。选煤厂本身就是一个系统工程，由两家分块总承包，接口问题、设计技术标准问题的沟通过程，都可能影响工程的按期投产。本工程难免进入冬期施工，在冬期施工过程中如何保证工程质量是对本工程质量管理的重大考验。为此，项目部采取的主要措施包括：

（1）树立团队意识，铸华宇品牌，做优质工程。

（2）抓好合同的研究工作和执行工作。

（3）抓好“项目开工会”的召开工作。

（4）抓好项目实施的总体策划工作。

（5）理顺方方面面的关系，建立健全协调与管理的有效机制。

（6）严格执行公司项目管理程序文件及相关规章制度。

（7）建立并严格执行符合项目特点的管理体系与制度。

4. 安全和文明施工

确立“安全第一、关爱生命、预防为主”的基本原则，明确安全生产是工程顺利实施的基本保证；为此采取的主要措施包括：

（1）建立健全安全生产管理机构。

（2）制定和完善安全管理制度；

（3）加强施工企业资质和施工人员岗位资质检查与管理；

（4）加强施工安全与文明施工技术与措施管理；

（5）加强现场安全检查、隐患整改、违章处罚力度；

（6）定期或不定期召开安全生产专题会议，解决和协调安全生产过程中出现的各种问题；

（7）以各种形式进行安全生产宣传教育、新上岗人员安全培训。

5. 项目质量管理

（1）确定项目工程质量目标

将工程质量目标进行分解，形成各单位工程、分部工程及分项工程质量等级子目标。

（2）建立健全质量管理组织机构

建立健全质量管理组织机构。质量管理的主体是人，质量管理的实施需要建立起各级质量管理人员之间的对应关系及责任范围。

（3）工程施工过程质量控制及质量控制点

针对项目特点，制定质量过程控制程序和质量控制点。并在项目实施过程中严格执行，项目质量验收证明了工程的质量符合合格标准。

（4）制定严格的质量管理制度

质量管理制度包括：严把原材料进场关，严把材料管理关，严把施工人员资格关，严把施工机械管理关，严把技术准备关，严把过程控制关，严格验评，认真按规程规范验收评定每一分项质量结果。

6. 项目进度管理

本工程进度管理采用计划—组织协调—进度检查—控制调整—计划的方式进行循环控制管理。

（1）计划

计划管理。根据制定的项目进度目标和进度计划，对现场施工进度进行监督、控制和报告。总承包商三周滚动计划管理。每月修订项目施工控制计划，并据此编制三周滚动计划下达给施工分承包商。分承包商三周滚动计划管理。

(2) 施工进度的组织协调、检查与控制

调度会协调机制：每周召开由监理、业主、各施工分承包商代表和总承包商人员参加的生产调度会，检查施工计划的完成情况，协调解决各施工分承包商之间的施工问题；部署下一步的施工安排。同时，加强设计、设备、材料的协调机制以及人、材、机及工程量在内的各类资源控制。

【案例 3】 煤矿资源整合总承包项目

一、工程项目概况

(1) 项目名称：山西大同李家窑煤业有限责任公司兼并重组整合矿井总承包项目。

(2) 总包单位：北京圆之翰煤炭工程设计有限公司。

(3) 工程总包服务的主要内容：

本矿井工程完成后具备下述功能：矿井设计能力为 120 万 t/a，系统能力 300 万 t/a 所需要的生产功能，300 万 t/a 原煤的洗选储功能，煤炭外运的功能和其他相应配套的系统功能。

主要的工程内容如下：施工准备工程、井巷工程、提升系统、排水系统、通风系统、压风系统、地面生产系统、安全技术及监控系统、通信调度及计算机系统、供电系统、地面运输、室外给水排水及供热、辅助厂房及仓库、行政福利设施、场区设施和生活福利设施和环境保护及“三废”处理。

二、项目组织结构

本项目将由众多的分包商和供应商参与，管理和协调难度较大，为此采用一体化项目管理模式，即将所有分包商及项目所需的供应商由总包商统一签约管理，与项目有关的所有合作方由总包商进行协调，项目所有的成本、进度和质量等责任由总包商承担。项目的组织结构如图 5-2 所示。

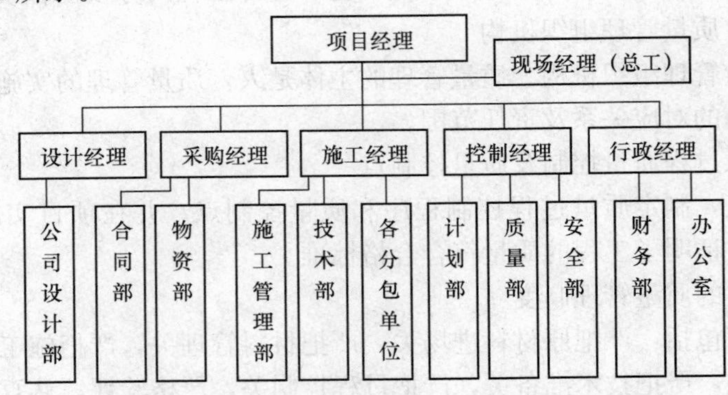

图 5-2　李家窑煤矿资源整合总承包项目组织结构

三、主要管理经验

1. 分包管理

(1) 对所有承担本项目工程或劳务的分包商，合约商务部负责组织进行评价，包括资格预审和考察，以保证选用的分包商具有满足分包合同要求的能力；

(2) 分包合同的内容，以与业主签订的合同的相关条款为基础，相应内容中不应有所抵触或遗漏；

(3) 在分包合同中要体现质量体系的要求，明确应达到的质量目标及开展质量保证工作的要求；

(4) 分包合同的签订，由合约商务部组织，负责该分项工程的工程部等有关部门参加，与中标分包商进行合同谈判；

(5) 合约商务部负责拟定分包合同文本，并将文本交有关部门会审后，再报项目经理或其委托授权人批准；

(6) 合约商务部按照批准的合同文本与分包商签署正式合同文本。

2. 设计管理和控制

(1) 设计过程的跟踪控制

设计项目经理根据项目设计特点，确定对设计过程的控制要求，并形成《设计管理配合要求》，发放给设计人员，对每一设计项目，在设计开始前，设计项目经理要求设计人员提供该项目的设计计划和设计输入文件，由设计项目经理指定的控制人员审查认可，并填写《设计跟踪检查记录单》，设计项目经理组织控制人员，依据《设计控制计划》规定，实时跟踪检查内容包括设计进度、人员资格及专业配合等，检查结果应填写《设计跟踪检查记录单》，检查中发现不符合要求的问题，由检查人员填写《专业工程师通知单》，并要求整改落实。

(2) 设计变更管理

设计变更由设计项目经理负责统一管理，因甲方、施工单位和设计人员原因提出的变更应根据相应不同流程进行，最后正式出图的各类设计图纸及文本均先交设计项目经理登记归档，由设计项目经理统一发放，各收图单位由指定人员到档案室签领。

3. 采购管理和控制

本工程的设备物资按照采购金额以 10 万元为界划分为零星设备、物资和工程设备、物资采购两类，招标采购由公司采购中心组织进行，零星采购由项目部负责进行。

物资设备现场采购部经理负责编制物资申请计划，由主管项目副经理进行审批，采购中心或项目物资采购工程师根据物资申请计划编制物资采购计划，并报采购中心经理或项目合约商务部经理审批。通过将资格预审情况、考察结果、样品/样本报批结果、价格与工程要求的比较，对供应商做出评价，并根据评价结果选出“优质低价”者作为最终中标供应商。供应商的确定，首先由采购小组提出一致意见，由主管项目副经理批准。如果采购小组意见不一致，应将不同意见呈报项目经理批准，并应对供应商评价的结果和入选供应商名称做好记录。

4. 项目质量管理和控制

为确保本工程的质量达到质量目标的要求，公司建立项目质量管理保证体系，该保证体系覆盖了总承包质量管理活动的全部。它对项目的质量管理目标、各主要岗位的质量管理职责和各项质量管理活动作出了明确规定，适用于指导本工程的实施。

5. 项目进度控制

在项目实施过程中，进度要得到很好的控制，进度的控制就是要使关键线路工作确保实现。通过分级计划的编制，使计划得到细化，实物工程量要有具体的量化标准，并与时间对应，通过全过程跟踪和监控，对分区分项进度及时督促、定期分析，通过计划调整逐级得到保证。

6. 费用控制及资金管理

项目费用控制及资金管理包括成本、费用、资金的预测、计划、实施、核算、分析、考核，整理会计资料与编制财务及会计报表。

项目经理部是项目资金管理中心，实行资金统一管理。项目经理部经建设公司财务部批准在施工所在地银行设立一个临时账户（唯一的）。

项目经理部财务负责项目资金的收取。根据施工合同规定，及时向业主收取工程备料款、工程预付款等款项；根据月度工程进度计量资料，及时收取工程进度款。按月编制《项目经理部资金计划与实际使用情况对比表》。

项目经理严格控制项目资金的使用，不同项目间资金的挪用必须经建设公司同意。

项目经理部严格报账制度，项目经理不能自已签字自己报销。项目经理本人报账时应由项目经理部其他领导签字方可报账。

项目经理部拨付工程款时应填写《项目经理部货币资金拨付单》，严格按计量支付，计量核定单是财务作为工程款支付的唯一依据。

项目经理部按照建设公司下达的经营指标和《项目管理目标责任书》的要求以货币资金形式按月向建设公司上缴费用。

项目经理部现金管理：项目经理部应严格按照财务制度进行管理，备用金管理严格按照规定用途使用，及时报销或归还。

项目经理是项目工程尾款收取的第一责任人。工程结算完成、财务移交后，项目经理应及时配合建设公司财务部门进行工程尾款的收取。

7. 安全健康环保（HSE）的管理和控制

本总承包项目根据 0HSAS18001 标准及公司职业健康安全管理体系文件要求，建立和实施项目职业健康安全管理体系，始终体现“安全第一，预防为主，遵章守法，全员参与”的管理思路，充分满足员工等相关方的职业健康安全管理要求，有针对性地规范项目的职业健康安全状况和人员职业健康安全行为，不断完善项目职业健康安全管理体系，持续改进项目职业健康安全绩效。

5.2 井巷施工质量控制案例

【案例 1】 不连沟矿井井筒施工质量控制

一、工程概况

不连沟矿井位于我国超大煤田之一的准格尔煤田的最北部，井田面积为 41.3km^2，地质储量 1466.31Mt，煤层平均厚度为 16m，井田构造简单，大体为一向西倾斜的单斜构造，煤层倾角 3°～5°。矿井初步设计由中煤国际工程集团沈阳设计研究院进行设计，设计规模为 10Mt/a，采用斜立混合开拓，进回风立井的深度分别为 413m、398m。

二、质量控制

为了保证不连沟矿井的工程质量，成立了以项目经理为第一责任人的质量管理机构，制定了质量方针和质量目标（分项工程一次合格率为 100%，整体工程质量为优良）、施工过程的控制程序，并为井筒工程的事前、事中和事后控制制定了详细而具体的控制办法。

1. 准备阶段的质量控制

在接到中标通知书后，第二工程处组织技术人员，认真研究不连沟矿井的初步设计、施工图纸和相关的技术资料，制定了详细的质量保证方案，例如根据冬季气温低的气候条件，采取在搅拌混凝土之前，对水进行加热，井口封闭保温等措施。为保证不连沟风井井筒及相关硐室的掘砌任务，项目部对任务进行了分析，确定所要求的技术，选择和培训了合格的人员，选用了适宜的设备和程序，并明确了各个岗位在质量目标管理中的责任。

项目技术负责人组织编写了以下作业指导书：

（1）大临工程安装技术措施；

（2）临时锁口施工技术措施；

（3）井筒土层施工技术措施；

（4）井筒基岩段施工技术措施；

（5）井筒过煤层施工技术措施；

（6）相关硐室施工技术措施。

2. 施工阶段的质量控制

现场施工质量管理的主要任务就是按照设计要求及规范、规程、技术规定，针对不同工程对象，结合实际条件，合理地组织人力、物力、财力，保质、保量、按期完成任务，中煤二处在不连沟立井项目建设过程中主要在技术交底、测量控制、材料控制、机械设备、计量和工序上采取有效的措施对工程质量进行控制。

（1）技术交底

在技术交底方面严格做到每个单位工程、分部工程和分项工程开工前，项目技术负责人应向承担施工的负责人进行书面交底，所有技术交底资料均应办理签收手续。在施工过程中，项目部技术负责人对顾客或监理工程师提出的有关施工方案、技术措施及设计变更的要求，应在执行前向有关人员进行书面技术交底。

（2）测量控制

井筒中心线应按照井筒中心的设计坐标、高程和方位角利用甲方提供的近井点进行标定，立井井筒中心线和十字线按地面一级导线的精度要求施测。

在立井封口盘上标定井筒中心位置，测量人员应定期对井筒中心线进行校核，以确保井筒中心的正确性。

在打眼和稳模前，应按照井筒中心线进行轮尺和模板校正。

（3）材料控制

材料控制是质量控制的重要环节，在材料采购和使用过程中严格按照以下要求进行：

①项目部在本组织（承包人）确认的合格供方目录中按计划采购原材料、半成品和构配件。

②按搬运储存规定进行搬运和贮存，并建立台账。

③按产品标志的可追溯性要求对原材料、半成品和构配件进行标志。

④未经检验或已经验证为不合格的原材料、半成品和构配件和工程设备，不准投入使用。

⑤对业主提供的原材料、半成品和构配件、工程设备和检验设备，必须按规定进行验证，但验证不能免除顾客提供合格产品的责任。

⑥业主或监理对承包人自行采购产品的验证，不能免除承包人提供合格产品的责任。

(4) 机械设备的控制

按设备进场计划进行施工设备的采购、租赁和调配；现场的施工机械必须达到配套要求，充分发挥机械效率。

对机械设备操作人员的资格进行认证，持证上岗。机械设备操作人员使用和维护好设备，保证设备的完好状态。

(5) 计量控制

计量人员按规定有效地控制计量器具的使用、保管维修和检验，确保施工过程有合格的计量器具，并监督计量过程的实施，保证计量准确。

(6) 工序控制

施工过程是由一系列相互关联与制约的工序所构成，工序是人、材料、机械设备、施工方法、环境和测量等因素对工程质量综合起作用的过程，所以对施工过程的质量监控，必须以工序质量监控为基础和核心，落实在各项工序的质量监控上。

施工过程中质量控制的主要工作是：以工序控制为核心，设置质量控制点，进行预控，严格质量检查和成品保护，并做到：

①严格要求施工人员按操作规程、作业指导书和技术交底的要求进行施工。

②工序的检验和试验应执行过程检验和试验规定，对查出的不合格部位，应按程序及时有效地处置。

③如实填写《施工日志》。

施工过程选择作为质量控制的对象是：

①施工过程中的关键工序或环节以及隐蔽工程，如钢筋混凝土结构中的钢筋绑扎。

②施工中的薄弱环节，或质量不稳定的工序、部位或对象。

③对后续工程施工或后续工序质量或安全有重大影响的工序、部位或对象，如模板的支撑与固定等。

④采用新技术、新工艺、新材料的部位或环节。

⑤施工上无足够把握的、施工条件困难的或技术难度大的工序或环节。

(7) 质量控制保证措施

为了保证质量控制目标的实现和质量控制程序的顺利实施，把质量控制责任落到实处，制定了质量控制技术的保证措施（表 5-1）。

质量控制技术保证措施工作表 **表 5-1**

序号	项 目	工 作 内 容	责任部门或责任人
1	井筒半径不小于设计要求	专人测量井筒半径尺寸	测量人员
		及时调整模板水平度	队技术员
		及时调整模板垂直度	队技术员
		定期校对井筒中心线	测量人员
2	井壁厚度达到质量标准	严格掌握掘进断面不欠挖	队技术员
		采用光面爆破	队技术员
		严格每模检查荒径，荒径不够不立模	队技术员
		实行班组交接班验收制度	队长、队技术员

续表

序号	项目	工作内容	责任部门或责任人
3	钢筋绑扎符合验收规范要求	保证使用合格的材料	经营组
		实行钢筋加工验收制度	质检员
		对钢筋实行分类编号	工程组
		按规格要求绑扎钢筋	工人
		实行钢筋绑扎工序验收制度	质检员
4	竣工后井筒涌水量不大于 $6m^3/h$	浇灌混凝土定人定位振捣密实	振捣工
		实行质量挂牌留名制度	施工队
		井筒竣工后进行一次井壁注浆	工程组
		井壁接茬采用斜茬刃脚模板	工程组
5	混凝土强度达到质量标准，严格掌控混凝土配合比	砂、石子、水泥严格采用配重计量	工程组
		定期检查计量装置，保证准确	工程组
		专人计量加入添加剂	工程组
		冬季砌壁时保证混凝土入模温度不低于15℃	技术人员
		搞好材料验收及时做好混凝土配比试验	材料员、质量工程师
6	混凝土表面质量符合质量要求	加强混凝土捣固	振捣工
		溜灰管下料在吊盘上二次搅拌	班组长
		浇筑混凝土前严格采用截导堵等措施，有效地处理井帮水	队长
		模板经常刷油	拆模工

(8) 施工检测

施工检测是检查井筒施工质量好坏的最有效的手段，是工程质量、安全管理体系中的重要一环。在井筒施工过程中，施工检测是经常反复甚至是每天都要做好的事情。

井筒十字中心线及井筒中心线的检测：根据矿区近井点、按5号导线的精度要求，布置5号导线，并按设计要求标定井筒十字线，建立十字基点，实测出各点坐标。井筒开挖后，在固定盘的井筒中心安装井中下线板，用细钢丝配垂球作为井筒施工的中心线。在井筒施工到相关硐室时，自地面下两根细钢丝至井底，采用摆动投点法进行初定向，以定向边来控制相关硐室施工的平面位置。

井筒施工中标高的检测：根据矿区内近点的标高，按四等水准仪的精度要求，将井筒的十字基点标高测出，以此作为沉降观测、井筒施工中标高传递的基准。在施工至井筒相关硐室时，将标高导至封口盘，再从封口盘下放一检定过的长钢尺，加上比长、拉力、温度、自重等的改正，将标高传递至相关硐室处，以便控制相关硐室的施工标高。

钢筋、水泥、添加剂、防水剂复检，砂、石含泥量、混凝土配合比检测：由建设单位指定的检测单位进行检测和配制。不合格产品严禁使用，严格按有关单位给定的配合比进行配制混凝土。

井壁混凝土强度检测：井深每隔20m～30m取一组（3块）规格为150×150×150mm立方体混凝土试块，在建设单位指定的检测单位的试验机上进行抗压强度检测。

井壁混凝土平整度的检测：采用2m直尺量测检查点上最大值，不得超过10mm。

井壁混凝土接茬的检测：采用直尺检查一模两端，接茬最大值不得超过 30mm。

井筒涌水量的检测：为满足每一个施工阶段的需要，必要时对井筒涌水量进行检测。采用容积法进行。

及时对以上的检测数据进行收集、记录和分析，输入计算机进行存储，作为指导我们施工的依据。施工检测详见表 5-2。

施工检测一览表 **表 5-2**

序号	检 测 项 目	检 测 手 段
1	井筒十字中心线及井筒中心线	5 号导线
2	标高	四等水准仪
3	钢筋，水泥，添加剂，防水剂复检，砂、石含泥量，混凝土配合比	建设单位指定的有资质检测单位进行
4	井壁混凝土强度	抗压强度试验机
5	井壁混凝土平整度	2m 直尺
6	井壁混凝土接茬	尺量
7	井筒涌水量	容积法

3. 竣工阶段质量控制

工程竣工后，由项目技术负责人报告业主和监理组织竣工验收。

项目部有关专业技术人员按编制竣工资料的要求收集、整理质量记录并按合同要求编制工程竣工文件，按规定移交。

在最终检验和试验合格后，项目部采取有效的防护措施，保证将符合要求的工程交付给顾客。

工程竣工验收完成后，项目部编制符合文明施工和环境保护要求的撤场计划，做到工完场清。

三、工程总结

按合同、设计图纸、验收规范和质量检验评定标准施工，是井筒工程质量控制的原则。重要的分项、分部工程和关键部位是井筒工程质量的两个重点。井筒工程重要的分项、分部工程是井壁的混凝土支护，关键部位是井筒与井底巷道的连接部分，现场管理、测量和试验是井筒工程质量控制的 3 个手段。

【案例 2】 含水不稳定岩层井筒临时支护施工

近年来，煤矿采用立井开拓方式的井筒越来越多，但在立井施工井筒涌水、不稳定岩层段的频繁出现，导致立井施工速度缓慢，施工难度加大。采用临时锚网喷和二次永久混凝土联合支护在应用于不稳定岩层段井筒施工中已不能满足要求。

一、工程概况

某煤矿采用主井、副井和回风立井的开拓方式，回风立井井筒累深 783.5m，净径 ϕ6m，普通法施工，现浇素混凝土单层井壁，壁厚 400mm，混凝土强度为 C30。该井筒的水文地质条件较为复杂，围岩以粉砂岩、砂岩为主，岩石孔隙发育中等，抗外力和抗变形能力一般，遇水易崩解，回风立井预计将穿过 14 个含水层，岩性以粉砂岩和砂岩为主，除位于井深 596.9～604.70m 和 609.50～625.0m 的两个含水层（分别为第 10、11 含水层，即2—1煤顶板含水段；预计涌水量分别为5～30m³/h、20～50m³/h）涌水较大外，其他含水层的涌水量均不超过10m³/h。

回风立井井筒穿越地层总体上工程地质条件较差，基岩段围岩以粉砂岩和砂岩为主，岩石饱和抗压强度远小于自然状态或干燥状态下的抗压强度，软化系数普遍小于0.75，为遇水易崩解的岩石。

回风立井602.4～635.7m位于直罗组下部，以厚层状的灰白、黄褐或浅红色含砾粗粒石英长石砂岩（七里镇砂岩）为主，岩石孔隙中等发育，抗外力和抗变形能力一般，遇水易软化、崩解，工程地质性质较差。

井筒掘至600m位置涌水量增大，岩石遇水泥化、岩石不稳定，片帮严重，一次片帮量最多达110m³，本井筒含水层岩石累计厚度达33.3m（累深602.4～635.7m），目前尚无此不稳定岩层段井筒施工经验、技术难度大。我们最初采用锚网喷做临时支护，但此段岩石松软、岩石片帮量大，同时井壁淋水较大，喷浆回弹率大、上墙率极低；给职工造成很大的劳动强度和安全隐患，且材料也有很大浪费。

为确保在安全的前提下快速完成井筒掘砌工作，经过研究和论述，为确保既能快速施工又能保证井筒的浇筑质量，决定采用柔模辅助施工方案。

二、施工工艺

采用分区对称刷帮、施工柔模混凝土工艺，在井筒含水不稳定岩层中采用锚网与柔性模板浇筑混凝土联合支护作为临时支护，有效的控制片帮，确保施工安全，保证工程质量。

井筒含水不稳定岩层中采用柔模混凝土临时支护施工工法的工艺流程：局部开挖→施工防水布→打锚杆挂网→连接纵向钢管→挂模→铺设内层钢筋网→灌注混凝土→形成整体（一圈）混凝土。

该工艺涉及防水布锚网施工、第一模柔模施工、第二模及以下柔模施工、柔模浇筑等几个方面。

1. 防水布锚网施工

先将井筒局部挖出长2m，段高1.2m的荒壁，然后沿荒井帮整体铺设防水布（将防水布用水泥钉钉在井帮上），最后打锚杆挂网，钢筋网紧贴防水布铺设，锚杆间排距2000mm×1000mm（锚深1000mm），钢筋网规格为2200mm×1200mm，搭接为100mm，用铁丝绑扎，防水布、钢筋网作为临时支护可防止岩壁土体滑移从而影响柔模混凝土浇筑厚度。

2. 第一模柔模施工

采用锚杆悬挂柔模；第一模柔模的井壁锚杆施工时锚杆外露长度为300mm，首先将柔模挂设在锚杆上（第一块柔模布上四个角预留有锚杆通过孔），然后在柔模竖向内植入钢管（1寸），钢管下端外露100mm埋入底部岩石中，柔模挂设好后，在柔模内侧铺设钢筋网挂在锚杆上，钢筋网通过托盘螺母固定（钢筋网搭接为100mm，用铁丝绑扎）；每个柔模布上横向布置4个连接孔、纵向布置两个连接孔，上下、左右相邻的两个模通过连接孔用连接筋连接。

3. 第二模及以下柔模施工

将钢管通过接头与上模外露的钢管连接（每模柔模最下端保证钢管外露100mm，直接插在岩石中），将柔模穿过钢管，将丝杠固定在钢管接头上，柔模通过丝杠悬挂，柔模挂设好后，在柔模内侧铺设钢筋网挂在丝杠上，钢筋网通过托盘螺母固定（钢筋网搭接为100mm，用铁丝绑扎）；柔模布上横向布置4个连接孔、纵向布置两个连接孔，上下、左右相邻的两模用连接筋连接。

4. 柔模浇筑

局部灌注混凝土，通过溜灰管将地面拌好的湿料溜入柔模内（柔模布外侧边缘处设上下两浇筑口，浇筑顺序自下至上），依次对柔模进行支护，最后在井壁周边形成一圈混凝土。一圈混凝土形成后，按同样步骤进行下两段柔模的浇筑，三段柔模混凝土浇筑成3.6m后，移动钢模板，进行二次永久浇筑。如图5-3～图5-6所示。

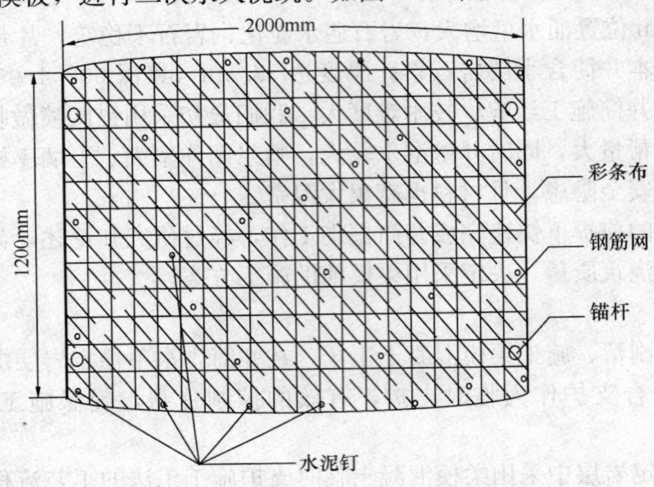

图5-3 防水布、锚杆网施工平面示意图

三、施工效果分析

因围岩强度低，为使开挖尽可能减少对围岩平衡造成的破坏，围岩尽最大可能只承受自身应力，现场实践验算，确定采用局部分段开挖浇筑，每开挖宽2m、高1.2m及时进行柔模局部浇筑，使柔模紧贴围岩抑制围岩侧应力加大，有效的保证了围岩的相对稳定状态，维持围岩平衡。

为防止岩壁土体滑移影响柔模浇筑混凝土厚度，局部开挖后铺设防水布打锚杆挂网（沿井帮钉上防水布，然后打锚杆挂网）做临时支护。第一模采用水平锚杆悬挂柔模，浇筑混凝土前在柔模竖向内植入钢管（1寸），钢管下端外露100mm。第二模以下柔模采用钢管上的短丝杠悬挂固定，下模钢管通过连接头与上模预留钢管连接，先将柔模穿过钢管，然后将短丝杠固定在管接头处，随后将柔模挂在丝杠上；最后柔模外侧挂设钢筋网，通过托盘螺母固定。通过这样一系列措施，有效的保证了柔模的顺利施工。

根据围岩情况合理布置柔模数量，有效控制井壁岩石片帮量，减少了混凝土充填，确保井壁科学合理的厚度，及时观测调整、控制井壁与围岩摩擦力保障了井筒整体稳定性。

四、施工总结

该技术通过在不稳定岩层井筒中成功应用，施工中创造出了良好成绩，梅花井煤矿回风立井劳动组织采用综合施工队形式，井下实行四个专业化班制作业，地面辅助人员采用“三·八”制作业，同时设立各个包机组进行设备的检修工作；在柔模技术应用前，由于井筒涌水较大，增大了混凝土的浇筑难度，井下四个班组之间循环较慢，地面辅助人员设

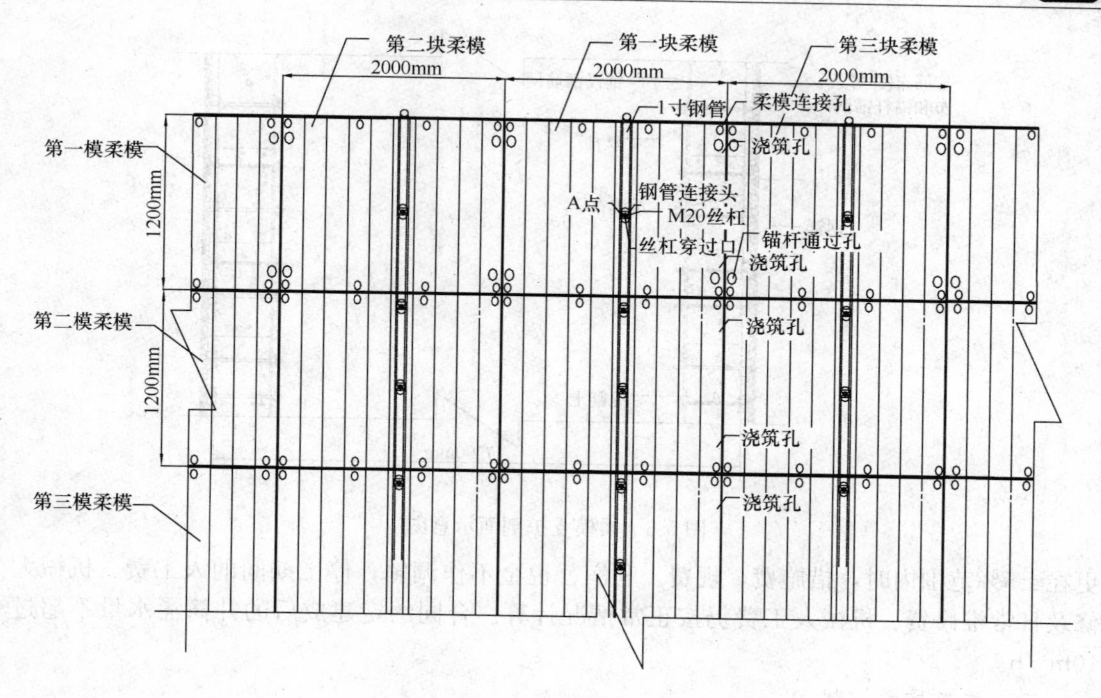

图 5-4　柔模施工平面图

备维修难度增大，各班组之间施工循环，同时更使得井筒的排水压力加大，也无法保证施工质量。该煤矿回风立井井筒含水层段采用柔模技术施工后，大大地缩短了各班组之间的循环时间。

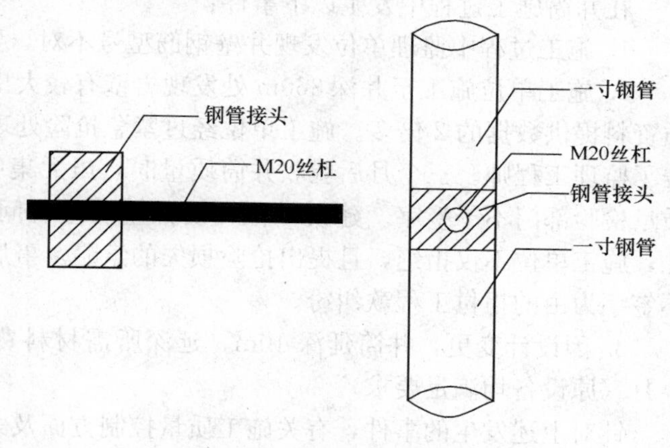

图 5-5　A点放大图

柔模技术应用于该煤矿回风立井含水层共历时 14 天，成井 33.3m，施工柔模 28 圈，控制片帮量 630m³，安全率达 100%。施工后含水层段涌水量 3.6m³/h，实践证明采用柔模施工含水层不稳定岩层是经济可行的。此技术在不稳定岩层井筒中应用解决了在涌水量大地质岩性差的情况下安全快速高质量的施工难题，优化了劳动组织管理，解除了多种安全隐患，提高了施工速度，降低了生产成本，减少了设备的租赁费用和人工费用，确保了安全生产。

【案例 3】 立井井筒施工质量控制

一、工程简介

某施工单位承建一立井井筒工程，井筒直径为 5.5m，井筒全深 550m，采用普通法施工。按我国现行建筑安装工程费用项目构成的合同总价为 3000 万元。部分费用约定如下：人工费 780 万元，材料费 600 万元，机械费 630 万，税金 120 万元，利润 150 万元，措施费 210 万元，规费 210 万元，工期 15 个月。其中应建设单位要求，合同还规定工程量变

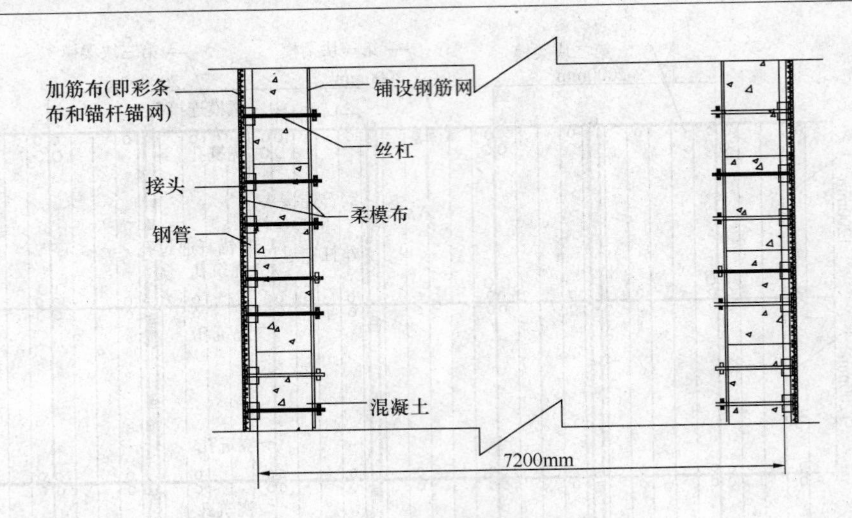

图 5-6 柔模支护剖面示意图

更在±5%范围内时，措施费、规费、利润、税金不作调整；停工期间的人工费、机械大修及日常维修费、机械人工费仍按正常情况计算。合同约定建成后的井筒涌水量不超过 $10m^3/h$。

二、施工质量控制

在井筒施工过程中发生以下事件：

1. 施工过程中监理单位发现井壁钢筋型号不对，要求施工单位立即停止施工。

2. 施工单位施工至井深 360m 处发现岩壁有较大出水点，且井筒涌水量突然超过原地质资料提供数据的 2 倍多。施工单位经过紧急抢险处理后才完成混凝土浇筑工作，然后报告了监理工程师。三个月后验收井筒质量时，虽无集中出水，但井筒涌水量达到 $8m^3/h$。质量检验部门不予签字。建设单位怀疑井壁质量有问题强行要求在 360m 处取芯打检查孔，施工单位不仅拒绝，且提出抢险损失的索赔。事后还引起了建设单位以质量检验部门不签字为由的拒付工程款纠纷。

3. 因设计变更，井筒延深 10m。延深所需材料费 7 万元，人工费 8 万元，工期 0.2 个月（原设备均满足要求）。

针对上述发生的事件，有关施工质量控制方面及索赔管理的主要工作包括：

1. 针对 1，监理单位的要求合理。井壁钢筋隐蔽工程验收的要点是：

（1）按施工图核查纵向受力钢筋，检查钢筋品种、直径、数量、位置、间距、形状；

（2）检查混凝土保护层厚度，构造钢筋是否符合构造要求；

（3）钢筋锚固长度，钢筋加密区及加密间距；

（4）检查钢筋接头：如绑扎搭接要检查搭接长度，接头位置和数量（错开长度、接头百分率）；焊接接头或机械连接要检查外观质量、取样试件力学性能试验是否达到要求，接头位置（相互错开）数量（接头百分率）。

有关工序质量控制的内容主要有：

（1）制定工序质量控制的计划；

（2）严格遵守施工工艺规程；

（3）主动控制工序活动条件的质量；

(4) 及时检查工序活动效果的质量；

(5) 设置工序质量控制点。

2. 针对事件2，质量检验单位不予签字认可是正确的，因为合同的井筒涌水量要求不符合强制性标准的 $6m^3/h$ 要求。

在本事件中，施工单位按建成后井筒涌水量不超过 $10m^3/h$ 的合同要求组织施工是不正确的。由于该立井采用普通法施工，且井深没有超过600m，因此施工单位应在合同签订前明确向建设单位提出矿山建设强制性标准的性质及其 $6m^3/h$ 要求，并在投标书中提出相应的施工技术措施，工程费用和工期要求。如中标，应按投标书的 $6m^3/h$ 签订合同。

在本事件中，建设单位怀疑井壁质量有问题强行要求取芯打检查孔，施工单位拒绝的做法不合理。当建设单位对施工质量提出疑问要求检查时，施工单位不得拒绝。取芯的结果如果不符合设计要求，费用由施工单位承担，并承担维修费用；如果取芯结果符合设计要求，应由建设单位承担相应费用，如对原结构产生破坏，维修费用也由建设单位承担。

在本事件中，施工单位提出索赔的要求是合理的。正确的索赔做法是应对突然涌水的岩壁出水点和井筒涌水进行测量，并由监理工程师对出水处理工作签证，因工程索赔内容属隐蔽工程，则应在浇筑混凝土前经监理工程师检查合格并签证。然后在限定时间内向建设单位提出索赔意向，并在规定时间内准备全部资料正式提出索赔报告。

对于施工单位签署了违反工程建设标准强制性条文的合同并照此施工。强制条文规定普通法施工的立井井筒，井深不超过600m的，涌水量不得超过 $6m^3/h$。合同中规定涌水量为 $10m^3/h$ 违反了建设标准强制性条文。

3. 针对事件3，按建筑安装工程费用项目组成，该工程背景中还有一项重要费用即企业管理费没有列出，该项费用数额为：$3000-780-600-120-150-210-210-630=300$ 万元。

针对井筒延深10m，增加的费用包括：

(1) 材料费：7万元；

(2) 人工费：8万元；

(3) 施工机械使用费：$630/15\times0.2=8.4$ 万元；

(4) 企业管理费：$300/15\times0.2=4$ 万元。

合同价格应增加费用 $7+8+8.4+4=27.4$ 万元。

【案例4】 巷道施工质量控制

一、工程概况

某煤矿井田采取综合开拓方式，主、副井为斜井，进风井、回风井为立井。现招标+400水平运输大巷工程，大巷全长2300m，采用锚网喷支护，合同约定前期500m巷道由于副斜井与井底车场没有贯通，要通过进风井罐笼提升（采用炮掘），剩余1800m等副斜井与井底车场贯通后由防爆胶轮车通过副斜井运输（采用综掘）。要求炮掘每月不得少于100m，综掘每月不得少于200m。要求工期为425日历天。经过招标某施工单位中标，合同约定业主将对工期进行考核。施工单位若未在合同约定的工期内完成全部施工任务（含工程质量问题引进的工程返修、修整及施工设备回撤等），施工单位向业主支付逾期完工违约金10000元/天，因施工进度未按施工进度计划完成总工期目标而引起的业主损失由承包商承担。工程完工工期比合同约定工期提前业主没有针对施工单位的奖励。

施工单位从 2011 年 2 月 1 日开始进场施工采取施工方法为前期 500m 长巷道采取 STB-180 型扒渣机配合 1t 矿车及 5t 蓄电池式电机车运输。剩余 1800m 采用 EBZ-200 型综掘机掘进，配合防爆胶轮车运输，经过 435 天后经竣工验收合格。

在施工工程中发生以下事件：

1. 由于其他单位施工的副斜井贯通时间比计划推迟了 15 天，致使综掘机安装时间比计划推迟 15 天。

2. 施工 4 个月后抽查巷道质量检验记录发现，巷道施工的锚杆数量、锚固力、间排距、布置方向以及喷射混凝土强度、厚度等检查内容均合格。但直观检查发现，局部有严重变形，喷射混凝土离层剥落，锚杆托板松动（部分在工作面附近位置），且喷层普遍不平整等现象。用 1m 靠尺测量，最大凹凸量达 320mm。现怀疑锚杆锚固力不足，抽查检验了 20 根锚杆锚固力，测得结果见表 5-3。

巷道施工锚杆锚固力检验记录　　**表 5-3**

锚固力（kN）分组	统计组数							锚固力（kN）			
	≤69.9	70—73.9	74—77.9	78—81.9	82—85.9	86—90.9	≥91	最小值	最大值	平均值	标准差
分组排序	1	2	3	4	5	6	7	68	104	83	6
西大巷	1	4	3	4	2	4	2				

3. 施工到 10 个月时迎头施工经常出现垮落现象，且迎头向后 30m 范围内喷体开裂，顶板下沉。经勘查发现顶板以上 700～1700mm 范围内为泥岩，锚杆长度为 1800mm 达不到有效支护。矿方下发变更通知单将原来锚杆型号由 $\phi18\times1800$mm，间排距为 800mm×800mm，变更为锚杆型号为 $\phi20\times2200$mm，锚杆间排距为 700mm×700mm。

4. 矿方由于改变供电线路，需要停电，停电过程中迎头停止施工。累计停工时间为 48 小时。

二、巷道施工质量要求

1. 基岩掘进断面规格允许偏差应符合规范要求。
2. 巷道净宽：中心线至任何一帮距离不小于设计＋150mm。
3. 巷道净高：腰线上、下不小于设计规定的＋150mm。
4. 喷射混凝土所用水泥、水、骨料、外加剂的质量应符合施工组织设计要求。
5. 喷射混凝土的配合比和外加剂的掺量应符合现行国家标准。
6. 喷射混凝土的抗压强度应符合有关规定。
7. 喷射混凝土厚度必须全部达到设计要求，局部不小于设计值的 90%。
8. 锚杆的杆体及配件的材质、品种、规格、强度必须符合设计要求。
9. 锚固剂的材质、规格、配比、性能必须符合设计要求，锚杆安装应牢固，托盘紧贴壁面、不松动，锚杆的拧紧扭矩不得小于 100N·m。
10. 锚杆的抗拔力最低值不得小于设计值 90%。
11. 锚杆的间距、排距的允许偏差为±100mm。
12. 锚杆孔的深度允许偏差应为 0～50mm。
13. 锚杆布置必须符合设计规定，锚杆与巷道轮廓线的角度不小于 75°。

14. 锚杆外露长度不应大于50mm。

三、巷道施工索赔管理

1. 由于合同约定前500m使用炮掘施工，工期要求5个月，因副斜井贯通时间比合同时间延迟15天，特要求工期索赔15天。

2. 由于设计变更，锚杆间排距由800mm×800mm改为700mm×700mm。全长100m，共多施工锚杆500根，墙体锚杆数量占巷道整体锚杆数量的二分之一。

工期索赔：100÷200×30×(4500÷4000)×(2500÷1800)−100÷200×30≈8.5天

3. 由于停电工期索赔：2天

工期索赔为15+8.5+2=25.5天。

综合以上情况，施工单位工期索赔要求为15−(15÷30×100)÷200×30=7.5天。

四、巷道施工质量管理

该巷道施工锚杆拉拔力直方图如图5-7所示。

锚固力施工的工序能力指标为：

$$工序能力指数 C_p = \frac{最大值 - 最小值}{6 \times 标准差}$$

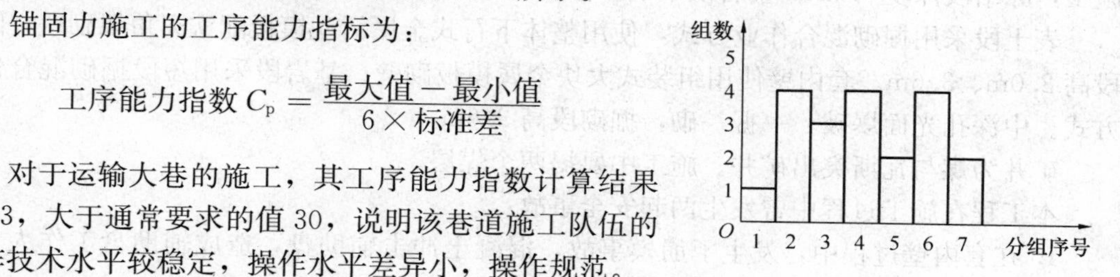

图5-7　巷道施工锚杆拉拔力直方图

对于运输大巷的施工，其工序能力指数计算结果为33，大于通常要求的值30，说明该巷道施工队伍的操作技术水平较稳定，操作水平差异小，操作规范。

对于巷道施工来讲，质量控制的原则是：质量控制本着坚持质量第一，坚持以人为核心，坚持预防为主和坚持质量标准的原则，保证工程质量合格。质量控制的依据如下：

1. 工程施工合同文件；
2. 施工组织设计；
3. 施工图纸；
4. 井巷工程施工验收规范；
5. 有关材料及制品质量技术文件；
6. 各种国家及行业标准；
7. 工程项目检验及质量评定标准；
8. 控制施工工序质量等方面的技术规范等。

影响巷道施工质量的影响因素及控制措施主要包括：

1. 对人的质量控制

在工程质量形成的过程中，认识决定性的因素，诸如管理者的资质，施工单位的资质、操作者的素质等，都会对工程质量造成影响。

2. 对材料的质量控制

材料质量控制的要点是：订货前样品检验，材料的出厂合格证检验，材料的质量抽查，材料鉴定的抽样，半成品的检验，材料的配合比及试验等。

3. 对机械的质量控制

4. 对施工方法的质量控制

施工方法是否正确，将直接影响工程质量、进度和造价，关系着项目控制目标能否顺利实现。

5. 对环境的质量控制

包括工程技术环境、工程管理环境、工程劳动环境。

5.3　井巷施工安全控制案例

【案例 1】 立井井筒施工安全管理

一、工程概况

某矿井设计生产能力 5.0Mt/a，主、副、风三井同在一个工厂内，采用立井开拓方式，覆盖于煤系地层之上的新生界松散层较厚。

其主井井筒净径 7.5m，全深 980m，表土厚度 430m。表土及基岩风化带采用冻结法施工，冻结段深度 570m；基岩段采取工作面地面预注浆防治水措施后，采用钻爆法施工。

表土段采用掘砌混合作业方式，使用整体下行式金属活动模板配铁刃角架砌壁，固定段高 2.0m、3.6m。套内壁使用组装式大块金属模板砌壁；基岩段采用短段掘砌混合作业方式。中深孔光面爆破，一掘一砌，掘砌段高 3.6m。

矿井为煤与瓦斯突出矿井。施工中要揭两个煤层。

本工程在施工过程中曾发生两起安全事故：

1. 在套内壁过程中，发生了崩模事故，混凝土冲击辅助盘，造成辅助盘工作人员两人坠入井底。

2. 在冻结段进行夹层注浆时，内壁厚度为 500mm，当打钻钻进 500mm 时，发生了透水，造成淹井事故。据事后分析，该钻孔正好位于外壁接茬处，钻透内壁后钻孔直接与流沙沟通所致。

二、防突措施与防治水原则

1. 煤矿“四位一体”的内容是：

(1) 突出危险性预测。

(2) 防治突出措施。

(3) 防治突出措施效果检验。

(4) 安全防护措施。

2. 防治水工作原则和措施是：

防治水工作应当坚持预测预报、有疑必探、先探后掘、先治后采的原则，采取防、堵、疏、排、截的综合治理措施。

三、立井套内壁崩模事故的预防

1. 模板强度必须经过精确计算，模板质量必须严格把关，以保证满足规范要求。

2. 混凝土必须严格按照设计配合比，选用合格的材料，特别是加强外加剂和水的准确计量的管理。

3. 模板设计时应考虑互换性，两块接头板拼装后应和其他模板尺寸及螺孔一致，立模时模板缝上下错开，接头板每次以 90°错开。

4. 禁止外部水源进入混凝土：采用溜灰管下料时，冲洗溜灰管水严禁进入模内。冻结井套内壁除霜时，要对已浇混凝土进行覆盖。非冻结井套内壁，如有淋水，应隔段在工作面上方 30m 以内设置截水槽。

5. 禁止多模同时浇筑。

6. 计划任务要安排合理，在施工措施中明确并严格执行。

7. 混凝土浇筑及振捣的过程中，应设专人观察下部模板是否变形，特别是第三、四、五节模板。

8. 辅助盘工作人员必须佩戴保险带，保险带生根点必须独立于辅助盘，而生根于永久吊盘。

9. 模板立模时所有扣件必须上齐，并设专人进行检查管理。

四、主要教训

1. 施工外壁时，接茬应尽可能密实。特别是沙层位置。

2. 布置钻孔应根据施工记录，避开外壁接茬位置。

3. 钻孔时应留 50～100mm 不穿透内壁。待安装孔口管后，再使用小钻头穿透内壁。

【案例 2】 立井井筒瓦斯抽放及注浆综合揭煤

一、工程概况

某矿北翼回风井为矿通风系统改造项目井，采用普通钻爆法施工，回风井井筒于 2007 年 1 月 18 日开始施工。风井工业广场距离中央副立井约 6.5km，地面标高＋1014m。回风井筒设计深度 583m，井筒直径 ϕ7.0m，表土段井筒支护为钢筋混凝土，基岩段为素混凝土支护，混凝土厚度 500～800mm。

井田主要含煤地层为石炭系上统太原组和二叠系下统山西组，含煤地层总厚 157.02m，共含煤 17 层，煤层总厚 19.42m，其中可采煤层总厚 15.4m。山西组可采煤层有 2、3、4、5 号煤层，太原组有 6、8、9、10 号煤层。主采层 4 号煤层，层理和节理较为发育。

根据地质报告提供的各煤层瓦斯含量资料和矿井瓦斯含量、涌出量的测试研究报告，该风井位置地质构造简单，为宽缓背斜一翼，倾角 7°～12°，倾向西南向。附近未发现断层构造。

根据检查孔采样分析成果，3＋4 号煤瓦斯含量为 7.86ml/g，其中 CH4 成分占 83.86％；5 号煤瓦斯含量为 7.52ml/g，其中 CH4 成分占 85.55％，属沼气带。

根据相关文件的批复，该矿井绝对瓦斯涌出量为 225.15m^3/min，矿井相对瓦斯涌出量为 52.12m^3/min，为煤与瓦斯突出矿井，4 号煤层为突出煤层。5 号煤层瓦斯含量较大，瓦斯压力高，该矿将 5 号煤层按突出煤层管理。

二、揭煤总体方案制定

该风井井筒揭煤从安全技术观点来看，主要特点是井筒揭穿的煤层层数多、煤层厚度相差大、煤与瓦斯突出危险性大、井壁淋水及钻孔涌水量大等。

总体方案制定主要考虑安全性原则和根除突出危险性原则。为确保井筒施工的安全，不允许直接采取诱导突出的技术措施。为了防止井口瓦斯超限，采用预先抽、排瓦斯技术，控制瓦斯涌出，自动检测，人工检查瓦斯浓度。加大送风量，尽量减少瓦斯相对含量。消除突出危险的范围，对于沙曲矿的 3＋4 号及 5 号煤层，井筒掘进断面外的宽度不得小于 5m。

在保证绝对安全的前提下，尽量缩短揭煤工期，我们根据各个煤层特点按如下方案进行揭煤管理。

1. 1号、2号煤层揭煤方案

1号、2号煤层厚度分别预测为0.2m、0.4m，两层煤间隔9.68m，按突出煤层管理。本设计采取对该两组煤进行一次超前打钻联合探煤工序。在井筒施工距1号煤层法距10m时，打2个超前钻孔，1号煤层和2号煤层应采用取芯钻，分别取样，探明煤层准确位置、厚度和地质构造，在确定无地质构造的情况下，采用远距离震动爆破揭穿各煤层。

2. 3＋4号、5号煤层揭煤方案

3＋4号煤层和5号煤层的煤厚分别为4.43m、4.38m，由于3＋4号煤层离5号煤层较近，间隔3.6m，因此将揭3＋4号、5号煤作为一次性设计，采取对该两组煤进行一次超前打钻联合探煤，分煤层超前打钻测定各煤层瓦斯压力的施工方案，但3＋4号煤层和5号煤层应分别采用取芯钻采取煤样，并采用综合指标瓦斯压力和D、K值法预测各煤层突出危险程度。以煤炭科学研究总院抚顺分院本次对煤层参数测定和分析结果为依据，决定是否采取瓦斯抽放或瓦斯排放措施，经措施效果检验符合要求后，分煤层采用放震动炮揭穿各煤层，在揭透3＋4号煤层后，再掘1.5m（保持与5号煤层岩柱厚度大于2m），重新打炸药孔采用放震动炮揭穿5号煤层。

3. 6号上煤层揭煤方案

6号上煤层煤厚0.5m，按突出煤层管理，揭煤前需提前探煤和测定煤层压力。6号上煤层煤厚薄，将探煤孔兼作测压孔一同设计，经瓦斯排放各项指标符合要求后，采取震动炮一次揭穿煤层。

三、瓦斯抽放施工

根据该矿瓦斯参数测定及分析结果，抽放钻孔范围应在煤层（底板位置）距井筒荒径以外5m范围，抽放有效半径为2.5～3.0m。按照抽放范围由各煤层距井筒荒径外5m处、钻孔终孔间距不大于4m的原则，合理均匀布置抽放孔，钻孔直径90mm。回风井井筒荒直径8m，抽放钻孔具体设计要求及参数如下：

1. 5号煤抽放孔32个，终孔深度为穿过5号煤底板0.5m；

2. 3＋4号煤抽放孔49个，除上述32个钻孔穿过3＋4号煤与5号煤联合抽放瓦斯外，对3＋4号煤另增加1圈外圈孔，终孔深度为穿过4号煤底板0.5m；外圈孔终孔圈径18m，开孔圈径7.0m，孔数17个，终孔间距约3.3m。

钻孔施工采用DZ－100潜孔钻机，钻孔直径90mm，后改为ZWY62/90型矿用移动泵（两台，一台工作，一台备用），该泵的优点是性能稳定，使用方便。

该回风井从9月17日开始施工抽放孔，至11月6日止停止抽放，总抽、排瓦斯量52275m^3，实际抽排放率约49.1％。

四、防突措施效果检验

回风井10月22日停止抽放，施工效果检验孔，进行防突措施效果检验。用钻机分别对3＋4号煤、5号煤打效果检验孔，测定煤层瓦斯压力和Δh_2值，施工4个测压钻孔作为检验孔，打钻采用DZ-100型钻机，孔径ϕ＝90mm，钻孔穿透煤层并进入煤层底板不小于500mm。检验孔位于抽放孔之间，为保证测压效果，测压孔距抽放孔之间距离不小于1m，其终孔位置距井筒荒断面轮廓线外2～4m处。

由防突措施效果检验结果显示：①3＋4号和5号残存瓦斯压力P残＜0.74MPa；②

钻屑瓦斯解吸指标法 Δh_2（湿煤）＜160Pa；经效果检验两项指标均在临界值内，防突措施有效。

五、煤体注浆加固封堵技术

当抽放达到规定要求后，为安全、尽快揭过煤层，合理解决煤体松软、煤层外围瓦斯压力影响的问题，利用注浆泵通过最外两圈抽放钻孔对3+4号和5号煤层进行高压注浆。为提高封闭圈的强度，封孔、注浆前，在孔内预埋钢筋。

注浆后，发现抽放孔范围以外的校检孔显示的瓦斯压力比注浆前有所升高，而抽放孔范围以内的校检孔显示的瓦斯压力比注浆前则有所下降，说明注浆对封堵外围瓦斯有效，大大降低外围瓦斯压力对揭煤的安全威胁程度。

六、揭煤震动爆破

瓦斯抽放经效果检验确认防突措施有效后，先正常掘进一炮，当放炮掘进至3+4号煤层上覆岩柱2m处，开始采取震动放炮，每循环爆破进尺3.8m。第一次揭露3+4号煤厚度为1.8m，剩余部分（2.7m）仍采用震动放炮揭至3+4号煤底板1.1m处。至此，工作面距5号煤层2.5m，再按上述办法放震动炮揭过5号煤层。

自3+4号煤层上覆岩柱2m起按上述放炮步骤至5号煤层底板处，累计深度14.5m，按每循环爆破进尺3.8m，分4个循环揭过3+4号和5号煤层。

回风井于2007年11月17日中班揭3+4号煤层，揭露煤层1.3～2.0m，瓦斯传感器显示炮后井筒回风流中瓦斯浓度为1.46%，放炮30min后，瓦斯浓度降到0.5%；放炮24h后，经检查、分析确认安全后，清理出矸，采取临时支护和永久支护。揭露5号煤层时的瓦斯浓度为1.58%。共通过4个循环震动爆破，至11月26日，安全揭过5号煤层。

通过对该回风井井筒3+4号和5号煤层采取的联合瓦斯抽放、煤体注浆加固、震动爆破分层揭煤等防突手段，消除了煤层突出危险性，从而保证了两个井筒揭煤工作的进度和安全，按计划完成了本项目任务。

【案例3】 巷道施工揭露断层安全管理

一、工程概况

某煤矿南翼胶带机大巷，2009年揭露断层后，由于该断层地压大、地温高、岩性极为破碎，掘进和支护十分困难，施工前，矿方已对巷道进行了地面预注浆、超前导硐、注浆加固等施工。由于地面预注浆挤压以及本身上部松散岩体的自重产生以下变化：

1. 巷道内的岩体发生蠕动，而使巷道内的实体揭露的煤体与预想的剖面差异较大。从现已揭露的情况分析，未掘进段内的松散岩体已蠕动。

2. 由于注浆封堵和挤压作用，可能存在大量的煤包、瓦斯包、水包以及煤、瓦斯、水的混合包体。

根据实测资料、三维地震勘探资料、前探资料、钻孔资料分析，掘进过程中不会揭露大的地质构造，本次掘进段处于两个断层之间，小断层及构造异常发育。两个断层影响带内岩石破碎，泥化，崩解。遇水泥化，巷道变形大，巷道难以支护、变形、底鼓严重。水文地质条件、工程地质条件、瓦斯地质条件复杂。受断层影响，岩层产状变化较大，对掘进会产生很大影响。

为了顺利通过该断层，首先施工护棚开拓钻场，再采用跟管钻进全圆管棚施工方法来掩护掘进施工，随后架设全封闭36U型钢支架以及预制钢板高强度混凝土管片。

二、巷道过断层破碎带安全管理

1. 巷道过断层破碎带施工的原则

（1）首先探明断层是否含水。

（2）根据工程类别、岩层条件和施工方法选择合理的临时支护形式，并在作业规程中规定。

（3）确保巷道顶板自身的稳定性是巷道施工本质安全的关键。

（4）掘进循环段长应能满足顶板岩石具有自稳能力；否则应缩小掘进段长。

（5）采取缩短掘进段长措施顶板岩石仍没有自稳能力的，应采取超前支护措施。

（6）采取超前支护无效的，应采取工作面预注浆进行加固处理。

2. 巷道过断层破碎带控制冒顶事故的安全管理措施

（1）必须使用临时支护，临时支护必须安装牢固，材质和数量符合作业规程规定。

（2）放炮后及时进行敲帮问顶，找净危岩、活矸的，在支护完成前安排专人随时对顶板进行观察。

（3）有复合支护的巷道在复合支护完成前应进行变形监测并记录。

（4）永久支护距工作面距离应符合规程、措施规定；支护失效立即采取有效控制措施。

（5）架棚支护时应按设计使用拉杆，顶帮接实背紧。

【案例 4】 巷道施工冒顶事故处理

一、工程概况

某矿井按地质构造复杂程度属中等，矿井地质条件分类为Ⅱ类矿井。主采煤层为侏罗纪中统下段 2-1 煤和 2-3 煤，2-1 煤层厚 0～9.09m，2-3 煤层厚 0～25.16m，煤层硬度系数 $f=1\sim2$。2-1 煤和 2-3 煤直接顶为泥岩，底板为泥岩、砂岩及砂质泥岩。矿井为单一盘区集中生产，采用走向长壁倾斜分层后退式综合机械化采煤，自然垮落管理顶板。采面上下巷一分层均采用全断面锚网梁、锚索支护技术，已有近 8 年的煤巷锚网支护经验。

该矿井 2116 工作面为 21 盘区西翼自上而下的第 8 个工作面，上临 2114 采空区，下为 2118 未采区，西为以 F3 断层划分的井田边界，东为 21 盘区下山煤柱。该面走向长度 1755m，可采长度 1545m，倾斜长 161m。回采 2-3 煤一分层，2-3 煤在工作面中部分叉为 2-1 煤和 2-3 煤，工作面分叉区域采 2-1 煤，合并区采 2-3 煤一分层。2116 工作面上下巷均采用锚网梁（索）支护，沿顶板掘进。断面呈斜顶梯形，巷高 2.8m（巷中心高），巷宽 4.2m。顶铺金属网配 4.2m“W”钢带，每根钢带施工 6 根 $\phi22\times2250$mm 螺纹钢锚杆，每根锚杆配 CK2390 树脂药卷 1 卷，带距 0.7m。两帮施工 $\phi18\times2000$mm 钢筋锚杆，锚杆锚固端为麻花状，每根锚杆配 CK3550 药卷 1 卷，锚杆间排距 0.7m×0.7m。帮挂塑料网，上下帮各施工 6 根、5 根锚杆。锚索采用 $\phi15.24$mm 低松弛钢绞线，长 8m，外露 0.3m，配 1m 工字钢梁，锚索顺巷道布置 2 排，间排距为 1.5m×1.5m。该工作面 2003 年 11 月开始掘进，2004 年 9 月进行回采。

二、巷道冒顶事故情况

2005 年 10 月该面回采至距切眼 670m 处，在 2116 下巷（转载机前）距工作面前 35m 处 1008～987 号钢带发生冒顶。随后自 990 号钢带下帮泵坑处开始由外向里顶板急剧下沉冒落，冒顶长度 18m，高 3.4～4m，宽 4～6m，巷道堵塞，无法过人，但仍能通风。所幸人员撤离及时，没有发生人员伤亡事故，见图 5-8。

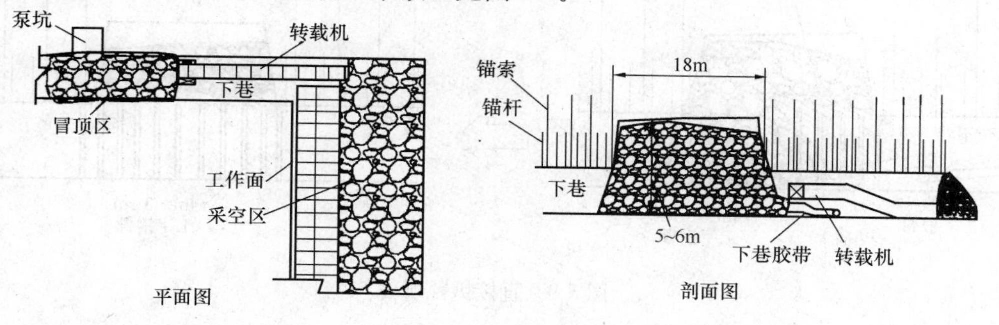

图 5-8 冒顶区示意图

三、巷道冒顶原因分析

冒顶事故处理后，经现场勘察巷道冒顶长度 18m（共 22 带），高 3.4～4m、宽 4～6m，呈长条形冒顶，冒顶高度超过顶锚杆锚固范围，但在锚索锚固范围之内，锚索多为拉断。经分析，冒顶发生有以下原因：

(1) 工作面推进至 2-1 煤与 2-3 煤合并带，顶板破碎、压力大，工作面推进慢，超前压力增大。

(2) 该段巷道在掘进期间由于处于合并影响区巷道片帮严重，巷宽达 6m 左右（正常巷宽 4.2～4.5m）。工作面回采后该段巷道压力大，两帮变形严重，先后安排服务区队进行过 2 次扩帮，超宽处打木点柱加固。巷道顶板受多次修护及采动影响，完整性差。

(3) 由于工作面积水，在巷道下帮 990 号带处开挖泵坑，泵坑开口十字头加固不牢，使巷道跨度进一步增大。

(4) 超前支护长度不够，加强质量差。超宽处未加强支护。

(5) 顶板有一弱含水层，受采动影响后顺顶板裂隙流下，影响了锚杆锚固力。

总体分析可知，巷道支护质量不符合要求，没有考虑到采动影响的严重性；同时支护质量差，不符合要求。

四、巷道冒顶处理

1. 处理方案的选择

巷道冒顶事故发生后，矿方立即成立了抢险救灾指挥部，组织有关部门研究冒顶处理方案。经研究决定掐开下巷胶带，加铺 1 部 40t 输送机出矸，同时提出了 2 种处理冒顶方案。

方案Ⅰ，直接扒冒顶法。采用撞楔法处理冒顶，架设 4.0m×3.1m（梁×腿）工字钢梯形棚，棚距 0.6m。边加固边处理，出矸架棚同时进行，强行通过冒顶区，见图 5-9。

该方案优点是直接控制顶板，出矸量少；但缺点是冒顶区情况不明，冒落区没有有效控制，给冒顶处理及回采推进造成极大的隐患。

方案Ⅱ，控顶出矸架棚绞架法。首先分段扒冒顶出矸，离顶后打锚杆锚索控制顶板，并打木点柱加强，扒通后逐段自上而下锚帮出矸，后架 4.0m×3.1m 工字钢棚绞架背顶，见图 5-10。

该方案优点是能有效控制顶板和煤墙，不影响回采安全；缺点是出矸量大，处理初期作业不安全。

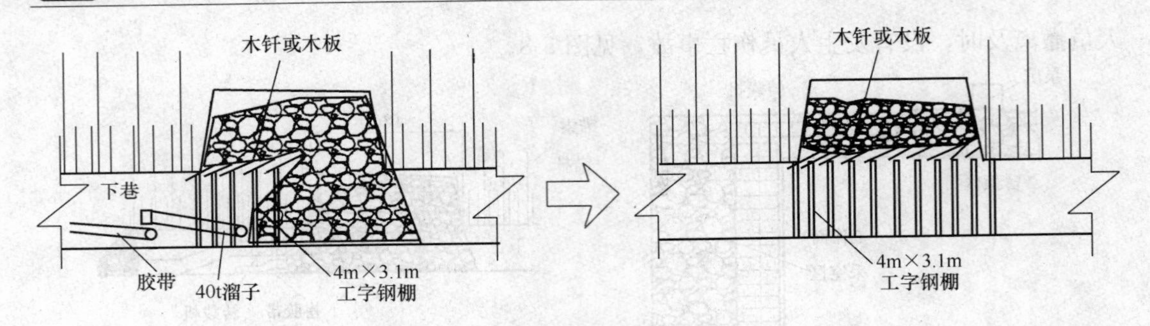

图 5-9　直接扒冒顶法

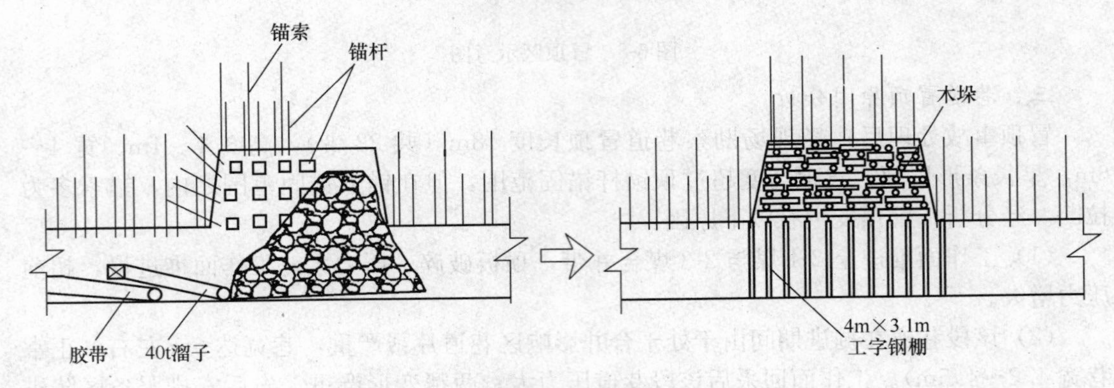

图 5-10　控顶出矸架棚绞架法

最后经多方讨论及根据现场实际情况，决定采用方案Ⅱ。

2. 方案的实施

方案制订后，指挥部立即着手制订了施工安全技术措施和安排管理人员现场指挥抢险，并作了具体要求。

(1) 选择素质高、技术强的专业掘进队处理冒顶；

(2) 准备足够支护材料，保证处理连续性；

(3) 处理冒顶前先加固冒顶区两侧 20m 内巷道，采用 4.0m×3.1m 工字钢套棚加固，防止冒顶区扩大；

(4) 施工期间安排经验丰富的区队长跟班指挥施工；

(5) 加强自主保安意识，不安全坚决停工；

(6) 保证退路畅通；

(7) 严格控制施工质量。

五、事故分析及教训

巷道冒顶事故处理结束后，矿方对事故进行了严肃认真的分析和追查，并对在用锚网巷道进行了排查和整改加固。总结和分析事故，有以下深刻教训：

(1) 要加强锚网巷道的顶板离层监测工作，及时预报预测顶板离层情况，并安排处理；

(2) 锚网巷道回采期间超前动压影响区要求加强支护，加固长度不低于 100m，加固抬棚不少于 3 道，并确保加固质量和效果；

(3) 锚网巷道巷宽不得超过 4.5m，巷宽超过 4.5m 必须进行补强加固，如补打锚杆、锚索或点柱，必要时打木垛加固，禁止锚网巷道超挖施工；

(4) 要加强锚网巷道后期维护工作，安排专业施工队伍维护巷道，对锚杆失效的地段要重新补打锚杆进行加固；

(5) 顶板含水区慎用锚网支护，为保证安全建议采用锚网架棚复合支护；

(6) 根据现场冒顶情况，原设计锚索抗拉强度不够，建议采用 ϕ17.8mm 的锚索；

(7) 加强自保意识，发现隐患及时撤人处理。

【案例 5】 巷道掘进瓦斯治理

一、工程概况

屯留矿井是正在建设的一座设计生产能力 6.0Mt/a 较深的矿井。采用立井开拓。矿井通风方式为抽出式，设主、副及北风井，现主、副井区域已经形成各生产、通风系统。北风井又分为进风井和回风井，北回风井净直径为 7.5m，井深 590m，为一相对独立区域，两风井已经到底，联络巷已贯通。进风井改绞结束，提升运输由进风井担负。

根据《屯留井田勘探地质报告》有关瓦斯含量资料和 3 号煤层甲烷含量等值线图，煤层瓦斯含量较高，其最大值可达 21.05ml/g·r。并且上部 3 号煤层瓦斯含量略高于下部的 15 号煤层。采用“分源计算法预测矿井瓦斯涌出量”的计算方法，经计算屯留矿井的相对瓦斯涌出量为 $12m^3/t$。

进风井井底车场进车线（煤巷）及回车线（半煤巷）两掘进工作面，车场巷道净高设计为 4.2m，宽 6.0m，断面 $22m^2$。开门点初期见 3 号煤层顶板，逐渐进入煤层，由于煤层坡度较小，掘进期间一直处于半煤岩状态，上部岩石下部为煤。正常掘进时工作面绝对瓦斯涌出量最大为 $8m^3/min$。炮后瓦斯浓度最大为 1.33%。考虑冬季井筒结冰、有关设施没有到位等因素，没有形成矿井通风系统，工作面通风仍然由地面局扇供风。

二、瓦斯涌出规律及原因分析

1. 现场瓦斯压力测定

为更深一步探索瓦斯的涌出特点，在车场巷道开掘前对煤层的瓦斯压力进行了测定。

(1) 测压钻孔的位置选择

由于屯留矿北回风井从顶板向下揭煤，煤层呈水平赋存。3 号煤层顶板属泥岩，岩石比较破碎，裂隙较多。为保证测到原始瓦斯压力，要求两个测压孔分别在井筒的两侧向下向外打。

(2) 实际瓦斯测压钻孔参数

通过向 3 号煤层打钻，测量岩孔和煤孔的参数，得到两个测压钻孔的实际情况如表 5-4所示。

井筒测量 3 号煤层瓦斯压力 T_1 钻孔参数 **表 5-4**

垂深(m)	俯角(°)	终孔全长(m)	封孔长度(m)	打钻时间(h)	封孔时间(h)
573	45	14	7.5	7.22	7.23

(3) 瓦斯压力测定结果

测压钻孔打好后即进行了封孔测压。为了加快测压进度，减少钻孔期间瓦斯释放带来的影响，封孔后向瓦斯室注入了部分压力气体。T_1 钻孔封孔测压进行了两次：第一次封孔测压，注入的二氧化碳气体较多，压力迅速稳定，压力从 1.5MPa 稳定下降到

1.36MPa；第二次充入到测压钻孔中的压力只有 0.18MPa，瓦斯压力最终稳定在 1.38MPa 的位置上。

T_1钻孔第二次测压结束后，打开瓦斯压力表旁边的阀门，从钻孔中涌出大量瓦斯气体，它说明测压钻孔中的压力为煤层的瓦斯压力，水压的影响可以忽略，故测压期间测得的压力 1.38MPa，为煤层的原始瓦斯压力，各生产工序瓦斯涌出情况见表 5-5，一个循环瓦斯涌出变化曲线见图 5-11。

各生产工序瓦斯涌出情况对比 **表 5-5**

生产工序	打眼	放炮	出煤(矸)	支护
瓦斯涌出量(m^3/min)	4.3	8	5.6	2.9

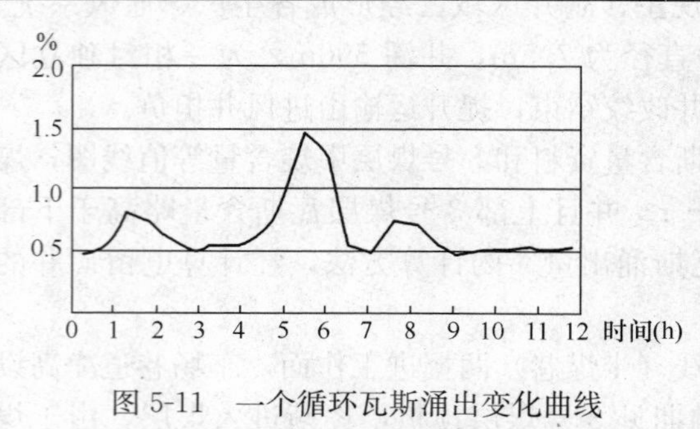

图 5-11 一个循环瓦斯涌出变化曲线

2. 瓦斯涌出特点及原因分析

根据现场对瓦斯的测试、监测分析，工作面瓦斯涌出有以下特点：

(1) 随着工作面揭露煤层多少，瓦斯涌出呈现不均匀的状态，初期小逐渐增大；

(2) 不同的生产工序瓦斯涌出的差别很大，放炮后和出矸、煤期间瓦斯浓度异常；

(3) 分次装药，分次放炮时瓦斯涌出瓦斯浓度的最大值下降。

瓦斯涌出原因分析：

(1) 综合瓦斯测试结果看，瓦斯压力较大，煤层瓦斯含量较高，其最大值可达 21.05ml/g·r。并且上部 3 号煤层瓦斯含量略高于下部的 15 号煤层，是瓦斯涌出大的主要原因。

造成的地质因素主要有：

①煤层的伪顶为泥岩、炭质泥岩组成，直接顶多为泥岩、粉砂岩、局部为中、细砂岩。易赋存瓦斯。

②褶曲：从 3、15-3 煤层甲烷含量等值线图来看，较高的甲烷含量点多分布在向斜两翼，推测向斜轴部瓦斯含量有可能进一步增大。较低的瓦斯含量点多分布在背斜部位，同时也受煤层顶板岩性变化的影响。

③断层：本井田断层较发育，大小断层多达 33 条，且以逆断层为主，断层落差在 8～27m之间。主要分布在井田的中部。由 3、15-3 煤层甲烷含量图等值线来看，断层附近钻孔甲烷含量一般较低。

④陷落柱：由于陷落柱形成过程中，使陷落柱周围的煤、岩层因柱体向下塌陷，周围产生大量的张性节理，从而有利于煤层瓦斯向外运移排放。本区有 6 个查明的陷落柱，对煤层瓦斯含量的分布产生一定的影响。

(2) 巷道施工时，炮眼深度深（2.4m），装药量大，炮眼个数偏少，导致放炮震动大，相应增加了瓦斯的涌出量。

(3) 在煤层中或煤层附近进行施工时，煤岩的完整性受到破坏，压力的分布发生变化，一部分煤岩的透气性增加，游离瓦斯在其压力作用下，经暴露面渗透流出，涌向施工空间，这就破坏了原有的瓦斯动态平衡，一部分吸附瓦斯转化为游离瓦斯而涌出，随着施工的不断延伸，煤体和围岩受掘进工作的影响的范围扩大，瓦斯动态平衡破坏的范围也在不断的扩展。

三、治理措施及效果

1. 加大工作面的供风：

由于巷道工作面绝对瓦斯涌出量达 $8m^3/min$，为保证工作面能正常生产，其瓦斯浓度不得超过 1%，因此巷道风量 $Q=8\div1\%\times1.6=1280m^3/min$。

选用 2 台 2×45kW 局部通风机和 2 台 30kW 局部通风机（副风机）配直径 800mm 的风筒对工作面进行通风，其总供风量可达 $1500m^3/min$。

2. 分次装药，分次放炮：其目的是减少一次的落煤量，减轻震动，从而减少瓦斯的涌出。

3. 控制进尺：循环进度每次放炮循环进度不超过 1.6m；降低落煤量以减少瓦斯的涌出；同时，应尽量减少工作面积煤量。

4. 提前施工炮眼；提前释放瓦斯，以减少放炮时的瓦斯涌出量。

5. 其他管理措施：

（1）树立“瓦斯为天”的思想，明确“一通三防”安全责任制，坚持“不安全不生产”。

（2）双风筒供风、双风机双电源自动切换。

（3）检测监控、及时调校、维修安全监测监控设备、瓦斯探头，每月至少调校一次安全监测监控设备，每七天必须使用标准气样和空气样调校瓦斯传感器；每七天对甲烷超限断电功能进行测试。保证安全监测设备的可靠运行。

（4）专职瓦斯检查员、严格执行“一炮三检”及“三人连锁”放炮制。

（5）管理好进、回风井之间联络巷中的风门，防止出现风流紊乱。

采取措施后一个循环瓦斯变化曲线见图 5-12。

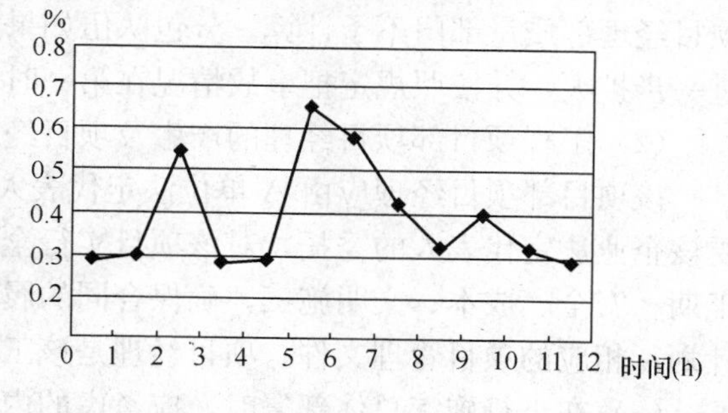

图 5-12 采取措施后一个循环瓦斯变化曲线

基建矿井巷道掘进所揭露煤层大多为初次揭露，随着掘进工作面的延伸，地质条件的变化，工作面瓦斯涌出会呈现出较大的不均衡性和不确定性，特别是目前地质勘探精度不够，地质资料掌握不详的情况下，瓦斯涌出对巷道掘进安全风险更大。

采取上述措施，可以较好地控制住工作面瓦斯浓度，但要想从根本上降低基建矿井工作面瓦斯浓度，一是要尽快形成矿井通风系统，将局部扇风机由地面移至井下，减少通风距离，增加工作面的有效风量；二是考虑对煤层内瓦斯进行抽放，从根本上减少掘进期间煤层内瓦斯的含量，从而降低掘进期间工作面的瓦斯涌出，保证安全生产。

5.4 矿业地面建筑工程施工质量控制案例

【案例 1】 工程施工质量管理

1. 背景

某单位拟建一座 120t 转炉生产连铸工程，通过竞标，A 承包单位与业主签订了该工程施工总承包合同，合同允许部分工程分包。A承包单位实行的是以项目经理责任制的项目管理，建立了可靠的安全管理体系，按照“安全第一，预防为主”的原则，严格按安全、质量检查，以确保整个工程的安全进行，保证整个工程不发生任何重大质量、安全事故。

由于工期紧张、工种繁多、连铸机大包回转台的土建工程与安装工程分别分包给两家施工单位。大包回转台的地脚螺栓由设备制造厂提供并指导安装，在交付设备制造厂安装设备时，设备制造厂提出地脚螺栓在相对定位过程中采用点焊与固定架定位，认为地脚螺栓动焊后必须全部报废，直接损失5万（由设备制造厂与施工单位分摊），返工费4万（由施工单位承担），工期影响25天。

2. 分析

（1）本案例中项目经理部的质量管理部门指定专人对分包工程的质量工作进行管理。专业分包单位应成立质检机构，或按照公司规定配备足够的专职质检人员。分包队伍按照项目经理部制定的质量检验计划进行工程质量的检验评定。对于单位工程，分部工程的分包，分包单位要制定质量检验计划，质量检验计划包括：工程概况；检查工作程序及简要说明；A、B、C三级质量控制点或检验计划表。质量检验计划由项目经理部质量管理部门审核，项目总工程师批准。项目经理部质量管理部门监督执行。质检计划批准前不得开工。

分包队伍按照向项目经理部上报工程质量表格和报表，项目经理部质量管理部门按照规定审查分包队伍的质量管理资料，根据需要可以对分包队伍的施工质量管理工作进行检查，有权对不符合公司质量管理要求的分包队伍按公司规定进行处罚。分包队伍在执行业主、监理或设计单位变更或其他质量技术要求时，必须经过项目经理部资料室发放，否则项目经理部质量部门不予计算。分包队伍如果发生质量事故，应及时采取措施，防止事故进一步扩大，并按照规定把事故情况在第一时间报告项目经理部。

（2）工程项目部项目经理的产生及项目经理的职责。

该项目部项目经理应由A单位法定代表人任命。项目经理是该工程项目上的代理人，受该企业法定代表人的委托，对该项目实行全方位的管理，负责工程施工全过程的质量、工期、安全、成本、文明施工，确保合同的履行，负责组织编制施工组织设计，项目质量计划，相应的项目管理文件。项目经理是该工程项目质量安全的第一责任人。

（3）在进行施工总体部署时，应考虑的内容：

① 项目的质量、安全、进度、成本等目标。

② 项目资源配置。包括拟投入的管理人员、作业队伍人员的最高人数和平均人数，投入的主要装备、材料等。

③ 依据企业质量管理体系的要求，对工程项目的工程分包、劳务分包、劳动力的使用，机械设备及材料的采购供应等做出计划。

④ 确定项目施工总顺序，包括各单位工程开工的先后顺序，土建工程开口或闭口施工方案，各专业间的平行和交叉作业的关系等。

⑤ 施工总平面布置及大型临时设施的形成。

（4）A承包单位在进行工程分包时，选择分包单位的工作程序。

总承包单位在选择分包单位时，按下列程序进行：

① 根据总包合同中有关分包的约定，确定哪些项目是可以进行分包的。并根据自身队伍的能力，确定出需分包的项目。

② 根据分包工程的特点及内容，选择具备相应资质的分承包单位，并对其营业执照、资质等级等进行审查。

③ 将拟分包的工程项目，拟选择的分承包商及相应的资质证明材料等资料书面报送业主或监理单位审查备案。

④ 得到业主或监理单位的批复后，与分承包单位签订工程分包合同。

(5) 总包单位与分包单位的安全生产责任的划分。

根据《建设工程安全生产管理条例》规定，建设工程实行施工总承包的，由总承包单位对施工现场的安全生产负总责。

总承包单位依法将建设工程分包给其他单位的，分包合同中应当明确各自的安全生产方面的权力、义务。总承包单位和分承包单位对分包工程的安全生产承担连带责任。

分包单位应当接受总承包单位的安全生产管理，分包单位不服从管理导致生产安全事故的，由分包单位承担主要责任。

(6) 本案例中质量事故的归类。

按事故严重程度，事故可分为：

一般事故：通常指经济损失在5000元～10万元额度以内的质量事故。

重大事故：凡是有下列情况之一者可列为重大事故。

超过规范规定或设计要求的基础严重不均匀下沉，建筑物倾斜、结构开裂或立体结构强度严重不足，影响结构寿命，造成不可补救的永久性质量缺陷或事故。

影响建筑设备及相应系统的使用功能，造成永久性质量缺陷者。

经济损失在10万元以上者。

本案例中因施工经验不足，设备制造厂指导不力的返工损失为40000元，5000元＜40000元＜100000元，属于一般事故。地脚螺栓直接采购费用由施工单位和制造厂分摊，施工单位损失合计40000＋25000＝65000元，也属于一般事故。

(7) 质量事故的检查、鉴定和处理。

检查和鉴定的结论可能有以下几种：

① 事故已处理，可继续施工；

② 隐患已消除，结构安全有保证；

③ 经修补处理后，完全能够满足使用要求；

④ 基本满足使用要求，但使用时应加附加的限制条件；

⑤ 对耐久性的结论；

⑥ 对短期难以做出结论者，可提出进一步观察检验的意见；

⑦ 其他鉴定结论。

本案例的质量事故是因设备制造厂指导安装不细心，不认真，施工单位施工经验不足导致的大包回转台地脚螺栓全部返工，属于返工处理。

【案例2】 现场焊接质量事故

1. 事故描述

某公司承担了一座钢铁企业球团厂$\phi 4.7\times 74$m回转窑的施工，回转窑筒体有10道焊缝采用现场手工焊，由于母材中含有锰的成分，故焊接采用J507焊条，直流电焊机反接施焊，这是该公司多年来成功的施焊方法。

然而投料试运行不到半个月，巡检工发现回转窑筒体冷却端的一道焊缝出现约200mm长的裂纹，遂立即停窑检查，发现相邻焊缝也有一处长约50mm的裂纹。在对问题焊缝采取了临时加固措施后，拆除窑体内全部耐火砖，并重新对所有焊缝进行探伤检查，其结果是除出现问题的这两道焊缝外，其余焊缝全部合格。然而这两道不合格焊缝却给业主造成停产15天的重大损失。直接经济损失也达万元，并对该公司的社会信誉造成恶劣的影响。

2. 事故原因分析

经了解，这两道焊缝由同一名焊工采用同一台电焊机完成，焊缝抽查记录为合格，具体分析见图5-13。

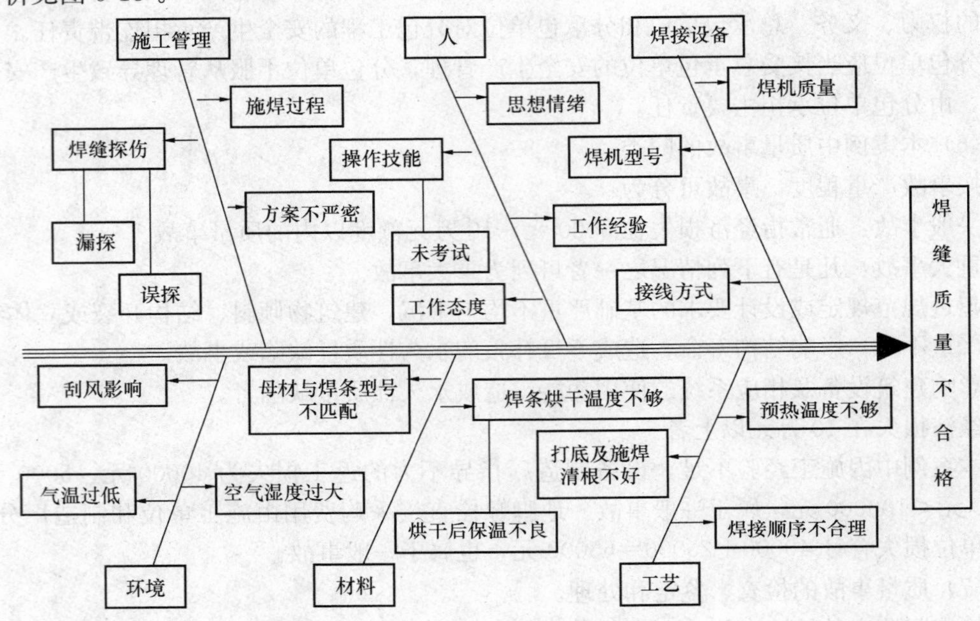

图5-13 事故原因分析图

(1) 环境

① 气温：记录记载焊接期间气温在15～29℃之间，无问题。

② 空气湿度：除中间下雨一天湿度较大停焊，其余均无问题。

③ 风：施焊期间风力均在1～3级，且均有挡风设施，无问题。

(2) 材料

① 焊材：窑筒体母材采用16Mn钢，焊条采用J507，不存在问题。

② 焊条烘干记录和保温记录均在规范之内。

(3) 工艺

① 清根：施焊前及施焊过程中清理干净。

② 预热：统一采用火焰预热，随焊随预热，预热温度控制在规范范围内。

③ 焊接方法：采用直流焊机反接法施焊。

(4) 焊接设备

因四台焊机施焊，公司为保证焊接质量同时采购四台新的直流焊机，功率满足施焊需要。

① 设备质量：出厂前抽检了两台设备没有问题，出问题后全检设备质量也无问题，但发现出厂前出问题这道焊缝用的直流焊机标明的正、负极标志标反了。正极应为负极，负极应为正级。

② 接线方式：当时电工根据设备标识按规定接线，这台焊机同样按标识反接恰恰接错了，从而找到了问题的根本原因。

(5) 人

① 技术：操作本道焊缝的是一名技术最出色的青年工人，本次施工焊前考试，各项试验全部合格，并名列第一。

② 工作态度：本焊工工作一直表现出色，并盼望早日能参加回转窑这一技术要求高的焊接。

③ 情绪：施焊前情绪稳定。

④ 工作经验：该青年工人此前从未采用过直流焊机焊接过工件，考试时采用直流焊机焊接又一次通过。对于焊机怎么样连接和接错电极焊接的手感反应没有经验。经调查他当时的感觉时他说："当时只感觉到焊接时不够流畅，有点发黏的感觉，以为这是直流焊机焊回转窑的正常感觉，时间长了就习惯了"。若是经验丰富的老焊工，当时可能就能从手感上发现问题，这是未及时暴露问题的第二个原因。

(6) 管理

施焊过程管理有漏洞

① 人员安排：尽管此次把这名青年工人安排在回转窑两个不重要的，投产后温度不很高的焊缝是合理的，但清根、清理焊缝均安排没有经验的民工，尽管他们清理得很认真很干净，但却发现不了焊缝外观表现出来的问题。因为直流焊机接反焊接，焊接的表现就是能发现一些气孔。若当时安排有经验的焊工，可能提前就发现了问题。

② 焊缝探伤

此次探伤原计划关键焊缝100%探伤，一般焊缝抽探50%。探伤顺序是先探四道关键焊缝，然后抽检一般焊缝。检查关键焊缝时，全部为一级焊缝。抽检另两道焊缝时该焊缝由此次考试合格的但排名最后的一名焊工施焊，也同样达到了一级焊缝，当时由于点火日期逼近，并对这名焊工的技术深信无疑，工长临时决定免检。这是造成此次事故的第三个原因。

3. 事故处理

(1) 立即停窑停火，在筒体外对这两道焊缝采取加固措施，等距离各焊接16块搭接板，以免焊缝裂纹继续，造成窑体断裂。

(2) 窑体冷却后，拆除问题焊处耐火砖1～1.5m宽，并对相邻未拆除的耐火砖进行加固，以免焊接转窑时松动。

(3) 重新测量问题焊缝处的筒体同轴度，根据偏差确定问题焊缝的处理起始点。

(4) 先筒体内后筒体外，由确定的起始点用碳弧气刨清理原焊肉，前边清理清除，后边施焊，直至窑体转动一圈，原焊肉清理完毕，第一遍焊接搭底完成，以后按规定完成内部及外部焊接。

(5) 探伤抽检，全部合格。

(6) 补镶耐火砖，重新点火，烘窑，投料。

(7) 对相关责任人项目经理、探伤人员、技术负责人、质检员、施焊者、接线电工等进行了行政处理和经济处罚，并对电焊机制造厂商进行了索赔。

4. 经验教训

此次事故造成回转窑停产15天，给业主造成近500万元的经济损失，直接经济损失也达10万元。尤其是造成极坏的社会影响，也是回转窑安装史上所罕见的。

(1) 施工方案编制一定要把可能影响施工质量的各个环节考虑详尽，从管理、操作人员、机械施工工艺及方法，材料，环境各个环节制定切实有效的预防措施。

(2) 严格执行施工方案，施工过程中不得随意按管理者或操作者自己的意愿随便更改。

(3) 严格每一个环节的过程质量控制，各个岗位要安排能够胜任担当，施工过程中的质量也应随时抽检做到心中有数。

(4) 认真做好施工记录，尤其是真实记录施工各阶段的施工质量，真正起到可追溯的目的。

5.5 矿业地面建筑工程施工安全管理案例

【案例1】 工程施工安全管理

1. 工程概况

某国外水泥厂粉磨站经中外几家公司投标，在激烈竞争中由中方有实力的专业公司中标承建。设计由一家国外公司承担，主要机电设备材料由一家国外公司采购供应。合同按FIDIC标准合同签订，合同中详细规定了场地、材料、开工、停工、延误、变更、索赔、风险、质量、支付、违约、争议、仲裁等，双方以及外方派驻工程师处理问题的职责和权利。该工程项目以国际工程管理模式进行管理，工期紧，质量要求高，安全要求严，验收程序复杂，技术标准不统一。

2. 适应国际工程接轨做法

为了适应国际工程接轨需要，具体做法如下：

(1) 做好国际工程接轨准备

① 若在境内做国际工程，则工程前期除了解工程概况、工程范围、合同条款等常规内容外，还应了解学习国际常用的合同条款内容（如FIDIC条款），该工程所采用的技术标准、质量标准、规程规范，业主的习惯做法以及工程使用文字等，若在境外做国际工程，除了解上述内容外，还要了解所在国的有关法律法规、各种税费、自然条件、政治环境、风土人情、劳动力材料机具的提供和价格情况、合同采用的币种、汇率及其变化情况、使用语言、出国入境手续、自带材料工机具的出入关的报关、集港、商检、发运等。

② 在全面了解各种情况的基础上，对工程的技术、工期、质量、安全、环境等方面，认真作出评估，最后比较准确地提出工程报价。

③ 充分认识与外商签订合同的严肃性。知名外商或发达国家的企业，履行合同尤其是奖罚条款是非常认真和严肃的。我国企业一定要有充分的应对措施规避各种风险，否则

将会给企业的经济效益和社会信誉带来不必要的损失。

（2）项目管理方法创新

① 转变管理理念，尽快融入国际化社会。

国内施工企业步入海外市场，尤其涉足于比较发达国家或发达国家的投资商所建的工程项目，双方都会有一段“磨合期”，“磨合期”越短，工程步入正常的管理就越快，工期就会越短，尤其对于从国内带出的分包施工队伍，“磨合期”的长短甚至决定了能否按期交付的关键。而“磨合期”重点又是管理及理念的“磨合”。当然国内也有许多先进的企业，出国后会很快适应，但大多数企业必须经过这个阶段。

重文字交流，强调工程中所有事件的可追溯性。工程初期来往函件较多，有些人就难以适应，感到繁琐，但这可为工程后期索赔与反索赔留下有力的证据。

重视质量标准的磨合，出国后注意对欧、美标准的执行。

重视施工过程中的细节管理，例如不管吊装大小物件都要有文字的方案，实际吊装中稍有变动，建设单位的工程监理就会干涉，施工队伍起初很不适应。

强调落实“以人为本”，尤其是在现场的安全管理，几近苛刻的程度。例如无论职位多高，进现场必须经过安全培训，考试通过。无论是参观还是访问，进现场必须穿工作服，工作鞋，戴安全帽，防护镜，防护手套等，五大防护缺一不可。对于超时工作要罚款，不经批准的加班为侵犯人权等，这些只要抱着与国际接轨的理念，很快就会适应。

②加强沟通是国际项目顺利实施的关键。

a. 加强与自有员工和分包商的沟通，尤其是在偏远、艰苦或欠发达的国家承接工程，这种沟通尤显重要。出国人员远离祖国和亲人，特别是部分农民工，昨天还是老婆孩子热炕头的农民，今天却在万里迢迢的异国他乡打工，一两年不得回家，要理解这样的心情下可能会出现一些不和谐的举动，要“动之以情，晓之以理”。

沟通的方式很多，如谈心走访，座谈，文体活动，聚餐，郊游等，总之使工地变成一个和谐团结的大家庭，使大家有一个安全感，归属感，幸福感，就会焕发出施工人员在工作中的积极性，就会冲淡他们恋家孤独的心情，从而维持项目稳定团结的局面。

b. 加强与业主的沟通与交流

项目实施过程中，大量的摩擦和分歧出于互不了解，缺乏信任，因误会而产生。这就要求项目部一方面转变观念，按业主要求搞好施工，打几个漂亮仗的同时多与他们沟通，及时征求他们的意见，并在业余时间多与业主搞一些诸如联欢、球赛、聚餐之类的活动，关系融洽了，互相理解了，许多问题就会迎刃而解。

c. 若是境外工程，还要加强与驻在国我国使领馆的沟通与交流，以取得使领馆的支持理解和帮助。并通过他们了解当地的民风、民情、民俗，以免步入误区。也要加强与当地政府的沟通和他们处好关系，以避免当地居民的骚扰影响工程顺利实施。

③ 加强教育培训，提高自身素质。

a. 管理人员应尽快过语言关，语言是沟通的主要途径，因语言障碍产生大量的误解和纠纷是不值得的。

b. 管理人员应尽快适应国外项目管理。管理人员若不转变观念，总想按照自己的想法实施，甚至和业主对着干，施工人员就无所适从，工程就无法顺利进行。

c. 加强对全体施工人员教育和培训，尤其是农民工的教育和培训。不仅从专业技能，安全意识，知识和技能的培训，还应对他们进行出国人员礼仪，注意事项等方面知识的培训。

④ 若在境外施工，尽量招聘当地华人专业技术人员加入我们的管理团队工作。优越性有：

a. 懂专业，易沟通，由其管理当地分包商更是他们的优势。

b. 容易融入我们的团队，有祖国来的亲人的亲近感，且无后顾之忧，稳定、认真、积极主动。

c. 为我们的团队输入新的理念，以自己的身体力行、言传身教带动我们的管理及施工人员，并在我们与业主之间架起更多的沟通平台。

3. 工程综合风险的类别及应急处理

(1) 综合风险的种类

安全生产事故：包括危险化学品事故、建筑施工事故、经营场所事故等；自然灾害事件：包括破坏性地震、洪汛灾害、气象灾害等；社会安全事件：包括战争、境外恐怖袭击事件及各类群体性事件；公共卫生事件：包括重大传染病疫情、突发重大食物中毒事件、饮用水污染事件，急性职业中毒事件及群体性不明原因疾病等。

(2) 综合风险的分级

① Ⅰ级

安全生产事故：境内发生一次死亡3人以上，境外发生一次死亡1人以上的安全生产事故或直接经济损失1000万元以上的事故；

公共卫生事件：发生死亡3人以上或影响人员在30人以上者；

自然灾害事件：境内发生一次死亡3人以上或30人以上受困影响。境外发生人员死亡或15人以上受困者；

群体性事件：境内发生50人以上，境外发生20人以上群体事件者；

正在发生对社会安全、环境造成重大影响需紧急转移10000人以上的事件；

较长时间未能控制，可能引起重大灾害的事件。

② Ⅱ级

安全生产事故：境内发生2人以上死亡的，境外发生一次2人以上重伤者，或直接经济损失在100万元～1000万元的事故；

公共卫生事件：发生死亡1人或影响人员在20人以上，30人以下者；

自然灾害事件：境内发生死亡1人或20～30人受困，境外发生重伤2人以上或15～20人受困者；

群体性事件：境内发生30～50人，境外发生15～20人的群体性事件；

企业确认为Ⅱ级的事件。

③ Ⅲ级

安全生产事故：发生重伤1人或直接经济损失在5万元～100万元的事故；

公共卫生事件：发生影响人员在10～20人的事件；

自然灾害事件：发生人员重伤或10～20人受困事件；

群体性事件：境内发生20人以上，境外发生10人以上的群体性事件；

企业确认为Ⅲ级的事件。

④ Ⅳ级：项目经理部分析评估确认为Ⅳ级的事件

(3) 应急处理

公司、项目部分级建立综合应急预案体系，包括综合应急预案，专项应急救援预案，现场应急处置预案。项目部编制的现场应急处置预案框架内容参考《生产经营单位安全生产事故应急预案编制导则》AQ/T9002～2006。

各专项应急预案编制应包括下列内容：编制依据、事件类型及危害分析、事件分级、应急处置原则、组织机构及职责、预防及预警、信息报告、应急准备、应急处理（包括响应分级、响应程序及处置措施）、应急终止、物资与装备保证、附则等。

应急工作原则：以人为本，把人员伤亡及危害降到最低程度；预防为主，事件源评估准确到位，预防与控制措施得力。企业及项目部要对所在国的政治、经济、法律、治安、民风、民俗、信仰、自然条件、气候条件、水资源，流行病情况，医疗、卫生情况要作详细的了解，并对项目施工及管理过程中的事件源、危险源作详尽的分析，只有这样才能心中有数，把各类事件降到最低程度，并制定出有效实用的应急预案。

应急预案的保证：

组织保证：各级成立以主要领导负责的应急领导小组。

资源保证：

人力：包括医务、急救、抢险、消防运输、保卫、善后处理等人员。

财力：足够的准备资金。

物力：包括消防器材、急救器材、车辆、通信器材、防护等。

宣传培训演练：对相关人员进行专业知识的培训及演练，尤其是消防及急救演练，应定期演练，掌握的人员越多越好。

4. 项目的安全管理

“安全第一、预防为主”，这不仅是口号，在当今以人为本的社会里更是要在工程中一步步地落到实处，尤其是在境外施工，安全管理更显得特别重要。

首先业主或监理对安全管理要求就非常严格，每一个环节每一个部位的施工几乎都要文字的方案并亲自现场把关，不允许产生丝毫的松懈和漏洞。

第二，承包商自身也格外重视，任何一家承包商也不愿把自己带出的施工人员因安全事故留在异国他乡，企业也不好给家人交代。另外处理事故非常麻烦，耗费大量财力、人力，给企业效益和信誉都会造成较大损害。

然而由于人员构成素质参差不齐，尤其是分包商的队伍，因之境外施工，除采取得力的安全防范措施外，重点加强对有关人员的安全意识，安全知识，安全技能，自我保护技能的教育和培训。

为把安全事故造成的损失降低至最低，承包商应主动办理工程保险和人身保险。

5. 经验与启示

该公司承担的法国水泥粉磨站工程，由于施工组织得当，工程工期、质量和施工管理均得到法国业主好评，从而进一步拓宽了海外市场。其施工组织在我国传统做法的基础上还做了以下工作：

(1) 组织机构及职能分工与业主对接

项目经理部设项目经理、现场经理（该公司项目经理部的领导层）。增加与业主对应的商务经理、技术经理、安全经理、行政经理（实际是业务主管）等，有的大项目行政经理、技术经理属项目领导班子。这样对接分工更显清晰，责任更加明确，有利于现场的配合与沟通。

（2）生产要素的调整

① 管理理念及技术标准与业主对接

管理理念始终贯彻“以人为本”，突出一个“团队和谐”，最终落实到“工作卓越”，改以往下达命令式为协商沟通式，改“权威”说了算为“标准”说了算。不同版本的技术标准与业主对接，统一为业主认可的同一版本。

② 管理程序和方法与业主对接

现场管理统一按 ISO 9000、ISO 14000、OHSAS 18000 三个体系运行操作。

③ 管理资源的调整

吊装机具当地租用，材料当地采购，主要施工力量由国内带队伍，另外招聘少量当地技工和零工。因之管理加大人力资源管理的力度，减少设备管理的投入。

首先，加强对分包队伍人员的教育和培训，以使尽快适应国情及新的管理方法，尤其是出国人员注意事项和“三个”“标准”热身。

第二、特殊岗位的工人，培训考试尽快取得所在国的上岗证。

第三、由国内带入工地的设备，工具材料出国前要取得 CE 认证（欧盟安全认证）。

（3）加强与业主的交流与沟通，使业主与项目部融为一体

① 提高沟通能力，尤其是语言沟通能力。

② 提高自身的综合素质，尤其是诚信、技术、管理素质，让业主信得过。

③ 认真组织好第一项工程，开好头，打响第一炮，让业主满意。这样业主就会逐渐亲近我们，关系处好了，一切事情都容易沟通，现场即使出现一些问题也容易得到业主的谅解，从而使工程得以顺利实施。

【案例 2】 工程施工安全事故分析

1. 工程概况

某炼油厂 140 万 t/a 延迟焦化设备扩能改造项目发布公开招标信息后，由三家工程建设公司报名参加投标。开标后，经评标委员会评审，确定由其中一家工程建设公司（简称 B 公司）中标，市建设工程招标投标管理办公室于×年 1 月 28 日向 B 公司发出了工程中标通知书，×年 2 月 28 日双方签订了安装工程合同，工程预算造价为 7668.39 万元，合同工期为 8 个月。该工程为厂内技改项目，工程未办理规划许可手续，同时，因报建手续补不全，施工许可及质量、安全监督手续未全部办妥。

工程施工过程中，B 公司因暂时缺少大型吊装设备，便以租赁形式使用某安装检修工程公司机械化施工处的一台 680t 环轨起重吊机，双方于×年 6 月 13 日签订了起重吊机租赁合同，合同价为 98 万元。经业主方推荐，由某工程建设集团工程部（C 公司）负责起重吊机的环轨基础施工。B 公司还与某建设防腐总公司签订了该项目的钢结构非标制作安装分包合同，合同价为 90 万元；与市政建设工程公司签订了塔体容器区、机泵区及管廊吊装、管道施工分包合同，合同总价为 98 万元。

2. 事故描述

该焦炭塔罐的吊装施工方案由 B 公司编制，但其中 680t 起重吊机环轨基础施工方案

由安装检修工程公司机械化施工处现场施工人员提供。C公司依据B公司提供的图纸，于×年6月7日浇筑了起重吊机环轨基础混凝土。该环轨基础外径20m、内径16m、深1.5m，下部为大石块，上部毛石找平，顶端为10cm厚钢筋混凝土。×年6月9日，安装检修工程公司机械化施工处现场施工人员发现起重吊机环轨基础混凝土有下沉现象，便由该施工处现场施工人员开会商讨后，自行决定用6组路基箱板代替位于环轨混凝土基础上方的起重吊机自备的铁墩。

×年6月15日上午开始吊装焦炭塔罐，吊装采用680t起重吊机作为主吊，225t和200t的2台液压汽车吊作为辅吊三机共同吊装。主吊机作业时回转半径实际为29m，抬吊时，主吊机吊塔顶，两台汽车吊抬塔尾。三台吊机同时提升，提升至一定高度后，塔尾两台汽车吊配合主吊机，使焦炭塔呈垂直状态，主吊机停止提升并松下，便于拆除塔尾吊具后停止，然后两台汽车吊拆除塔尾吊具，平板车离开现场，主吊机开始提升至塔底部超过厂房栏杆高度，塔底高度约为18m，停止提升，主吊机开始向左逆时针回转，旋转约2m，主吊机主臂及塔罐从空中坠落倒向塔罐左侧，砸在邻近的钢塔架上，钢塔架解体倒塌，正在钢塔架上施工的30名作业人员被砸落，造成5人死亡、2人重伤、8人轻伤。

3. 事故原因分析

经事故调查组调查分析认定：该事故是由于未根据地质条件，仅凭施工经验组织基础施工，导致环轨梁下地基承载力不足，吊装过程严重违反安全规程，现场管理不严而导致的重大责任事故。造成事故的原因是：

（1）造成事故的直接原因：没有进行按场地地质条件、吊机基础压力与基础平整度要求进行完整的地基基础设计和施工，使环轨梁下地基承载力严重不足，导致了事故的发生。

（2）缺乏完整的吊机环轨梁基础设计和计算，基础下沉后采取错误的处理方法，是造成这起事故的主要原因。

（3）施工现场违反吊装安全规定，安全措施不到位是事故发生的重要原因。

（4）合同管理不规范。事故在进行调查时还发现：《安装工程合同》合同安装单位名称与单位章不一致，合同签订日期迟于工程开工日期；部分合同中发包单位的法人委托人无委托书；《监理合同》无合同签订日期。

（5）安全协议签订不符合要求。《安装分包合同》用协议专用章、合同专用章代替单位公章。现场监理记录不齐全，未严格按照监理工程范围和监理工作内容要求实施有效监理。建设单位和该项目的参建单位没有正确处理安全生产与施工进度的关系，安全意识薄弱。

4. 事故责任

事故发生后，对造成该事故的主要责任人和单位分别给予司法和行政处分。主要处分情况如下：

（1）安装检修工程公司机械化施工处主任，作为吊机单位的现场主要负责人，凭以往的施工经验，口头提出了错误的施工建议，对特殊的吊装设备缺乏详细的技术交底，在吊机基础出现问题后，自行采取不恰当的加固措施，对事故负有主要责任；安装检修工程公司总经理，作为公司的主要责任人，对事故负有领导责任；安装检修工程公司机械化施工处副科长，作为吊机技术负责人和现场调度，对事故负有重要责任；安装检修工程公司机械化施工处工人，在本项目中任680t吊机主驾驶，违反“起重”十不吊的安全规定，对事故负有一定责任。

(2) B公司炼油厂项目部项目经理，没有正确处理好施工进度与安全生产的关系，采纳了错误的口头建议，对施工协调组织和安全管理不力，对事故负有主要责任；B公司副总工程师，负责公司技术管理工作，批准了缺乏技术依据的施工方案，对事故负有技术管理的领导责任；B公司副总经理，负责公司生产安全管理工作，对工程项目的承发包管理、施工组织和安全生产管理不力，对事故负有领导责任；B公司安全员，对吊装区域内同时有非吊装人员在钢结构上进行施工未有效制止，对事故发生负有一定责任。

(3) 市政建设公司副经理，负责工程的吊装工作，但吊装区域有非吊装人员在钢结构上进行施工，没有果断采取措施，对本事故的扩大负有重要责任；市政建设公司起重工，负责焦炭塔的吊装指挥，当吊装区域有非吊装人员作业时，没有采取停吊措施，对施工的扩大负有责任。

(4) 炼油厂现场安全员，违反起重“十不吊”的安全规定，对事故负有一定责任；炼油厂指挥部副总指挥，对施工现场的安全管理负有一定的领导责任。

(5) 监理公司现场监理员，对现场施工单位的状况掌握不完全，施工现场监督不力，施工记录不齐全，对事故负有一定责任。

5. 经验教训

(1) 编制详细的施工方案，把好制定施工方案和安全技术措施两道关口，并由项目总工组织相关技术人员审定，待项目经理批准后方能实施。确定合理的吊装方案，特别要考虑好吊装设备占位和其他作业区的作业人员的防护。

(2) 工程项目实施时要认真做好人的不安全行为与物的不安全状态的控制，落实安全管理决策和目标。

落实安全责任、实施责任管理。

具体措施到位，长期坚持监督检查，及时发现事故隐患，当场进行处理，做到本质安全。

(3) 应建立以项目经理为第一责任人的安全组织机构并制定安全管理体系文件。

建立安全检查制度和安全教育培训制度。

编制安全操作规程和安全技术标准。

制定安全应急预案和组织应急队伍。

参 考 文 献

[1] 中华人民共和国国家标准. 煤矿井巷工程施工规范 GB 50511—2010[S]. 北京：中国计划出版社，2011.

[2] 中华人民共和国国家标准. 煤矿井巷工程质量验收规范 GB 50213—2010[S]. 北京：中国计划出版社，2010.

[3] 中华人民共和国国家标准. 建筑基坑工程监测技术规范 GB 50497—2009[S]. 北京：中国计划出版社，2009.

[4] 国家安全生产监督管理局，国家煤矿安全监察局. 煤矿安全规程(2010 版)[M]. 北京：煤炭工业出版社，2010.

[5] 路耀华，崔增祁. 中国煤矿建井技术[M]. 徐州：中国矿业大学出版社，1995.

[6] 崔云龙. 简明建井工程手册(上、下册)[M]. 徐州：中国矿业大学出版社，1995.

[7] 王建平，靖洪文，刘志强. 矿山建设工程[M]. 徐州：中国矿业大学出版社，2007.

[8] 东兆星. 井巷工程[M]. 徐州：中国矿业大学出版社，2005.

[9] 刘刚. 井巷工程[M]. 徐州：中国矿业大学出版社，2005.

[10] 田建胜，屈凡非，刘刚. 井巷设计与施工技术[M]. 徐州：中国矿业大学出版社，2009.

[11] 崔广心. 深厚表土层中的冻结壁和井壁[M]. 徐州：中国矿业大学出版社，1998.

[12] 刘俊岩. 建筑基坑工程监测技术规范实施手册[M]. 北京：中国建筑工业出版社，2010.

[13] 住房和城乡建设部工程质量安全监管司. 建筑业 10 项新技术[M]. 北京：中国建筑工业出版社，2011.

[14] 邵轩，王会然，胡绍勇等. 对一起锚网巷道冒顶事故的处理及原因分析[J]. 煤矿开采，2006(5)：66-67.

[15] 张五一. 立井井筒煤与瓦斯突出事故的处理[J]. 矿业安全与环保，2007(2)：52—53.